Monographien zur Feuerungstechnik
===== Heft 6 =====

Großgasversorgung

Technik und Wirtschaft
der Fernleitung der Gase unter hohem Druck
als Grundlage für eine
Großgasverwertung der Kohlenenergie in Deutschland
mit
zentraler Gaserzeugung in den Steinkohlen-
und Braunkohlen-Revieren
von
Rich. F. Starke, Essen

*

Mit 6 Abbildungen im Text und auf einer Tafel

*

Springer-Verlag Berlin Heidelberg GmbH
1924

ISBN 978-3-642-90426-4   ISBN 978-3-642-92283-1 (eBook)
DOI 10.1007/978-3-642-92283-1
Copyright 1924 by Springer-Verlag Berlin Heidelberg
Ursprünglich erschienen bei Otto Spamer, Leipzig 1924
Softcover reprint of the hardcover 1st edition 1924

Vorwort.

Die Großgasversorgung ist wesentlich eine Frage des Großgastransportes. Äußerungen in der technischen Tagesliteratur der letzten Jahre lassen aber erkennen, daß die Frage der Großgasfernversorgung noch nicht als allseitig geklärt angesehen wird. Jedenfalls bestehen noch Meinungsverschiedenheiten über die Wirtschaftlichkeit der Gasfernleitungen für verschiedene Reichweiten. Da aber bei dem Gang der jetzigen Entwicklung unserer Wirtschaft der Gedanke Fuß fassen muß, durch Konzentration der Betriebe eine Verzettelung infolge Erbauung oder Erweiterung vieler Kleinanlagen zu vermeiden, so sind die Grenzen festzustellen, welche die Wirtschaftlichkeit der Gasfernversorgung bedingen, um zu untersuchen, ob diese eine größere Wirtschaftlichkeit in der Verteilung der Kohlenenergie ermöglicht.

Die Gasversorgung größerer Landesteile oder ganzer Länder kann von den bestehenden Gaswerken oder von zu errichtenden Zentralwerken erfolgen. Die Frage der Wirtschaftlichkeit der Gaserzeugung soll aber hier vollständig ausschalten, denn für die Befriedigung des Bedürfnisses der Einwohner, Gas zu erhalten, muß Gas erzeugt werden. Dieser Gasbedarf ist fest fundiert, findet schon jetzt seinen Ausdruck in den Erzeugungsziffern der Gaswerke und könnte durch eine Großgasversorgung nur einen Ansporn zur Steigerung des Verbrauches erhalten, wenn Preis- oder sonstige Vorteile gegenüber dem Verbrauch fester Brennstoffe geboten werden können. Dabei soll nicht verhehlt werden, daß die zentralisierte Gaserzeugung wirtschaftlicher arbeiten wird als die Gaserzeugung in vielen Kleinanlagen. Für die Zwecke des Vergleiches wird angenommen, daß die Gaserzeugungsanlagen neu erstellt werden müssen, was zulässig erscheint mit Rücksicht auf den Verschleiß aller bestehenden Anlagen, wie er sich in den letzten acht Jahren ergeben hat. Es handelt sich also hier allein um die Prüfung der Wirtschaftlichkeit der Gasfernversorgung. Dabei schaltet die Großgasversorgung der Hütten- oder ähnlicher Betriebe hier vollständig aus, doch können auch solche Betriebe die Nutzanwendung ziehen.

Die Gasfernversorgungsfrage ist in der Hauptsache technisch bedingt durch Kompressions- und Leitungskosten. Auch die Wahl der Gasart, ob Koksofen- und Schwelgas, für längere Reichweiten, oder Generatorgas und Gase ähnlichen Heizwertes, für kürzere Entfernungen, ist mit Rücksicht auf den Heizwert je Kubikmeter und das spezifische Gewicht des Gases von Einfluß; da aber mit Leichtigkeit die Umrechnung von einer zur anderen Gasart vorgenommen werden kann, so soll nur mit dem Transport von **Koksofengas** gerechnet werden, das wohl übrigens noch für lange Zeit das Rückgrat jeder Großgasversorgung bleiben wird, besonders als Mischgas : Koksofengas + Wassergas (erzeugt aus dem anfallenden Koks) + Schwelgas (Drehofen-Entgasung).

Den Rechnungen muß eine bestimmte Preisbasis zugrunde gelegt werden, für die zweckmäßig nicht der täglich, bestenfalls wöchentlich wechselnde Papiermarkwert gewählt wird, sondern die **Goldmark der Vorkriegszeit**. Eine Umrechnung auf die Tagesverhältnisse der Papierwährung ist leicht möglich.

Die vorliegende Frage ist nur an Hand von durchgerechneten Beispielen prüfbar; dabei wird für den Einzelfall der wirtschaftlichste Rohrdurchmesser und Leitungsdruck an Hand von Parallelrechnungen festgestellt, denn es ist meist nicht angängig, den Druck einseitig im voraus festzulegen. Es werden für die Reichweiten 10 bis 300 km, die Mengen 1000 bis 200 000 m³/h und für das Druckbereich 2 bis 50 at abs. in markanten Einzelfällen die Förderkosten ermittelt und die Fälle größter Wirtschaftlichkeit festgelegt. Damit wird der Nachweis geliefert, für welche Pläne der Großgasversorgung die Ausführungsmöglichkeit besteht und wird durch diese Art der Behandlung jeder einseitigen Beurteilung des Fernversorgungsproblems vorgebeugt. Das ist besonders erwünscht, denn gerade die Beurteilung solcher Fernversorgungsprobleme berührt auch die breite Öffentlichkeit, die nicht immer gut beraten war; das bezieht sich selbst auf Kreise, die sich auch sachverständig fühlen. Es geht aber nicht an, dem einzelnen Leitungsfall ungünstige Grundlagen zu geben und das Ergebnis solcher einseitigen Rechnungen dann schematisch zu verallgemeinern.

Für die Kosten der Druckerzeugung sind Grundlagen zu schaffen. Die Ermittlung des Kraftbedarfs kann theoretisch eindeutig festgelegt werden. Die Baukosten der Druckerzeugungsanlagen können nur nach wirklichen Ausführungen bestimmt, und auch hier wurden Angaben benützt, welche die Deutsche Maschinenbau-Aktien-Gesellschaft, Duisburg, und Herr Oberingenieur A. Hinz, Essen, von der Frankfurter Maschinenbau-Aktien-Gesellschaft vorm. Pokorny & Wittekind, Frankfurt a. M., zur Verfügung stellten, wofür ihnen auch an dieser Stelle nochmals gedankt sei.

Für die Leitungen sind ebenfalls die Baukosten wie die Betriebskosten zu ermitteln und werden dafür auch die Grundlagen gegeben.

Damit erhalten alle Vergleichsrechnungen eine Grundlage, welche der Wirklichkeit entspricht und individuelle Behandlung des Einzelfalles gewährleistet.

Essen, 1923.   Rich. F. Starke.

Inhaltsverzeichnis.

	Seite
Vorwort	3
I. Teil. Die Technik der Gasfernleitung	10
A. Einleitung	11
B. Gasförderung in Rohrleitungen	12
1. Ältere Grundlagen; die Polesche Formel	13
2. Die amerikanischen Hochdruckformeln	15
a) Formeln für konstantes λ	18
b) Formeln mit veränderlichem λ	18
3. Anwendung der amerikanischen Hochdruckformel	26
a) Zahlenwerte für die Formelkonstante c für verschiedene Durchmesser in Metern	28
b) Zahlenwerte für den Faktor $\sqrt[5]{\frac{s}{c^2}}$, mit $s = 0{,}6$ (Luft $= 1$)	29
c) Zahlenwerte für verschiedene Rohrstrecken l in Metern	29
d) Zahlenwerte für verschiedene Gasmengen Q in m³/sek	29
e) Zahlenwerte für verschiedene Druckdifferenzen in at abs.	30
4. Förderbeispiele	31
$Q = 1\,000$ m³, $l = 10,50, 100$ km	32–33
$Q = 5\,000$ m³, $l = 10,50, 100$ km	34–35
$Q = 5\,000$ m³, $l = 150, 200, 300$ km	36–37
$Q = 10\,000$ m³, $l = 10,50, 100$ km	38–39
$Q = 10\,000$ m³, $l = 150, 200, 300$ km	40–41
$Q = 25\,000$ m³, $l = 10,50, 100$ km	42–43
$Q = 25\,000$ m³, $l = 150, 200, 300$ km	44–45
$Q = 50\,000$ m³, $l = 10,50, 100$ km	46–47
$Q = 50\,000$ m³, $l = 150, 200, 300$ km	48–49
$Q = 75\,000$ m³, $l = 10,50, 100$ km	50–51
$Q = 75\,000$ m³, $l = 150, 200, 300$ km	52–53
$Q = 100\,000$ m³, $l = 10,50, 100$ km	54–55
$Q = 100\,000$ m³, $l = 150, 200, 300$ km	56–57
$Q = 150\,000$ m³, $l = 10,50, 100$ km	58–59
$Q = 150\,000$ m³, $l = 150, 200, 300$ km	60–61
$Q = 200\,000$ m³, $l = 10,50, 100$ km	62–63
$Q = 200\,000$ m³, $l = 150, 200, 300$ km	64–65
C. Gaskompression	66
1. Theoretische Kompressionsarbeit	66
2. Leistungsbedarf für die Drucke der Förderbeispiele	68
a) Theoretischer Leistungsbedarf	68
b) Effektiver Leistungsbedarf der Kompression	72

Inhaltsverzeichnis.

	Seite
3. Leistungsbedarf elektrisch angetriebener Kompressoren	76
4. Stromverbrauch und Stromkosten	77
5. Baukosten der Kompressoren-Stationen	81
6. Betriebskosten der Kompressoren-Stationen	87
a) Kapitaldienst	87
b) Bedienung der Kompressoren	88
c) Wartung der Kompressoren	90
7. Gesamt-Kompressionskosten je m³ angesaugtes Gas	90

D. **Fernleitungen** 91
  1. Rohrmaterial 92
  2. Rohrverlegung 94
  3. Berechnung der Rohrwandstärken 96
      a) Nahtlose Rohre 98
      b) Wassergasgeschweißte Rohre 101
  4. Baukosten der Fernleitungen 104
      a) Leitungsmaterialkosten 104
      b) Verlegungskosten 108
  5. Baukosten der Fernleitungen für die Förderbeispiele ... 116
  6. Betriebskosten der Fernleitungen 132
      a) Kapitaldienst 132
      b) Wartung der Fernleitungen 134
  7. Gesamt-Leitungskosten je m³ angesaugtes Gas .. 139

E. **Leitungsverlust** 141
  1. Der feste Verlust 141
  2. Der wirkliche Verlust 143
  3. Der Gesamtverlust 147
  4. Kosten des Gasverlustes 158

F. **Gasförderkosten** 174
  1. Gasförderkosten je Pf./m³ (Gold); (0° C, 760 mm Q.-S.) .. 175
      $Q = 1\,000$ m³, $l = 10, 50, 100$ km .... 176—177
      $Q = 5\,000$ m³, $l = 10, 50, 100$ km .... 178—179
      $Q = 5\,000$ m³, $l = 150, 200, 300$ km ... 180—181
      $Q = 10\,000$ m³, $l = 10, 50, 100$ km ... 182—183
      $Q = 10\,000$ m³, $l = 150, 200, 300$ km .. 184—185
      $Q = 25\,000$ m³, $l = 10, 50, 100$ km ... 186—187
      $Q = 25\,000$ m³, $l = 150, 200, 300$ km .. 188—189
      $Q = 50\,000$ m³, $l = 10, 50, 100$ km ... 190—191
      $Q = 50\,000$ m³, $l = 150, 200, 300$ km .. 192—193
      $Q = 75\,000$ m³, $l = 10, 50, 100$ km ... 194—195
      $Q = 75\,000$ m³, $l = 150, 200, 300$ km .. 196—197
      $Q = 100\,000$ m³, $l = 10, 50, 100$ km .. 198—199
      $Q = 100\,000$ m³, $l = 150, 200, 300$ km . 200—201
      $Q = 150\,000$ m³, $l = 10, 50, 100$ km .. 202—203
      $Q = 150\,000$ m³, $l = 150, 200, 300$ km . 204—205
      $Q = 200\,000$ m³, $l = 10, 50, 100$ km .. 206—207
      $Q = 200\,000$ m³, $l = 150, 200, 300$ km . 208—209
  2. Gasförderkosten je m³ Ansaugeleitung 20° C und 760 mm Q.-S. und je m³ Lieferleistung 12° C und 760 mm Q.-S. (am Ende der Leitung) 210

G. Transport von Generatorgas, Mondgas (oder anderer
Schwachgase) und von Schwelgas 213
1. Generatorgas, ca. 1300 WE/m³, u., 0° C, 760 mm Q.-S. . . 213
2. Mondgas (oder ähnliche Schwachgase) ca. 1200 WE/m³, u.,
0° C, 760 mm Q.-S. 215
3. Schwelgas, ca. 6000 bis 7000 WE für Steinkohlen-Schwelgas
und ca. 5000 bis 5500 WE für Braunkohlen-Schwelgas u., 0° C,
760 mm Q.-S.) 216

II. Teil. Die Wirtschaft der Gasfernleitung 221

H. Zusammenfassung der Gasförderkosten 223
1. Gasförderkosten bei voller Belastung der Leitungen . . . 223
2. Gasförderkosten bei halber Belastung der Leitungen . . . 224

J. Die Wirtschaftlichkeit der Gasfernversorgung . . . 226
1. Volkswirtschaftliche Bedeutung der Gasversorgung durch
Fernleitung 226
2. Privatwirtschaftliche Grundlagen einer Gasversorgung durch
Fernleitung 230
a) Welche Gaseinkaufspreise können städtische Gaswerke
zahlen? 230
b) Welche Gasverkaufspreise müssen Gaserzeuger für ein
Koksofengas von 4000 WE/u. 0/760) je m³ fordern? . . 235
c) Preisbildung für eine Gaslieferung an städtische Gasversorgungsanlagen 241
d) Sind Industriegase im Leitungswege an die Großindustrie
verkaufsfähig? 246

K. Versendung der Energie 248
1. Versendungskosten für Gas und Strom 248
2. Versendungskosten für Strom, Kohle und Gas 250
3. Verminderung der Bahntransporte durch Gasfernleitung . 253

L. Zusammenfassung der Untersuchungsergebnisse für
die Gasfernversorgung 257

Literaturnachweis 260

Anhang I. Bedingungen für die Ausführung von Gasfernleitungen
(R. W. E.) 261

Anhang II. Besondere Bedingungen für Felsbewältigung (R. W. E.) 270

Sachregister 272

I. Teil
Die Technik der Gasfernleitung
*

A. Einleitung.

Das Problem einer Großgasversorgung zur ausgedehnten Belieferung großer Räume ist hier in Europa nur in begrenztem Umfange praktisch durchgeführt. Für hiesige Verhältnisse kommt auch nur die Verwendung erzeugten Gases in Betracht, da die deutschen Naturgasvorkommen, soweit sie bekannt, nur unbedeutend sind. Dafür besitzen Nordamerika, Rumänien, Ungarn und Galizien Naturgasleitungen großer Länge, doch bringt es die Art des Betriebes mit sich, daß dort den Gasverlust- und Kraftfragen nicht die Bedeutung beigelegt zu werden braucht, die sie für uns besitzen. Aber auch in den Naturgasgebieten ändert sich die Sachlage allmählich infolge Versiegens der Gasbrunnen, und in Nordamerika beschäftigt man sich schon ganz ernstlich mit dem Gedanken, die ausfallenden Naturgasleitungen mit erzeugtem Gas zu betreiben (Koksofengas + Wassergas).

Auch die große Öffentlichkeit, wie sie durch die Tagespresse repräsentiert wird, beschäftigt sich immer mehr mit der Frage der Gasfernversorgung, besonders auch wohl aus dem naheliegenden Grunde, weil Gasküche und Gasbadeofen zu täglichen Lebensbedürfnissen geworden sind und weil auch die Industrie sich das Gas immer mehr nutzbar zu machen sucht. Auf diesem Wege ist die Großindustrie schon weit fortgeschritten und könnte man nicht mit Unrecht von einem beginnenden Zeitalter des Gases sprechen. In diesem Zusammenhang sei nur an die Ausdehnung der Gaswirtschaft in den Haushalten der Hüttenwerke und chemischen Industrie erinnert, auf die Luftstickstoffgewinnung und die Benzin- und Ölgewinnung bei der Kohlenschwelung hingewiesen, wodurch auch Braunkohlen für solche Zwecke herangezogen werden können. Da auch die Einführung der Gasturbine in absehbarer Zeit erfolgen wird, so kann mit der Erbauung von neuen Großgasanlagen gerechnet werden. Eine Verdrängung des Gases als Energieträger kommt für lange Zeit kaum in Frage; werden aber später kombinierte

Groß-Kraft- und Gaswerke errichtet, so ist die Frage des Versandes des Gases spruchreif geworden. Besonders auch in Verbindung mit einer direkt auf den Förderstellen vorzunehmenden Veredelung der Kohle durch Umsetzung der Kohlenmengen in Gasform unter gleichzeitiger Gewinnung der Nebenprodukte.

Das allgemeine Gasfach beschäftigte sich ebenfalls schon seit Jahren mit der Frage der Gasfernversorgung; zum Teil wurden große städtische Gaswerke zu Gaszentralen für die Umgebung ausgebaut, aber auch eine gewisse Scheu vor höheren Drucken und Reichweiten machte sich in diesen Kreisen zum Teil bemerkbar; besonders wurde auch die Wirtschaftlichkeit des Transportes angezweifelt. Da also die eindeutige Klärung noch nicht anerkannt ist, soll durch eine systematische Durchrechnung, unter Wahl der wirtschaftlichsten Bedingungen für den Einzelfall, eine ungefärbte, einwandfreie Prüfung gegeben werden.

B. Gasförderung in Rohrleitungen.

Theoretisch ist das Problem der Bewegung der Flüssigkeiten noch nicht geklärt, weil die Schwierigkeiten exakter Untersuchungen zu groß sind. Deshalb ist dieses wichtige Gebiet eine Sache praktischer Erfahrung geblieben. Wohl sind bestimmte Theorien über die Strömung in Rohrleitungen entwickelt, doch besteht nie Gewißheit, ob die Bedingungen solcher Ableitungen auch vorhanden sind. Unterhalb einer ganz bestimmten Geschwindigkeitsgrenze, die von der Art der Flüssigkeit und dem Rohrdurchmesser abhängt, sind die Resultate der Rechnung und der Messung wohl in Einklang zu bringen. Poiseuille gab das empirische Gesetz, daß je Einheit des Überdruckes die Fördermenge proportional der vierten Potenz des Rohrdurchmessers und umgekehrt proportional der Rohrlänge ist, das von deutschen Forschern später bestätigt worden ist. Schon Newton gab an, daß die Reibung zwischen Flüssigkeitsschichten vom Druck unabhängig ist, was auch durch Versuche von deutschen Forschern unseres Zeitalters bestätigt worden ist. Die praktische Strömung erfolgt aber bei einer Geschwindigkeit, die über jener für die Poiseuillesche Strömung liegt, stellt sich also als eine Störung dieser Strömung dar und wird als turbulent bezeichnet. Damit tritt ein anderes Druckhöhengesetz in Kraft, das annähernd durch das Quadrat der Geschwindigkeit ausgedrückt werden kann. Besonders englische Forscher haben sich der Erforschung dieses Problems gewidmet, doch ist eigentlich dadurch nur festgestellt, daß auf theoretischem Wege dem Problem schwer nahezukommen ist.

Die Praxis konnte nicht warten, bis die Forschung das Ziel erreicht hatte. Die Entwicklung der technischen Rohrleitungen zwang zu Bauten, auch dann, wenn nicht alle Vorbedingungen von Rechnungen gegeben waren. Sie mußte sich auch Hilfsmittel in Form von Formelwerk schaffen und war nicht unfroh, wenn die Lieferfähigkeit größer war wie die Kalkulation. So entstanden im Laufe der Jahrzehnte eine ganze Reihe von Formeln für die Berechnung von Rohrleitungen. Zunächst nur, den Anforderungen des Gaswerksbetriebes entsprechend, Formeln für Niederdruckleitungen (bis Gasbehälterdruck), später aber auch Formeln für Hochdruckleitungen, als man die Unsicherheit der alten Rechnungsgrundlagen für den Sonderzweck feststellte. Als erste Gashochdruckleitungen sind die, wenn auch dünnen Rohrleitungen der Pintschschen Preßgasanlagen zu bezeichnen, die im Rahmen der Eisenbahnwagen-Beleuchtungsanlagen entstanden. Später kamen die Naturgasleitungen in Nordamerika hinzu, weshalb gerade dort das Formelwerk üppig gedieh, aber auch gute Arbeit geliefert wurde durch Versuche an ausgeführten Leitungen und richtige Anwendung der Rechnungsgrundlagen.

Bei uns bemühte man sich neuerdings durch Laboratoriumsversuche, die immer an eng begrenzte Durchmesser und Längen der Versuchsstrecken gebunden sind, der Klärung näherzukommen und baute auf Grund solchen Untersuchungsmaterials neue Rechnungsgrundlagen auf. Da aber eine Verallgemeinerung dieser Versuchswerte problematischer Natur ist, so ist eigentlich bis jetzt nichts praktisch Endgültiges gewonnen.

1. Ältere Grundlagen; die Polesche Formel.

Die Anfänge der Feststellung der Grundlagen für die Berechnung von Rohrleitungen reichen zurück bis in das 18. Jahrhundert. Fast 100 Jahre nach den Versuchen Pitots über den Widerstand bewegten Wassers in Röhren stellte d'Aubuisson die Förderformel für Luft

$$Q = k \sqrt{\frac{d^5 \cdot h}{2 s \cdot l}}$$

auf. Diese Formel liegt auch der Poleschen Formel zugrunde, die im Gasfach seit ihrer Entstehung im Jahre 1851 allgemein Anwendung findet und von Amerikanern, Engländern, Franzosen und Deutschen bezüglich der Konstanten k verschieden geschrieben wird[1]).

Pole setzte

$$k = \sqrt{\frac{1}{1{,}978}} = 0{,}711$$

oder abgerundet

$$k = \sqrt{\frac{1}{2}} = 0{,}707.$$

Die Ableitung der Poleschen Formel[2]) stützt sich auf folgende Annahmen:
1. die Reibung ist unabhängig von dem hydrostatischen Druck des Gases;
2. die Reibung ist direkt proportional der Reibungsfläche, also $l \pi d$;
3. die Reibung ist annähernd proportional dem Quadrat der mittleren Geschwindigkeit, also w^2;
4. die Reibung ist proportional der Dichte des Gases, ist also, wenn γ das Gewicht der Volumeneinheit und $g = 9{,}81$ die Schwere ist, proportional $\frac{\gamma}{g}$.

Für die Widerstandszahl λ, eine gerade horizontale Leitung von der Länge l (in m), den Durchmesser d (in m), die Fördermenge Q (in m³/s), das Gewicht eines m³ Luft = 1,293 kg, das spezifische Gewicht des Gases (bezogen auf Luft = 1) s, ist der Druckverlust h (in kg/m² = mm W.-S.):

$$h = \frac{\lambda \cdot l \cdot d \pi \cdot w^2 \cdot \dfrac{\gamma}{g}}{\dfrac{d^2 \pi}{4}} = \frac{4 \lambda \cdot l \cdot \gamma \cdot w^2}{d \cdot g}.$$

---

[1]) Handbuch der Gastechnik. Bd. VI, S. 75 ff. München 1917.
[2]) Dr. Sautter, Journ. f. Gasbel. 1913, S. 1150.

Da $Q = \dfrac{d^2 \pi}{4} w$, also $w = \dfrac{4Q}{d^2 \pi}$ ist, und $g = 9{,}81$, sowie $\gamma = 1{,}293 \cdot s$ zu setzen ist, so erhält man:

$$h = 0{,}855 \cdot \lambda \frac{l \cdot s \cdot Q^2}{d^5}.$$

Pole setzt $\lambda = 0{,}003$ und erhält so für Q (in m³/h) und d (in cm)

$$h = 660 \cdot 0{,}003 \frac{l \cdot s \cdot Q^2}{d^5}, \qquad h = 1{,}978 \frac{l \cdot s \cdot Q^2}{d^5},$$

$$Q = \sqrt{\frac{d^5 \cdot h}{1{,}978 \cdot s \cdot l}} = \sqrt{\frac{1}{1{,}978}} \cdot \sqrt{\frac{d^5 \cdot h}{s \cdot l}} = k \sqrt{\frac{d^5 \cdot h}{s \cdot l}},$$

$$Q = 0{,}711 \sqrt{\frac{d^5 \cdot h}{s \cdot l}}.$$

2. Die amerikanischen Hochdruckformeln.

Bei der Ausführung der Naturgasleitungen in Nordamerika benützte man Formeln, die der europäischen Preßluftpraxis entstammen. Man paßte diese Formeln dem Gastransport an; so entstanden eine ganze Reihe von Formeln gleicher Form, die sich nur durch die Konstanten unterscheiden. Eigentlich basieren sie auf den schon von Grashof (Theoretische Maschinenlehre I) gegebenen Grundlagen.

Hempelmann[1]) hat nach der amerikanischen Fachliteratur diese Formeln zum größten Teil zusammengestellt, auch Pois[2]) gibt eine Formelübersicht. Die älteren Formeln enthalten die Widerstandszahl λ noch als konstanten Wert, neuere Formeln geben λ veränderlich. Die allgemeine Form aller Formeln ist

$$Q = c \sqrt{\frac{d^5 (p_a^2 - p_e^2)}{l}} = \text{Fördermenge in m}^3,$$

oder

$$G = K \sqrt{\frac{d^5 (p_a^2 - p_e^2)}{l}} = \text{Fördergewicht in kg},$$

wobei $Q = \dfrac{R \cdot T_0}{p_0} \cdot G$ für die Bezugsgrößen $T_0 = 273$ und $p_0 = 1$ at abs. ist.

---

[1]) Dr. Hempelmann, Gasfernleitungen. Berlin 1914 (Dissertation).
[2]) Ing. A. Pois, Erdgas. Petroleum, Berlin 1917.

Bánki[1]) gibt dafür nachstehende Ableitung auf Grund der mechanischen Wärmetheorie.

Die Energiegleichung für die Strömung ohne Wärmevermittlung durch die Rohrwand lautet für die Rohrstrecke dl, den Durchmesser d, die Geschwindigkeit w, das spezifische Volumen des Gases v, die Widerstandszahl λ, die Schwere g wie folgt:

$$d\left(\frac{w^2}{2g}\right) + v\,dp + \frac{dl}{d} \cdot \frac{w^2}{2g} = 0.$$

Hierin darf die Zunahme der kinetischen Energie vernachlässigt und von der ebenso unbedeutenden Änderung der Temperatur abgesehen werden. Mit der unveränderlichen Temperatur T und mit der Gaskonstanten R wird

$$v_a = \frac{R \cdot T}{p_a},$$

außerdem wird

$$w_a = \frac{4 G v_a}{d^2 \pi}$$

in die Energiegleichung eingesetzt. Durch Integration der Gleichung erhält man

$$p_a^2 - p_e^2 = \frac{16}{g}\lambda\,\frac{R \cdot T}{\pi^2 d^5}\,l\,G^2,$$

daraus

$$k = \sqrt{\frac{\pi^2 g}{16\lambda R \cdot T}}$$

oder für

$$G = \frac{w_a \cdot d^2 \pi}{4 v_a} = \frac{w_a \cdot d^2 \pi}{4} \cdot \frac{p_a}{R \cdot T}$$

und

$$G^2 = \frac{w_a^2 \cdot d^4 \pi^2}{16} \cdot \frac{p_a^2}{R^2 \cdot T^2}$$

gesetzt, gibt $p_a^2 - p_e^2 = \dfrac{16}{g} \cdot \lambda \cdot \dfrac{R \cdot T}{\pi^2 \cdot d^5} \cdot l \cdot \dfrac{w_a^2 \cdot d^4 \cdot \pi^2}{16} \cdot \dfrac{p_a^2}{R^2 \cdot T^2}$

oder

$$p_a^2 - p_e^2 = 2\lambda \cdot \frac{l}{d} \cdot \frac{p_a^2}{R \cdot T} \cdot \frac{w_a^2}{2g}$$

als Grundgleichung aller amerikanischen Förderformeln, die, wie bereits Hempelmann erwähnte, von Ledoux[2]) stammt.

---

[1]) Prof. Donát Bánki, Zeitschr. d. Ver. dtsch. Ing. 1916, S. 512.
[2]) Ledoux, Annales des mines 1892, S. 541 ff. und Dr. Hempelmann, Gasfernleitungen. Berlin 1914.

Diese Formel ist der unter 1. erwähnten **Pole**schen Formel von der Form

$$h = 8\lambda \frac{l}{d} \cdot \gamma \cdot \frac{w^2}{2g} = 8 \cdot 0{,}003 \frac{l}{d} \cdot \gamma \cdot \frac{w^2}{2g} = 0{,}024 \frac{l}{d} \cdot \gamma \cdot \frac{w^2}{2g}$$

nicht unähnlich und unterscheidet sich in ihrem Aufbau eigentlich nur dadurch, daß sie die Differenz der Quadrate der Drucke bringt an Stelle des einfachen Druckverlustes. Da diese Formel wirklich alles berücksichtigt, was berücksichtigenswert ist, so genügt sie für die vorzunehmenden Leitungsrechnungen.

Es soll nun die weitere Ableitung der Förderformel gegeben werden. Aus der Grundgleichung erhält man die Anfangsgeschwindigkeit w_a zu

$$w_a^2 = \frac{(p_a^2 - p_e^2)}{p_a^2} \cdot \frac{d}{l} \cdot \frac{R \cdot T}{\lambda} \cdot g;$$

setzt man so w_a in die Gleichung für G ein

$$G = \frac{w_a \cdot d^2 \pi}{4} \cdot \frac{p_a}{R \cdot T}$$

und $R = \dfrac{R_l}{s}$, mit $R_l = 29{,}2$ (für Luft), und s dem spezifischen Gewicht (für Luft = 1), so erhält man

$$Q = \frac{R \cdot T_0}{p_0} \cdot G = \frac{R_l \cdot T_0}{s \cdot p_0} \cdot \frac{d^2 \pi}{4} \cdot \frac{p_a \cdot s}{R_l \cdot T} \cdot \sqrt{\frac{(p_a^2 - p_e^2)}{p_a^2} \cdot \frac{d}{l} \cdot \frac{R_l \cdot T \cdot g}{s \cdot \lambda}}$$

$$Q = \frac{\pi}{4} \cdot \sqrt{\frac{R_l \cdot g}{\lambda \cdot T}} \cdot \frac{T_0}{p_0} \cdot \sqrt{\frac{d^5 \cdot (p_a^2 - p_e^2)}{s \cdot l}}$$

mit $\quad c = \dfrac{\pi}{4} \cdot \sqrt{\dfrac{R_l \cdot g}{\lambda \cdot T}} \cdot \dfrac{T_0}{p_0}$

der Konstanten der Mengenformel.

Diese beiden Formeln geben die Grundformeln fast aller amerikanischen Hochdruckformeln.

Es ist nun von Interesse festzustellen, welchen zahlenmäßigen Ausdruck diese Formeln in der amerikanischen Praxis gefunden haben. Dabei ändert sich auch die Konstante c je nach den Maßen für Q, d und l, die verschieden gegeben werden, z. B.:

Q in m³/h mit d in cm und l in km,
oder Q in m³/h mit d in m und l in km,
oder Q in m³/h mit d in m und l in m; während in allen Fällen p_a und p_e in at abs. eingestellt werden.

a) Formeln für konstantes λ.

Nach Hempelmanns Prüfung der amerikanischen Formeln kommen folgende Formeln dieser Art in Betracht, für Q m³/h, d in m, l in km:

die Pittsburgh-Formel mit $c = 182\,735$,
die Formel von Cox mit $c = 165\,440$,
die Formel von Oliphant (I) mit $c = 161\,640$,
die Formel von Robinson mit $c = 186\,300$;

dazu kommt noch die in der Praxis auch viel verwendete Formel von Forrest M. Towl[1]) mit $c = 197\,342$,

oder mit $c = 1736{,}11$ für Q in m³/h, d und l in m,
oder mit $c = 1{,}975$ für Q in m³/h, d in cm, l in km.

Towl hat auch im Jahre 1901 einen größeren Förderversuch ausgeführt[2]), auf den noch zurückgekommen werden soll. Er hat dann auf Grund dieses Versuches — niedergelegt in den Veröffentlichungen der Columbia-Universität in Newyork — seine Förderformel auch neu zu gestalten versucht, doch weist bereits Pois nach, daß diese Formel, die nachstehend gegeben werden soll, nur unwesentliche Abweichungen gegenüber der einfacheren älteren Formel liefert.

Neue Formel von Towl:

$$Q = c \sqrt{\frac{d^{5^1/_3}(p_a^2 - p_e^2)}{s \cdot l}}$$

mit $c = 1{,}2238$ für Q in m³/h, d in cm, l in km,
$c = 1075{,}77$ für Q in m³/h, d in m, l in m,
und $c = 122281{,}8$ für Q in m³/h, d in m, l in km.

Es erübrigt sich also, diesen weitläufiger gebauten Formeln praktischen Wert beizulegen; vielmehr empfiehlt es sich, λ veränderlich zu gestalten und die einfache Förderformel zu verwenden.

b) Formeln mit veränderlichem λ.

Hempelmann berichtet über amerikanische Formeln mit veränderlichem λ noch wie folgt (für Q in m³/h, d in m, l in km).

---

[1]) Pois, Erdgas, Petroleum. Berlin 1917.
[2]) Starke, Gaswirtschaft. Berlin 1921, S. 128.

Formel von Oliphant (II):
$$Q = 161\,640 \sqrt{\frac{d^5(1+0{,}4327)\cdot\sqrt{d}\cdot(p_a^2-p_e^2)}{s\cdot l}}$$

mit $\quad \lambda = c \cdot \dfrac{1}{1+0{,}4327\sqrt{d}}$,

$c = 0{,}02483$.

Formel von Richard:
$$Q = 344\,020 \cdot \sqrt{b} \cdot \sqrt{\frac{d^5(p_a^2-p_e^2)}{s\cdot l}}$$

mit $\quad \lambda = c \cdot \dfrac{1}{b}$.

$c = 0{,}01866$
$b =$ für 4 Zoll (engl.) Dmr. $= 0{,}840$
„ 6 „ „ „ $= 1{,}000$
„ 8 „ „ „ $= 1{,}125$
„ 10 „ „ „ $= 1{,}200$
„ 12 „ „ „ $= 1{,}260$
„ 16 „ „ „ $= 1{,}340$
„ 20 „ „ „ $= 1{,}400$
„ 24 „ „ „ $= 1{,}450$

Formel von Thos. R. Weymouth:
$$Q = 262\,500 \sqrt{\frac{d^{5^1/_3}(p_a^2-p_e^2)}{s\cdot l}}$$

mit $\quad \lambda = c \cdot \dfrac{1}{\sqrt[3]{d}}$.

Die Widerstandszahl λ.

Weymouth[1]) setzte in "The Journal of the American Society of Mechanical Engineers" vom Jahre 1912 λ in Abhängigkeit vom Rohrdurchmesser, und zwar

$$\lambda = \frac{0{,}008}{\sqrt[3]{d}}.$$

Wendet man diese Form der Bestimmung von λ auf den erwähnten Towlschen Versuch und die allgemeine Förderformel an, so errechnet sich für $d = 202{,}7$ mm:

$$\lambda = \frac{0{,}0084}{\sqrt[3]{d}},$$

was als eine Bestätigung der Weymouthschen Formel gelten kann.

---
[1]) Pois, Erdgas, Petroleum. Berlin 1917.

Der Towlsche Versuch mittels Pitotscher Röhren.
Es folgen die Angaben:

Ausflußmenge: $Q = 221\,000$ Kubikfuß
$= 6257{,}715 \text{ m}^3/\text{h}$,
Spezifisches Gewicht: $s = 0{,}64$ (bei $32°$ F $= 0°$ C),
Bezugsdruck: $p_0 = 14{,}65$ Pfund/Zoll $= 1{,}0333$ at abs.,
Meßtemperatur: $t = 50°$ F $= 10°$ C,
$T = 510°$ F $= 283°$ C,
Anfangsdruck: $p_a = 210$ Pfund/Zoll $= 14{,}765$ at abs.,
Enddruck: $p_e = 41$ Pfund/Zoll $= 2{,}883$ at abs.,
Lichte Rohrweite: $d = 7{,}981$ Zoll $= 0{,}2027$ m,
Rohrstreckenlänge: $l = 70{,}32$ Meilen $= 113165{,}98$ m.

Zu beachten ist, daß es sich hier um einen richtigen Fernleitungsversuch handelt, mit einer Rohrstrecke von ausreichender Länge: ca. 113 km, einem nicht zu kleinen Rohrdurchmesser: rd. 200 mm Dmr., bei Drucken mit rd. 14,8 und 2,9 at abs., die als mittlere Hochdrucke zu bezeichnen sind. Vor allem aber, daß es sich um eine Gasleitung handelt, der Versuch auch mit Gas ausgeführt worden ist. Aus diesem Grunde soll dieser Versuch, der anscheinend von den deutschen Bearbeitern in der Frage der Widerstandszahl nicht beachtet worden ist, nicht vernachlässigt werden, man muß ihm vielmehr, mit Rücksicht auf Leitungslänge und Drucke, besonderes Gewicht beimessen, da er eine Klasse für sich darstellt, d. i. eben die Fernleitung von Gas. Allerdings stehen hier solche Versuchsverhältnisse nicht zur Verfügung, da Anfangsdrucke über 3,5 at abs. bei derartigen Streckenlängen im deutschen Gasfach nicht anzutreffen sein werden, so daß hier nur Versuche mit anderen Mengen, Längen und Drucken möglich sind.

Der Versuch soll nun näher betrachtet werden.
Die Grundformel lautet für die angesaugte Menge:

$$Q = 3600\,\frac{\pi}{4}\sqrt{\frac{R_l \cdot g}{\lambda \cdot T}} \cdot \frac{T_0}{p_0}\sqrt{\frac{d^5(p_a^2 - p_e^2)}{s \cdot l}} = \text{m}^3/\text{h},\ 0°\text{C},\ 760\text{ mm}.$$

Das spezifische Gewicht wird mit $s_0 = 0{,}64$ (für $0°$ C, 760 mm) genannt, es wird mit

$$s_{10°} = \frac{s_0}{1 + \alpha \cdot t} = \frac{0{,}64}{1 + (0{,}00367 \cdot 10)} = \mathbf{0{,}6173}\ (\text{Luft} = 1)$$

gerechnet; für $s_0 = 0{,}64$ wird λ noch kleiner.

Die Fördermenge wird als Ausströmmenge angegeben, die mit Pitotschen Röhren festgestellt wurde; es handelt

Gasförderung in Rohrleitungen. 21

sich also um eine Messung am Endpunkt der über 113 km langen Leitung, daher um trockenes Gas von 10° C.
Die Widerstandszahl λ ist leicht zu ermitteln durch Einsetzen der Zahlenwerte in die obengenannte Grundformel. Es ist aber nicht zu übersehen, daß das so ermittelte λ nicht für die richtige Fördermenge zur Errechnung kommen würde, wenn die am Ende der Leitung gemessene Menge eingesetzt wird, denn die Ansaugeleistung der Kompressoren ist größer. Da die Förderformel aber die Anfangsgeschwindigkeit w_a erhält, so hat man es auch nur mit Q_a zu tun. Der Irrtum in der Behandlung der Förderformel ist darauf zurückzuführen, daß mengenmäßig verlustlose Strömung, also $Q_a = Q_e$, angenommen wird, die es aber nicht gibt. Der Gasverlust ist im vorliegenden Versuchsfall wie folgt zu errechnen:

a) $\dfrac{V_{tr} \cdot 760}{760 - 9{,}21} = V_{feucht} = 1{,}01235..$ rd. 1,24 vH Verlust durch das bei 10° C mit Wasser gesättigte Gas;

b) $\dfrac{V_0 \cdot (273 + 10)}{273} = V_{10} = 1{,}03663 .$ rd. 3,66 vH Verlust durch die Temperaturreduktion von 10° auf 0° C, da die Förderformel Q für 0°/760 enthält;

c) die Meßlizenz für Pitotmessung rd. 1,60 vH

d) der wirkliche Leitungsverlust .. rd. 3,50 vH

zusammen rd. 10,00 vH Verlust.

Es wurden im Mittel gefördert:
am Ende gemessen: $Q_e = 6257{,}715$ m³/h, 10° C, 760 mm Q.-S.;

$Q_e = 6257{,}715 \cdot \dfrac{273}{273 + 10} = 6036{,}192$ m³/h, 0° C, 760 mm Q.-S.;

am Anfang: $Q_a = \dfrac{Q_e}{0{,}9} = 6953{,}017$ m³/h, 10° C, 760 mm Q.-S.;

$Q_a = 6953{,}017 \cdot \dfrac{273}{273 + 10} = 6707{,}293$ m³/h, 0° C, 760 mm Q.-S.;

im Mittel:
$$Q_m = \dfrac{Q_a + Q_e}{2}$$
$$= \dfrac{6036{,}192 + 6707{,}293}{2} = \mathbf{6371{,}743}\ \text{m}^3/\text{h}, \quad 0°\text{C},\ 760\ \text{mm Q.-S.}$$

Löst man die Förderformel auf, so erhält man für die fließende Menge bei 10° C, reduziert auf 0° C, 760 mm:

$$Q_{0/760} = 6371{,}74 = 3600 \frac{\pi}{4} \sqrt{\frac{29{,}2 \cdot 9{,}80}{\lambda \cdot (273 + 10)} \cdot \frac{273}{1{,}0333}} \cdot \ldots$$

$$\sqrt{\frac{(0{,}2027)^5 \cdot (14{,}765^2 - 2{,}883^2)}{0{,}6173 \cdot 113165{,}98}} = 2827{,}4 \cdot \sqrt{\frac{1}{\lambda}} \cdot 1{,}006 \cdot 264{,}2 \cdot 0{,}0010134$$

Daraus ist

$$\sqrt{\frac{1}{\lambda}} = \frac{6371{,}74}{2827{,}4 \cdot 1{,}006 \cdot 264{,}2 \cdot 0{,}0010134} = 8{,}366,$$

$$\frac{1}{\lambda} = 69{,}99,$$

$$\lambda = \frac{1}{69{,}99} = \mathbf{0{,}014287}.$$

Es ist dann nach

$$\lambda = \frac{x}{\sqrt[3]{d}},$$

$$x = \lambda \cdot \sqrt[3]{d} = 0{,}014287 \cdot \sqrt[3]{0{,}2027},$$

$$x = 0{,}0083928,$$

und erhält man die Formel für λ zu

$$\lambda = \frac{\mathbf{0{,}0084}}{\sqrt[3]{d}}.$$

Setzt man dagegen in die Förderformel das **gemessene** Q und das **gemessene** spezifische Gewicht ein, so erhält man nur unwesentlich abweichende Werte[1]), nämlich:

$$\lambda = 0{,}014379 \quad \text{und} \quad \lambda = \frac{0{,}008447}{\sqrt[3]{d}}.$$

Förderungsverhältnisse im Netz des R. W. E.

Es liegt nahe, die Förderverhältnisse der Hauptleitung des Rheinisch-Westfälischen Elektrizitätswerks A.-G. (R.W.E.) zu untersuchen, wie sie durch die im täglichen Betrieb sich ergebenden Zustände bekannt werden. Dazu eignet sich jener Teil der Förderstrecke, der die normal gebaute Rohrstrecke außerhalb des Bergbaugebietes betrifft (Abb. 1). Für diese Strecke ist:

die Fördermenge $Q_a = 10261$ m³/h $= 2{,}85$ m³/s, 0° C, 760 mm Q.-S.,

---

[1]) Starke, „Gaswirtschaft". Berlin 1921, S. 129.

Gasförderung in Rohrleitungen.

das spezifische Gewicht $s = 0,52$,
der Bezugsdruck $p_0 = 1,0333$ at abs.,
die mittlere Jahres-Leistungstemperatur $T = 273 + 12 = 285°$,
der Anfangsdruck $p_a = ?$ wird ermittelt, da es sich um einen Streckendruck handelt,
der Enddruck $p_e = 1,32$ at abs.,
die Rohrleitung a) $d_1 = 0,4$ m Dmr.: 59 080 m lang,
  b) $d_2 = 0,3$,, ,, 21 150 ,, ,,
  c) $d_1 = 0,4$,, ,, 4 830 ,, ,,
  $=$ zusammen $\overline{87\,060}$ m lang.

Diese Rohrstrecke besitzt Abzweige, liefert also das geförderte Gas an eine ganze Reihe Ablieferstellen.

Um diese Leitungsanlage zu untersuchen, wird die allgemeine Förderformel

$$Q_{0/760} = \frac{\pi}{4} \cdot \sqrt{\frac{R_i \cdot g}{\lambda \cdot T}} \cdot \frac{T_0}{p_0} \cdot \sqrt{\frac{d^5 \cdot (p_a^2 - p_e^2)}{s \cdot l}} = c \cdot \sqrt{\frac{d^5 \cdot (p_a^2 - p_e^2)}{s \cdot l}}$$

umgeformt in $p_a^2 - p_e^2 = Q^2 \cdot l \cdot \dfrac{s}{c^2 \cdot d^5} = Q^2 \left(l \cdot \dfrac{1}{c^2 \cdot d^5} \right)$,

welche Formel für jeden Rohrdurchmesser, jede Rohrlänge und jeden Anteil an der Gesamtfördermenge gilt. Danach ist für die gesamte Länge der Rohrstrecke und den Anfangs- und Enddruck für diese gesamte Streckenlänge, wobei die einzelnen Mengen in Teilen von Q eingesetzt werden:

$$p_a^2 - p_e^2 = Q^2 \cdot \left[(Q^2 \cdot l + Q_1^2 \cdot l_1 + Q_2^2 \cdot l_2 + \ldots + Q_{16}^2 \cdot l_{16}) \cdot \frac{s}{c_1^2 \cdot d_1^5} \right.$$
$$+ (Q_{17} \cdot l_{17} + Q_{18} \cdot l_{18} + \ldots + Q_{23} \cdot l_{23}) \cdot \frac{s}{c_2^2 \cdot d_2^5}$$
$$\left. + Q_{24} \cdot l_{24} \cdot \frac{s}{c_1^2 \cdot d_1^5} \right]$$
$$= Q^2 \cdot \left[(1^2 \cdot l + 0,9545^2 \cdot l_1 + 0,8818^2 \cdot l_2 + \ldots \right.$$
$$+ 0,2875^2 \cdot l_{16}) \cdot \frac{s}{c_1^2 \cdot d_1^5} + (0,1752^2 \cdot l_{17} + 0,1709^2 \cdot l_{18} + \ldots$$
$$\left. + 0,0727^2 \cdot l_{23}) \cdot \frac{s}{c_2^2 \cdot d_2^5} + (0,0569^2 \cdot l_{24}) \cdot \frac{s}{c_1^2 \cdot d_1^5} \right]$$
$$= 2,85^2 \cdot \left[32607,462 \cdot \frac{0,52}{1942,4^2 \cdot 0,4^5} + \ldots \right.$$
$$\left. + 512,397 \cdot \frac{0,52}{1852,48^2 \cdot 0,3^5} + 15,638 \cdot \frac{0,52}{1942,4^2 \cdot 0,4^5} \right]$$
$$= 2,85^2 \cdot 0,47103 = 3,825942;$$

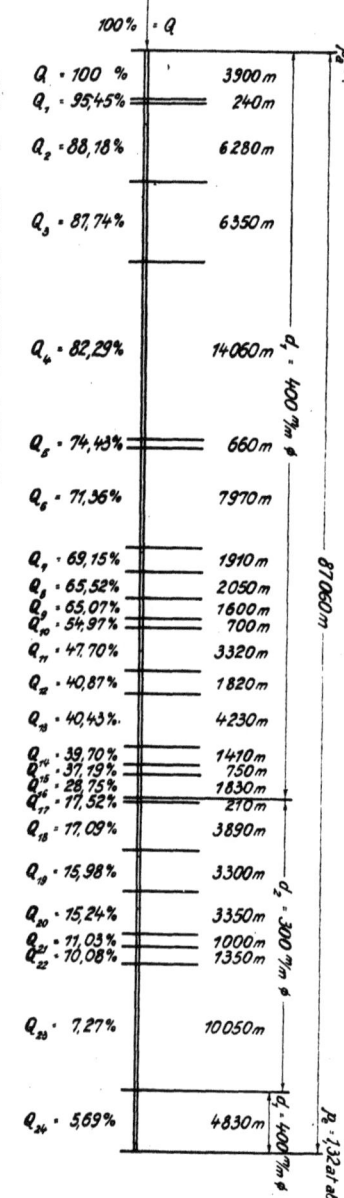

Abb. 1. Leitungsschema für die rheinisch-westfälische Fernleitung.

daraus ist

$p_a^2 = 3{,}825942 - 1{,}32^2$
$= 3{,}825942 - 1{,}7424$
$= 5{,}568342$

und

$p_a = 2{,}3597$ at abs.
$=$ rd. **13,6** m W.-S.

Dieser rechnerisch ermittelte Druck stimmt vollständig mit den Druckverhältnissen an diesem Netzpunkte überein. Auch dadurch ist die Zulässigkeit der verwendeten Formel

$$\lambda = \frac{0{,}008447}{\sqrt[7]{d}}$$

gegeben.

Anders liegen die Verhältnisse in der Anfangsstrecke hinter den Kompressoren: Hier geben Bergbau-Rohrverbindungen (lange Überschieber), Rückschlagventile (mit halbem Rohrquerschnitt im Sitz) und Kondensatabscheidekessel mit Prallwänden besondere Druckverluste. Außerdem gibt die Förderung in eine lange Rohrleitung Stoßwirkungen und Gasschwingungen, welche die Drucklinie beeinflussen. Auch verliert das mit der adiabatischen Kompressionstemperatur in die Leitung geförderte Gas in der Anfangsstrecke diese Wärme und

Gasförderung in Rohrleitungen.

kühlt sich bis zur Bodentemperatur ab; weil aber die Förderformel für Gase mit isothermischer Strömung rechnet, so sind in dieser Anfangsstrecke auch aus diesem Umstand heraus besondere Verhältnisse gegeben, für die nicht mit dem normalen Ausdruck von λ gearbeitet werden kann. Solche Anfangsstrecken sind deshalb besonders zu behandeln.

Für einige Rohrdurchmesser wird nachstehend λ und c (für $T = 273 + 12 = 285$ und $p_0 = 1{,}0333$ at abs.) gegeben für Q m³/s, d und l in m.

Die Widerstandszahl λ ergibt sich nach Weymouth-Towl aus:

$$\lambda = \frac{0{,}008447}{\sqrt[3]{d}}.$$

Der Faktor c der Mengenformel ist für eine mittlere Jahresgastemperatur in der Rohrleitung $T = 273 + 12 = 285°$

$$c = 0{,}7874 \cdot \frac{1}{\sqrt{\lambda}} \cdot \frac{T_0}{p_0}$$

und für die im Gasfach üblichen Bezugsgrößen 0° C und 760 mm Q.-S., also $T_0 = 273°$ und $p_0 = 1{,}0333$ at abs., ist dann

$$c = \frac{208{,}1}{\sqrt{\lambda}}.$$

für $d =$	50 mm l.W.	ist $\lambda = 0{,}02293$	und	$c = 1374{,}3$
„ $d =$	60 „	„ $\lambda = 0{,}02158$	„	$c = 1416{,}7$
„ $d =$	70 „	„ $\lambda = 0{,}02050$	„	$c = 1420{,}4$
„ $d =$	75 „	„ $\lambda = 0{,}02003$	„	$c = 1470{,}3$
„ $d =$	80 „	„ $\lambda = 0{,}01960$	„	$c = 1486{,}2$
„ $d =$	90 „	„ $\lambda = 0{,}01885$	„	$c = 1515{,}7$
„ $d =$	100 „	„ $\lambda = 0{,}01820$	„	$c = 1542{,}1$
„ $d =$	125 „	„ $\lambda = 0{,}01689$	„	$c = 1601{,}0$
„ $d =$	150 „	„ $\lambda = 0{,}01590$	„	$c = 1649{,}7$
„ $d =$	175 „	„ $\lambda = 0{,}01510$	„	$c = 1693{,}4$
„ $d =$	200 „	„ $\lambda = 0{,}01444$	„	$c = 1730{,}7$
„ $d =$	225 „	„ $\lambda = 0{,}01389$	„	$c = 1765{,}8$
„ $d =$	250 „	„ $\lambda = 0{,}01341$	„	$c = 1796{,}5$
„ $d =$	275 „	„ $\lambda = 0{,}01299$	„	$c = 1825{,}9$
„ $d =$	300 „	„ $\lambda = 0{,}01262$	„	$c = 1852{,}5$
„ $d =$	325 „	„ $\lambda = 0{,}01229$	„	$c = 1877{,}4$
„ $d =$	350 „	„ $\lambda = 0{,}01199$	„	$c = 1900{,}7$
„ $d =$	375 „	„ $\lambda = 0{,}01171$	„	$c = 1922{,}7$
„ $d =$	400 „	„ $\lambda = 0{,}01146$	„	$c = 1942{,}4$
„ $d =$	425 „	„ $\lambda = 0{,}01124$	„	$c = 1963{,}3$
„ $d =$	450 „	„ $\lambda = 0{,}01102$	„	$c = 1982{,}0$
„ $d =$	475 „	„ $\lambda = 0{,}01083$	„	$c = 2000{,}0$
„ $d =$	500 „	„ $\lambda = 0{,}01064$	„	$c = 2015{,}8$
„ $d =$	600 „	„ $\lambda = 0{,}01002$	„	$c = 2079{,}4$

```
für d =  700 mm l.W. ist λ = 0,00951 und c = 2133,5
 „  d =  800   „     „    „  λ = 0,00910  „  c = 2181,5
 „  d =  900   „     „    „  λ = 0,00875  „  c = 2224,8
 „  d = 1000   „     „    „  λ = 0,00845  „  c = 2264,2
 „  d = 1250   „     „    „  λ = 0,00784  „  c = 2350,0
 „  d = 1500   „     „    „  λ = 0,00738  „  c = 2422,5
 „  d = 1750   „     „    „  λ = 0,00701  „  c = 2485,5
 „  d = 2000   „     „    „  λ = 0,00670  „  c = 2541,5
```

Diese Werte λ und c müßten durch neue Versuche noch nachgeprüft werden unter Verwendung der beiden Formeln:

$$Q = c \sqrt{\frac{d^5 (p_a^2 - p_e^2)}{s \cdot l}}$$

und
$$c = \frac{\pi}{4} \cdot \sqrt{\frac{R_l \cdot g}{\lambda \cdot T}} \cdot \frac{T_0}{p_0}$$

mit
$Q =$ Fördermenge in m³/s,
$d =$ Rohrdurchmesser in m,
$l =$ Rohrlänge in m,
$s =$ spezifisches Gewicht (für Luft = 1),
$R_l =$ Gaskonstante für Luft = 29,2,
$g =$ Schwere = 9,81,
$p_a =$ Anfangsdruck in at abs.,
$p_e =$ Enddruck in at abs.,
$T =$ Gastemperatur in der Leitung (abs.),
$T_0 =$ Bezugstemperatur = 273°,
$p_0 =$ Bezugsdruck = 1,0333 at abs.

3. Anwendung der amerikanischen Hochdruckformel
(mit veränderlichem λ nach Weymouth-Towl).

Durch Tabellen, ähnlich den bereits vom ungarischen Oberbergrat Vnutsko[1]) für die Towlsche Formel und unveränderliches λ gebrachten Werten, können auch für die hier zugrunde zu legende Formel, mit veränderlichem λ, nach Weymouth-Towl die entsprechenden Werte gegeben werden; dadurch wird die Anwendung der Förderformel wesentlich erleichtert. Man erhält aus

$$Q = c \sqrt{\frac{d^5 (p_a^2 - p_e^2)}{s \cdot l}}$$

$$d = \sqrt[5]{\frac{Q^2 \cdot s \cdot l}{c^2 \cdot (p_a^2 - p_e^2)}},$$

---

[1]) Ing. A. Pois. Erdgas, Petroleum. Berlin 1917.

welche Formel sich auch in vier Teile aufteilen läßt, indem man dafür schreibt:

$$d = \sqrt[5]{\frac{s}{c^2}} \cdot \sqrt[5]{l} \cdot \sqrt[5]{Q^2} \cdot \sqrt[5]{\frac{1}{(p_a^2 - p_e^2)}}.$$

Die Werte dieser vier Faktoren und deren Logarithmen werden nun für die später durchzurechnenden markanten Förderbeispiele nachstehend gegeben.

Das spezifische Gewicht des Koksofengases wird an Stelle des üblichen Durchschnitts von $s = 0{,}52$ (Luft = 1) mit **$s = 0{,}6$** eingesetzt, um die Rechnungsergebnisse auch für Naturgas und hohe Wassergaszusätze gelten zu lassen. Für Koksofengas werden also die Ergebnisse auf jeden Fall absichtlich so gegeben, daß sie eine gewisse Pluslizenz bieten, die Leitungen also leistungsfähiger sind. Für Generator- oder Schwelgas, spezifisches Gewicht ca. 0,9, oder irgendein anderes spezifisches Gewicht s sind die Rechnungsergebnisse für Q mit $\sqrt[2]{\frac{0{,}6}{s}}$ und für d mit $\sqrt[5]{\frac{s}{0{,}6}}$ zu multiplizieren; z. B. für das spezifische Gewicht $s = 0{,}9$ und Schwelgas vom Heizwert 7000 WE. (unterer, 0° C, 760 mm Q.-S.) gilt folgendes gegenüber dem Transport von Koksofengas vom Heizwert 4000 WE. (unterer, 0° C, 760 mm Q.-S.) und $s = 0{,}6$:

Die für Koksofengas berechnete Leitung fördert nur $\sqrt[2]{\frac{0{,}6}{0{,}9}} = 0{,}8165$ mal soviel m³ Schwelgas, aber an Heizwert $7000 \cdot 0{,}8165 = 5715$ WE gegenüber 4000 WE im Koksofengas, oder rd. 43% mehr an Heizwert; für Schwelgas wird aber auch gegenüber Koksofengas ein $\sqrt[5]{\frac{0{,}9}{0{,}6}} = 1{,}0844$ mal, also rd. 8,5%, größerer Durchmesser gefordert für die gleiche Fördermenge in m³;

Anders liegt die Sache für Generatorgas vom spezifischen Gewicht $s = 0{,}9$ und einem Heizwert von ca. 1250 WE (unterer, 0° C, 760 mm Q.-S.):

Auch hier fördert die für Koksofengas berechnete Leitung nur $\sqrt[2]{\frac{0{,}6}{0{,}9}} = 0{,}8165$ mal soviel m³ Generatorgas, aber an Heizwert nur $1250 \cdot 0{,}8165 = 1020{,}63$ WE oder nur rd. ¼ vom Koksofengas-Heizwert; dabei muß auch für

Generatorgas der Leitungsdurchmesser $\sqrt[5]{\dfrac{0,9}{0,6}} = 1,0844$ mal, also rd. 8,5%, größer sein.

Nachdem nun, wie später gezeigt wird, der Kraftbedarf für die Kompression **je m³** für die verschiedenen Gase und Luft ziemlich gleich und nur vom Verhältnis der spezifischen Wärmen $\varkappa = \dfrac{c_p}{c_v}$ abhängt, so ergibt sich schon daraus ein Wertmesser für die Reichweiten der Fernleitungen für verschiedene Gasarten.

Nachstehend werden nun die Zahlenwerte für die Berechnung verschiedener Gasfernleitungen gegeben, um das Durchrechnen der verschiedenen Beispiele zu erleichtern.

a) **Zahlenwerte für die Formelkonstante c für verschiedene Durchmesser in Metern.**

Dmr. in mm	$c =$	$\log c =$	$\log c^2 =$
50	1374,3	3,13808	6,27616
60	1416,7	3,15128	6,30256
70	1420,4	3,16244	6,32488
75	1470,3	3,16743	6,33486
80	1486,2	3,17210	6,34420
90	1515,7	3,18063	6,36126
100	1542,1	3,18811	6,37622
125	1601,0	3,20441	6,40882
150	1649,7	3,21741	6,43482
175	1693,4	3,22876	6,45752
200	1730,7	3,23822	6,47644
225	1765,8	3,24695	6,49390
250	1796,5	3,25443	6,50885
275	1825,9	3,26148	6,52296
300	1852,5	3,26776	6,53552
325	1877,4	3,27357	6,54714
350	1900,7	3,27893	6,55786
375	1922,7	3,28393	6,56786
400	1942,4	3,28834	6,57668
425	1963,3	3,29299	6,58598
450	1982,0	3,29712	6,59424
475	2000,0	3,30104	6,60208
500	2015,8	3,30445	6,60890
600	2079,4	3,31795	6,63589
700	2133,5	3,32910	6,65821
800	2181,5	3,33877	6,67754
900	2224,8	3,34730	6,69459
1000	2264,2	3,35492	6,70984
1250	2350,0	3,37107	6,74215
1500	2422,8	3,38427	6,76854
1750	2485,5	3,39543	6,79085
2000	2541,5	3,40509	6,81019

Gasförderung in Rohrleitungen.

b) Zahlenwerte für den Faktor $\sqrt[5]{\dfrac{s}{c^2}}$, mit $s = 0{,}6$ (Luft $= 1$).

Dmr. in mm	$\sqrt[5]{\dfrac{s}{c^2}}$	$\log \sqrt[5]{\dfrac{s}{c^2}}$	Dmr. in mm	$\sqrt[5]{\dfrac{s}{c^2}}$	$\sqrt[5]{\dfrac{s}{c^2}}$
50	0,050164	0,70039−2	350	0,044061	0,64406−2
60	0,049566	0,69519−2	375	0,043858	0,64206−2
70	0,049051	0,69065−2	400	0,043681	0,64029−2
75	0,048826	0,68866−2	425	0,043494	0,63843−2
80	0,048617	0,86679−2	450	0,043329	0,63678−2
90	0,048235	0,68337−2	475	0,043173	0,63521−2
100	0,047905	0,68039−2	500	0,043037	0,63385−2
125	0,047191	0,67387−2	600	0,042506	0,62845−2
150	0,046630	0,66867−2	700	0,042071	0,62399−2
175	0,046145	0,66413−2	800	0,041698	0,62012−2
200	0,045744	0,66034−2	900	0,041372	0,61671−2
225	0,045378	0,65685−2	1000	0,041082	0,61366−2
250	0,045067	0,65386−2	1250	0,040476	0,60720−2
275	0,044775	0,65104−2	1500	0,039987	0,60192−2
300	0,044517	0,64853−2	1750	0,039578	0,59746−2
325	0,044279	0,64620−2	2000	0,039227	0,59359−2

c) Zahlenwerte für verschiedene Rohrstrecken l in Metern.

	$\log \sqrt[5]{l}$
10 km	0,80000
50 „	0,93979
100 „	1,00000
150 „	1,03521
200 „	1,06020
300 „	1,09542

d) Zahlenwerte für verschiedene Gasmengen Q in m³/s.

Q m³/h	$\sqrt[5]{Q^2}$	$\log \sqrt[5]{Q^2}$
1 000	0,5991	0,77747−1
5 000	1,1404	0,05707
10 000	1,5048	0,17748
25 000	2,1709	0,33665
50 000	2,8646	0,45707
75 000	3,3690	0,52750
100 000	3,7798	0,57747
150 000	4,4554	0,64792
200 000	4,9876	0,69789

e) Zahlenwerte für verschiedene Druckdifferenzen in at abs.

p_a	$\sqrt[5]{\dfrac{1}{p_a^2 - p_e^2}}$	$\log \sqrt[5]{\dfrac{1}{p_a^2 - p_e^2}}$
	für $p_e = 1$	
50	0,209	0,32044−1
40	0,229	0,35923−1
30	0,257	0,40924−1
25	0,276	0,44096−1
20	0,302	0,47981−1
15	0,339	0,52994−1
10	0,399	0,60087−1
5	0,530	0,72396−1
4	0,582	0,76478−1
3	0,660	0,81938−1
2	0,803	0,90458−1
	für $p_e = 5$	
50	0,210	0,32129−1
40	0,229	0,36054−1
30	0,258	0,41160−1
25	0,278	0,44437−1
20	0,306	0,48519−1
15	0,347	0,53980−1
10	0,422	0,62499−1
	für $p_e = 10$	
50	0,211	0,32396−1
40	0,232	0,36478−1
30	0,263	0,41938−1
25	0,286	0,45597−1
20	0,320	0,50458−1
15	0,381	0,58061−1
	für $p_e = 15$	
50	0,213	0,32860−1
40	0,236	0,37234−1
30	0,272	0,43414−1
25	0,302	0,47958−1
20	0,356	0,55145−1
	für $p_e = 20$	
50	0,217	0,33556−1
40	0,242	0,38416−1
30	0,290	0,46021−1
25	0,339	0,52956−1

Es soll an einem Beispiel der Gebrauch der Zahlenwerte erläutert werden:

z. B. für 5000 m³/h, $l = 50$ km, $p_e = 1$ und $p_a = 3$ at abs. ist der Leitungsdurchmesser d zu ermitteln:

$d = 0{,}044517 \cdot 8{,}706 \cdot 1{,}1404 \cdot 0{,}660 = 0{,}292$ m
rd. 300 mm,

oder $\log d = 0{,}64853 - 2$
$ 0{,}93979$
$ 0{,}05707$
$ \underline{0{,}81938 - 1}$
$\log d = 0{,}46477 - 1$
$d = 0{,}2915$ m
$ = 291{,}5$ mm, rd. 300 mm.

Ist der gewählte Faktor $\sqrt[5]{\dfrac{s}{c^2}}$ nicht im Einklang mit dem errechneten Rohrdurchmesser, so muß eine entsprechende Parallelrechnung durchgeführt werden.

4. Förderbeispiele.

Es sollen nachstehend für das Druckbereich 2 bis 50 at abs., die Mengen 1000 bis 200 000 m³/h und die Reichweiten 10 bis 300 km in markanten Einzelfällen die Förderverhältnisse untersucht werden. Dies geschieht, indem für Menge und Reichweite für verschiedene Drucke die zugehörigen Durchmesser gesucht werden. Welcher Fall der wirtschaftlichste ist, wird später festgestellt, unter Berücksichtigung der Leitungs- und Kraftkosten. Die errechneten Durchmesser müssen abgerundet werden, doch wird zunächst davon abgesehen, diese Abrundungen so weit zu führen, daß z. B. die auf 25 und 75 endigenden Durchmesserzahlen vermieden werden, weil sonst so große Abrundungen auftreten würden, wodurch wieder einzelne Druckfälle zu sehr benachteiligt würden. Nach Feststellung des wirtschaftlichsten Durchmessers und Druckes kann aber eine Abrundung vorgenommen werden, die sich z. B. folgenden Durchmesserzahlen anpaßt: 50, 75, 100, 150, 200, 250, 300, 350, 400, 500, 600, 700, 800, 900, 1000, 1250, 1500, 1750 und 2000 mm l. R.W. Das ist aber eine Frage praktischer Erwägungen und werden durch solche Abrundungen gewisse Reserven geschaffen.

Bezüglich der Drucke ist noch zu bemerken, daß im Rücksicht auf die Gaswerkspraxis, die mit $p_0 = 760$ mm Q.-S. als Bezugsgröße rechnet, die absoluten Drucke eigentlich dementsprechend hier auszudrücken wären, z. B. $p_0 = 1{,}0333$ at abs.; der Einfachheit wegen wird aber für die Förderrechnungen der Druck in kg/cm² (abs.) eingeführt.

Es folgen nun die einzelnen Förderbeispiele:

… I. Teil: Die Technik der Gasfernleitung.

$Q = 1000 \text{ m}^3/\text{h}$

$p_a =$ at abs.	2	3	4	5	10
$l = 10$ km					
$\log \sqrt[5]{\dfrac{s}{c^2}}$	0,67387−2	0,68039−2	0,68039−2	0,68337−2	0,69065−2
$\log \sqrt[5]{l}$	0,80000	0,80000	0,80000	0,80000	0,80000
$\log \sqrt[5]{Q^2}$	0,77747−1	0,77747−1	0,77747−1	0,77747−1	0,77747−1
$\log \sqrt[5]{\dfrac{1}{p_a^2 - p_e^2}}$	0,90458−1	0,81938−1	0,76478−1	0,72396−1	0,60087−1
$\log d$	0,15592−1	0,07724−1	0,02264−1	0,98480−2	0,86899−2
$d =$ m	0,1431	0,1194	0,1053	0,0965	0,0739
$d =$ mm	143,1	119,4	105,3	96,5	73,9
gewählt mm	**150**	**125**	**125**	**100**	**75**
$l = 50$ km					
$\log \sqrt[5]{\dfrac{s}{c^2}}$	0,66413−2	0,66867−2	0,67387−2	0,67387−2	0,68337−2
$\log \sqrt[5]{l}$	0,93979	0,93979	0,93979	0,93979	0,93979
$\log \sqrt[5]{Q^2}$	0,77747−1	0,77747−1	0,77747−1	0,77747−1	0,77747−1
$\log \sqrt[5]{\dfrac{1}{p_a^2 - p_e^2}}$	0,90458−1	0,81938−1	0,76478−1	0,72396−1	0,60087−1
$\log d$	0,28597−1	0,20531−1	0,15591−1	0,11509−1	0,00150−1
$d =$ m	0,1931	0,1604	0,1431	0,1303	0,1003
$d =$ mm	193,1	160,4	143,1	130,3	100,3
gewählt mm	**200**	**175**	**150**	**150**	**100**
$l = 100$ km					
$\log \sqrt[5]{\dfrac{s}{c^2}}$	0,66034−2	0,66413−2	0,66867−2	0,67387−2	0,68039−2
$\log \sqrt[5]{l}$	1,00000	1,00000	1,00000	1,00000	1,00000
$\log \sqrt[5]{Q^2}$	0,77747−1	0,77747−1	0,77747−1	0,77747−1	0,77747−1
$\log \sqrt[5]{\dfrac{1}{p_a^2 - p_e^2}}$	0,90458−1	0,81938−1	0,76478−1	0,72396−1	0,60087−1
$\log d$	0,34239−1	0,26098−1	0,21092−1	0,17530−1	0,05873−1
$d =$ m	0,2199	0,1823	0,1625	0,1497	0,1144
$d =$ mm	219,9	182,3	162,5	149,7	114,4
gewählt mm	**250**	**200**	**175**	**150**	**125**

Gasförderung in Rohrleitungen.

($p_e = 1$ at abs.).

15	20	25	30	$p_a =$ at abs.
				$l = 10$ km
0,69519−2	0,70039−2	0,70039−2	0,70039−2	$\log \sqrt[5]{\dfrac{s}{c^2}}$
0,800000	0,800000	0,800000	0,800000	$\log \sqrt[5]{l}$
0,77747−1	0,77747−1	0,77747−1	0,77747−1	$\log \sqrt[5]{Q^2}$
0,52994−1	0,47981−1	0,44096−1	0,40924−1	$\log \sqrt[5]{\dfrac{1}{p_a^2 - p_e^2}}$
0,80260−2	0,75767−2	0,71882−2	0,68710−2	$\log d$
0,0635	0,0572	0,0523	0,0486	$d =$ m
63,5	57,2	52,3	48,6	$d =$ mm
70	**60**	**60**	**50**	gewählt mm
				$l = 50$ km
0,68679−2	0,69065−2	0,69065−2	0,69519−2	$\log \sqrt[5]{\dfrac{s}{c^2}}$
0,93979	0,93979	0,93979	0,93979	$\log \sqrt[5]{l}$
0,77747−1	0,77747−1	0,77747−1	0,77747−1	$\log \sqrt[5]{Q^2}$
0,52994−1	0,47981−1	0,44096−1	0,40924−1	$\log \sqrt[5]{\dfrac{1}{p_a^2 - p_e^2}}$
0,93399−2	0,88772−2	0,84887−2	0,82169−2	$\log d$
0,0859	0,0772	0,0706	0,0663	$d =$ m
85,9	77,2	70,6	66,3	$d =$ mm
90	**80**	**70**	**70**	gewählt mm
				$l = 100$ km
0,68337−2	0,68679−2	0,68866−2	0,68866−2	$\log \sqrt[5]{\dfrac{s}{c^2}}$
1,00000	1,00000	1,00000	1,00000	$\log \sqrt[5]{l}$
0,77747−1	0,77747−1	0,77747−1	0,77747−1	$\log \sqrt[5]{Q^2}$
0,52994−1	0,47981−1	0,44096−1	0,40924−1	$\log \sqrt[5]{\dfrac{1}{p_a^2 - p_e^2}}$
0,99078−2	0,94407−2	0,90709−2	0,87537−2	$\log d$
0,0979	0,0879	0,0807	0,0750	$d =$ m
97,9	87,9	80,7	75,0	$d =$ mm
100	**90**	**80**	**75**	gewählt mm

I. Teil: Die Technik der Gasfernleitung.

$Q = 5000$ m³/h

$p_a =$ at abs.	2	3	4	5	10
$l = 10$ km					
$\log \sqrt[5]{\dfrac{s}{c^2}}$	0,65386−2	0,66034−2	0,66413−2	0,66413−2	0,67387−2
$\log \sqrt[5]{l}$	0,80000	0,80000	0,80000	0,80000	0,80000
$\log \sqrt[5]{Q^2}$	0,05707	0,05707	0,05707	0,05707	0,05707
$\log \sqrt[5]{\dfrac{1}{p_a^2 - p_e^2}}$	0,90458−1	0,81938−1	0,76478−1	0,72396−1	0,60087−1
$\log d$	0,41551−1	0,33679−1	0,28598−1	0,24516−1	0,13181−1
$d =$ m	0,2603	0,2171	0,1931	0,1758	0,1354
$d =$ mm	260,3	217,1	193,1	175,8	135,4
gewählt mm	**275**	**225**	**200**	**175**	**150**
$l = 50$ km					
$\log \sqrt[5]{\dfrac{s}{c^2}}$	0,64406−2	0,65104−2	0,65386−2	0,65685−2	0,66413−2
$\log \sqrt[5]{l}$	0,93979	0,93979	0,93979	0,93979	0,93979
$\log \sqrt[5]{Q^2}$	0,05707	0,05707	0,05707	0,05707	0,05707
$\log \sqrt[5]{\dfrac{1}{p_a^2 - p_e^2}}$	0,90458−1	0,81938−1	0,76478−1	0,72396−1	0,60087−1
$\log d$	0,54550−1	0,46728−1	0,41550−1	0,37767−1	0,26186−1
$d =$ m	0,3511	0,2932	0,2603	0,2386	0,1827
$d =$ mm	351,1	293,2	260,3	238,6	182,7
gewählt mm	**350**	**300**	**275**	**250**	**200**
$l = 100$ km					
$\log \sqrt[5]{\dfrac{s}{c^2}}$	0,64206−2	0,64620−2	0,65104−2	0,65386−2	0,66034−2
$\log \sqrt[5]{l}$	1,00000	1,00000	1,00000	1,00000	1,00000
$\log \sqrt[5]{Q^2}$	0,05707	0,05707	0,05707	0,05707	0,05707
$\log \sqrt[5]{\dfrac{1}{p_a^2 - p_e^2}}$	0,90458−1	0,81938−1	0,76478−1	0,72396−1	0,60087−1
$\log d$	0,60371−1	0,52265−1	0,47289−1	0,43489−1	0,31828−1
$d =$ m	0,4015	0,3331	0,2970	0,2722	0,2081
$d =$ mm	401,5	333,1	297,0	272,2	208,1
gewählt mm	**400**	**350**	**300**	**275**	**225**

Gasförderung in Rohrleitungen.

($p_e = 1$ at abs.).

15	20	25	30	$p_a =$ at abs.
				$l = 10$ km
0,68039−2	0,68039−2	0,68337−2	0,68679−2	$\log \sqrt[5]{\frac{s}{c^2}}$
0,80000	0,80000	0,80000	0,80000	$\log \sqrt[5]{l}$
0,05707	0,05707	0,05707	0,05707	$\log \sqrt[5]{Q^2}$
0,52994−1	0,47981−1	0,44096−1	0,40924−1	$\log \sqrt[5]{\frac{1}{p_a^2 - p_e^2}}$
0,06740−1	0,01727−1	0,98140−2	0,95310−2	$\log d$
0,1167	0,1040	0,0952	0,0898	$d = m$
116,7	104,0	95,8	89,8	$d = mm$
125	**100**	**100**	**90**	gewählt mm
				$l = 50$ km
0,66867−2	0,67387−2	0,67387−2	0,68039−2	$\log \sqrt[5]{\frac{s}{c^2}}$
0,93979	0,93979	0,93979	0,93979	$\log \sqrt[5]{l}$
0,05707	0,05707	0,05707	0,05707	$\log \sqrt[5]{Q^2}$
0,52994−1	0,47981−1	0,44096−1	0,40924−1	$\log \sqrt[5]{\frac{1}{p_a^2 - p_e^2}}$
0,19547−1	0,15054−1	0,11169−1	0,08649−1	$\log d$
0,1568	0,1414	0,1293	0,1220	$d = m$
156,8	141,4	129,3	122,0	$d = mm$
175	**150**	**150**	**125**	gewählt mm
				$l = 100$ km
0,66413−2	0,66867−2	0,67387−2	0,68387−2	$\log \sqrt[5]{\frac{s}{c^2}}$
1,00000	1,00000	1,00000	1,00000	$\log \sqrt[5]{l}$
0,05707	0,05707	0,05707	0,05707	$\log \sqrt[5]{Q^2}$
0,52994−1	0,47981−1	0,44096−1	0,40924−1	$\log \sqrt[5]{\frac{1}{p_a^2 - p_e^2}}$
0,25114−1	0,20555−1	0,17190−1	0,14018−1	$\log d$
0,1782	0,1605	0,1485	0,1380	$d = m$
178,2	160,5	148,5	138,0	$d = mm$
200	**175**	**150**	**150**	gewählt mm

I. Teil: Die Technik der Gasfernleitung.

$Q = 5000$ m³/h

$p_a =$ at abs.	2	3	5	10	15
$l = 150$ km					
$\log \sqrt[5]{\dfrac{s}{c^2}}$	0,63843−2	0,64406−2	0,65104−2	0,66034−2	0,66413−2
$\log \sqrt[5]{l}$	1,03521	1,03521	1,03521	1,03521	1,03521
$\log \sqrt[5]{Q^2}$	0,05707	0,05707	0,05707	0,05707	0,05707
$\log \sqrt[5]{\dfrac{1}{p_a^2 - p_e^2}}$	0,90458−1	0,81938−1	0,72396−1	0,60087−1	0,52994−1
$\log d$	0,63529−1	0,55572−1	0,46728−1	0,35349−1	0,28635−1
$d =$ m	0,4318	0,3595	0,2932	0,2256	0,1933
$d =$ mm	431,8	359,5	293,2	225,6	193,3
gewählt mm	**450**	**375**	**300**	**225**	**200**
$l = 200$ km					
$\log \sqrt[5]{\dfrac{s}{c^2}}$	0,63678−2	0,64206−2	0,64853−2	0,65685−2	0,66034−2
$\log \sqrt[5]{l}$	1,06020	1,06020	1,06020	1,06020	1,06020
$\log \sqrt[5]{Q^2}$	0,05707	0,05707	0,05707	0,05707	0,05707
$\log \sqrt[5]{\dfrac{1}{p_a^2 - p_e^2}}$	0,90458−1	0,81938−1	0,72396−1	0,60087−1	0,52994−1
$\log d$	0,65863−1	0,57871−1	0,48976−1	0,37499−1	0,30755−1
$d =$ m	0,4556	0,3790	0,3088	0,2371	0,2030
$d =$ mm	455,6	379,0	308,8	237,1	203,0
gewählt mm	**475**	**400**	**325**	**250**	**225**
$l = 300$ km					
$\log \sqrt[5]{\dfrac{s}{c^2}}$	0,63521−2	0,64029−2	0,64620−2	0,65386−2	0,66034−2
$\log \sqrt[5]{l}$	1,09542	1,09542	1,09542	1,09542	1,09542
$\log \sqrt[5]{Q^2}$	0,05707	0,05707	0,05707	0,05707	0,05707
$\log \sqrt[5]{\dfrac{1}{p_a^2 - p_e^2}}$	0,90458−1	0,81938−1	0,72396−1	0,60087−1	0,52994−1
$\log d$	0,69228−1	0,61216−1	0,52265−1	0,40722−1	0,34277−1
$d =$ m	0,4923	0,4094	0,3331	0,2553	0,2201
$d =$ mm	492,3	409,4	333,1	255,3	220,1
gewählt mm	**500**	**425**	**350**	**275**	**225**

Gasförderung in Rohrleitungen.

($p_e = 1$ at abs.).

20	25	30	40	50	$p_a =$ at abs.
					$l = 150$ km
0,66867−2	0,66867−2	0,67387−2	0,67387−2	0,68039−2	$\log \sqrt[5]{\dfrac{s}{c^2}}$
1,03521	1,03521	1,03521	1,03521	1,03521	$\log \sqrt[5]{l}$
0,05707	0,05707	0,05707	0,05707	0,05707	$\log \sqrt[5]{Q^2}$
0,47981−1	0,44096−1	0,40924−1	0,35923−1	0,32044−1	$\log \sqrt[5]{\dfrac{1}{p_a^2 - p_e^2}}$
0,24076−1	0,20191−1	0,17539−1	1,02538−1	0,09311−1	$\log d$
0,1740	0,1591	0,1497	0,1334	0,1239	$d = $ m
174,0	159,1	149,7	133,4	123,9	$d = $ mm
175	**175**	**150**	**150**	**125**	gewählt mm
					$l = 200$ km
0,66413−2	0,66867−2	0,66867−2	0,67387−2	0,67387−2	$\log \sqrt[5]{\dfrac{s}{c^2}}$
1,06020	1,06020	1,06020	1,06020	1,06020	$\log \sqrt[5]{l}$
0,05707	0,05707	0,05707	0,05707	0,05707	$\log \sqrt[5]{Q^2}$
0,47981−1	0,44096−1	0,40924−1	0,35923−1	0,32044−1	$\log \sqrt[5]{\dfrac{1}{p_a^2 - p_e^2}}$
0,26121−1	0,22690−1	0,19518−1	0,15037−1	0,11158−1	$\log d$
0,1824	0,1686	0,1567	0,1413	0,1292	$d = $ m
182,4	168,6	156,7	141,5	129,2	$d = $ mm
200	**175**	**175**	**150**	**150**	gewählt mm
					$l = 300$ km
0,66413−2	0,66413−2	0,66867−2	0,66867−2	0,67387−2	$\log \sqrt[5]{\dfrac{s}{c^2}}$
1,09542	1,09542	1,09542	1,09542	1,09542	$\log \sqrt[5]{l}$
0,05707	0,05707	0,05707	0,05707	0,05707	$\log \sqrt[5]{Q^2}$
0,47981−1	0,44096−1	0,40924−1	0,35923−1	0,32044−1	$\log \sqrt[5]{\dfrac{1}{p_a^2 - p_e^2}}$
0,29643−1	0,25758−1	0,23040−1	0,18039−1	0,14680−1	$\log d$
0,1978	0,1809	0,1699	0,1514	0,1402	$d = $ m
197,8	180,9	169,9	151,4	140,2	$d = $ mm
200	**200**	**175**	**150**	**150**	gewählt mm

I. Teil: Die Technik der Gasfernleitung.

$Q = 10\,000$ m³/h

$p_a =$ at abs.	2	3	4	5	10
$l = 10$ km					
$\log \sqrt[5]{\dfrac{s}{c^2}}$	0,64620−2	0,65104−2	0,65685−2	0,65685−2	0,66867−2
$\log \sqrt[5]{l}$	0,80000	0,80000	0,80000	0,80000	0,80000
$\log \sqrt[5]{Q^2}$	0,17748	0,17748	0,17748	0,17748	0,17748
$\log \sqrt[5]{\dfrac{1}{p_a^2 - p_e^2}}$	0,90458−1	0,81938−1	0,76478−1	0,72396−1	0,60087−1
$\log d$	0,52826−1	0,44790−1	0,39911−1	0,35829−1	0,24702−1
$d =$ m	0,3374	0,2804	0,2506	0,2281	0,1766
$d =$ mm	337,4	280,4	250,6	228,1	176,6
gewählt mm	**350**	**300**	**250**	**225**	**175**
$l = 50$ km					
$\log \sqrt[5]{\dfrac{s}{c^2}}$	0,63678−2	0,64206−2	0,64620−2	0,64853−2	0,65685−2
$\log \sqrt[5]{l}$	0,93979	0,93979	0,93979	0,93979	0,93979
$\log \sqrt[5]{Q^2}$	0,17748	0,17748	0,17748	0,17748	0,17748
$\log \sqrt[5]{\dfrac{1}{p_a^2 - p_e^2}}$	0,90458−1	0,81938−1	0,76478−1	0,72396−1	0,60087−1
$\log d$	0,65863−1	0,57871−1	0,52825−1	0,48976−1	0,37499−1
$d =$ m	0,4556	0,3790	0,3374	0,3088	0,2371
$d =$ mm	455,6	379,0	337,4	308,8	237,1
gewählt mm	**475**	**400**	**350**	**325**	**250**
$l = 100$ km					
$\log \sqrt[5]{\dfrac{s}{c^2}}$	0,63385−2	0,63843−2	0,64206−2	0,64406−2	0,65386−2
$\log \sqrt[5]{l}$	1,00000	1,00000	1,00000	1,00000	1,00000
$\log \sqrt[5]{Q^2}$	0,17748	0,17748	0,17748	0,17748	0,17748
$\log \sqrt[5]{\dfrac{1}{p_a^2 - p_e^2}}$	0,90458−1	0,81938−1	0,76478−1	0,72396−1	0,60087−1
$\log d$	0,71591−1	0,63529−1	0,58432−1	0,54550−1	0,43221−1
$d =$ m	0,5198	0,4318	0,3839	0,3511	0,2705
$d =$ mm	519,8	431,8	383,9	351,1	270,5
gewählt mm	**525**	**450**	**400**	**350**	**275**

Gasförderung in Rohrleitungen.

($p_e = 1$ at abs.).

15	20	30	40	50	$p_a =$ at abs.
					$l = 10$ km
0,67387−2	0,67387−2	0,68039−2	0,68039−2	0,68337−2	$\log \sqrt[5]{\dfrac{s}{c^2}}$
0,80000	0,80000	0,80000	0,80000	0,80000	$\log \sqrt[5]{l}$
0,17748	0,17748	0,17748	0,17748	0,17748	$\log \sqrt[5]{Q^2}$
0,52994−1	0,47981−1	0,40924−1	0,35923−1	0,32044−1	$\log \sqrt[5]{\dfrac{1}{p_a^2 - p_e^2}}$
0,18129−1	0,13116−1	0,06711−1	0,01710−1	0,98129−2	$\log d$
0,1518	0,1352	0,1167	0,1040	0,0958	$d =$ m
151,8	135,2	116,7	104,0	95,8	$d =$ mm
150	**150**	**125**	**125**	**100**	gewählt mm
					$l = 50$ km
0,66034−2	0,66413−2	0,66867−2	0,67387−2	0,67387−2	$\log \sqrt[5]{\dfrac{s}{c^2}}$
0,93979	0,93979	0,93979	0,93979	0,93979	$\log \sqrt[5]{l}$
0,17748	0,17748	0,17748	0,17748	0,17748	$\log \sqrt[5]{Q^2}$
0,52994−1	0,47981−1	0,40924−1	0,35923−1	0,32044−1	$\log \sqrt[5]{\dfrac{1}{p_a^2 - p_e^2}}$
0,30755−1	0,26121−1	0,19518−1	0,15037−1	0,11158−1	$\log d$
0,2030	0,1824	0,1567	0,1413	0,1292	$d =$ m
203,0	182,4	156,7	141,3	129,2	$d =$ mm
225	**200**	**175**	**150**	**150**	gewählt mm
					$l = 100$ km
0,65685−2	0,66034−2	0,66413−2	0,66867−2	0,67387−2	$\log \sqrt[5]{\dfrac{s}{c^2}}$
1,00000	1,00000	1,00000	1,00000	1,00000	$\log \sqrt[5]{l}$
0,17748	0,17748	0,17748	0,17748	0,17748	$\log \sqrt[5]{Q^2}$
0,52994−1	0,47981−1	0,40924−1	0,35923−1	0,32044−1	$\log \sqrt[5]{\dfrac{1}{p_a^2 - p_e^2}}$
0,36427−1	0,31763−1	0,25085−1	0,20538−1	0,17179−1	$\log d$
0,2313	0,2077	0,1781	0,1604	0,1485	$d =$ m
231,3	207,7	178,1	160,4	148,5	$d =$ mm
250	**225**	**200**	**175**	**150**	gewählt mm

I. Teil: Die Technik der Gasfernleitung.

$Q = 10\,000$ m³/h

$p_a =$ at abs.	3	4	5	10	15
$l = 150$ km					
$\log \sqrt[5]{\dfrac{s}{c^2}}$	0,63678−2	0,64021−2	0,64206−2	0,65104−2	0,65685−2
$\log \sqrt[5]{l}$	1,03521	1,03521	1,03521	1,03521	1,03521
$\log \sqrt[5]{Q^2}$	0,17748	0,17748	0,17748	0,17748	0,17748
$\log \sqrt[5]{\dfrac{1}{p_a^2 - p_e^2}}$	0,81938−1	0,76478−1	0,72396−1	0,60087−1	0,52994−1
$\log d$	0,66885−1	0,61776−1	0,57871−1	0,46460−1	0,39948−1
$d =$ m	0,4664	0,4147	0,3790	0,2914	0,2508
$d =$ mm	466,4	414,7	379,0	291,4	250,8
gewählt mm	**475**	**425**	**400**	**300**	**250**
$l = 200$ km					
$\log \sqrt[5]{\dfrac{s}{c^2}}$	0,63521−2	0,63843−2	0,64029−2	0,64853−2	0,65386−2
$\log \sqrt[5]{l}$	1,06020	1,06020	1,06020	1,06020	1,06020
$\log \sqrt[5]{Q^2}$	0,17748	0,17748	0,17748	0,17748	0,17748
$\log \sqrt[5]{\dfrac{1}{p_a^2 - p_e^2}}$	0,81938−1	0,76478−1	0,72396−1	0,60087−1	0,52994−1
$\log d$	0,69227−1	0,64089−1	0,60193−1	0,48708−1	0,42148−1
$d =$ m	0,4923	0,4374	0,3998	0,3069	0,2639
$d =$ mm	492,3	437,4	399,8	306,9	263,9
gewählt mm	**500**	**450**	**400**	**325**	**275**
$l = 300$ km					
$\log \sqrt[5]{\dfrac{s}{c^2}}$	0,63385−2	0,63678−2	0,63843−2	0,64620−2	0,65104−2
$\log \sqrt[5]{l}$	1,09542	1,09542	1,09542	1,09542	1,09542
$\log \sqrt[5]{Q^2}$	0,17748	0,17748	0,17748	0,17748	0,17748
$\log \sqrt[5]{\dfrac{1}{p_a^2 - p_e^2}}$	0,81938−1	0,76478−1	0,72396−1	0,60087−1	0,52994−1
$\log d$	0,72613−1	0,67446−1	0,63529−1	0,51997−1	0,45388−1
$d =$ m	0,5322	0,4725	0,4318	0,3311	0,2843
$d =$ mm	532,2	472,5	431,8	331,1	284,3
gewählt mm	**550**	**475**	**450**	**350**	**300**

Gasförderung in Rohrleitungen.

($p_e = 1$ at abs.).

20	25	30	40	50	$p_a =$ at abs.
					$l = 150$ km
0,66034−2	0,66034−2	0,66413−2	0,66867−2	0,66867−2	$\log \sqrt[5]{\dfrac{s}{c^2}}$
1,03521	1,03521	1,03521	1,03521	1,03521	$\log \sqrt[5]{l}$
0,17748	0,17748	0,17748	0,17748	0,17748	$\log \sqrt[5]{Q^2}$
0,47981−1	0,44096−1	0,40924−1	0,35923−1	0,32044−1	$\log \sqrt[5]{\dfrac{1}{p_a^2 - p_e^2}}$
0,35284−1	0,31399−1	0,28606−1	0,24059−1	0,20180−1	$\log d$
0,2253	0,2060	0,1932	0,1740	0,1591	$d = $ m
225,3	206,0	193,2	174,0	159,1	$d = $ mm
225	**225**	**200**	**175**	**175**	gewählt mm
					$l = 200$ km
0,65685−2	0,66034−2	0,66034−2	0,66413−2	0,66867−2	$\log \sqrt[5]{\dfrac{s}{c^2}}$
1,06020	1,06020	1,06020	1,06020	1,06020	$\log \sqrt[5]{l}$
0,17748	0,17748	0,17748	0,17748	0,17748	$\log \sqrt[5]{Q^2}$
0,47981−1	0,44096−1	0,40924−1	0,35923−1	0,32044−1	$\log \sqrt[5]{\dfrac{1}{p_a^2 - p_e^2}}$
0,37434−1	0,33898−1	0,30726−1	0,26104−1	0,22679−1	$\log d$
0,2367	0,2182	0,2028	0,1824	0,1685	$d = $ m
236,7	218,2	202,8	182,4	168,5	$d = $ mm
250	**225**	**200**	**200**	**175**	gewählt mm
					$l = 300$ km
0,65386−2	0,65685−2	0,66034−2	0,66413−2	0,66413−2	$\log \sqrt[5]{\dfrac{s}{c^2}}$
1,09542	1,09542	1,09542	1,09542	1,09542	$\log \sqrt[5]{l}$
0,17748	0,17748	0,17748	0,17748	0,17748	$\log \sqrt[5]{Q^2}$
0,47981−1	0,44096−1	0,40924−1	0,35923−1	0,32044−1	$\log \sqrt[5]{\dfrac{1}{p_a^2 - p_e^2}}$
0,40657−1	0,37071−1	0,34248−1	0,29626−1	0,25747−1	$\log d$
0,2550	0,2348	0,2200	0,1978	0,1809	$d = $ m
255,0	234,8	220,0	197,8	180,9	$d = $ mm
275	**250**	**225**	**200**	**200**	gewählt mm

I. Teil: Die Technik der Gasfernleitung.

$Q = 25\,000$ m³/h

$p_a =$ at abs.	3	4	5	10	15
$l = 10$ km					
$\log \sqrt[5]{\dfrac{s}{c^2}}$	0,64206−2	0,64406−2	0,64853−2	0,65685−2	0,66034−2
$\log \sqrt[5]{l}$	0,80000	0,80000	0,80000	0,80000	0,80000
$\log \sqrt[5]{Q^2}$	0,33665	0,33665	0,33665	0,33665	0,33665
$\log \sqrt[5]{\dfrac{1}{p_a^2 - p_e^2}}$	0,81938−1	0,76478−1	0,72396−1	0,60087−1	0,52994−1
$\log d$	0,59809−1	0,54549−1	0,50914−1	0,39437−1	0,32693−1
$d =$ m	0,3963	0,3511	0,3229	0,2479	0,2122
$d =$ mm	396,3	351,1	322,9	247,9	212,2
gewählt mm	**400**	**350**	**325**	**250**	**225**
$l = 50$ km					
$\log \sqrt[5]{\dfrac{s}{c^2}}$	0,63385−2	0,63678−2	0,63843−2	0,64620−2	0,65104−2
$\log \sqrt[5]{l}$	0,93979	0,93979	0,93979	0,93979	0,93979
$\log \sqrt[5]{Q^2}$	0,33665	0,33665	0,33665	0,33665	0,33665
$\log \sqrt[5]{\dfrac{1}{p_a^2 - p_e^2}}$	0,81938−1	0,76478−1	0,72396−1	0,60087−1	0,52994−1
$\log d$	0,72967−1	0,67800−1	0,65883−1	0,52351−1	0,45742−1
$d =$ m	0,5366	0,4764	0,4353	0,3338	0,2866
$d =$ mm	536,6	476,4	435,3	333,8	286,6
gewählt mm	**550**	**500**	**450**	**350**	**300**
$l = 100$ km					
$\log \sqrt[5]{\dfrac{s}{c^2}}$	0,62845−2	0,63385−2	0,63521−2	0,64206−2	0,64853−2
$\log \sqrt[5]{l}$	1,00000	1,00000	1,00000	1,00000	1,00000
$\log \sqrt[5]{Q^2}$	0,33665	0,33665	0,33665	0,33665	0,33665
$\log \sqrt[5]{\dfrac{1}{p_a^2 - p_e^2}}$	0,81938−1	0,76478−1	0,72396−1	0,60087−1	0,52994−1
$\log d$	0,78448−1	0,73528−1	0,69582−1	0,57958−1	0,51512−1
$d =$ m	0,6088	0,5436	0,4963	0,3798	0,3274
$d =$ mm	608,8	543,6	496,3	379,8	327,4
gewählt mm	**625**	**550**	**500**	**400**	**350**

Gasförderung in Rohrleitungen.

($p_e\,1 =$ at abs.).

20	25	30	40	50	$p_a =$ at abs.
					$l = 10$ km
0,66413−2	0,66867−2	0,66867−2	0,67387−2	0,67387−2	$\log \sqrt[5]{\dfrac{s}{c^2}}$
0,80000	0,80000	0,80000	0,80000	0,80000	$\log \sqrt[5]{l}$
0,33665	0,33665	0,33665	0,33665	0,33665	$\log \sqrt[5]{Q^2}$
0,47981−1	0,44096−1	0,40924−1	0,35923−1	0,32044−1	$\log \sqrt[5]{\dfrac{1}{p_a^2 - p_e^2}}$
0,28059−1	0,24628−1	0,21456−1	0,16975−1	0,13096−1	$\log d$
0,1908	0,1763	0,1638	0,1478	0,1351	$d =$ m
190,8	176,3	163,8	147,8	135,1	$d =$ mm
200	**175**	**175**	**150**	**150**	gewählt mm
					$l = 50$ km
0,65685−2	0,65685−2	0,66034−2	0,66413−2	0,66413−2	$\log \sqrt[5]{\dfrac{s}{c^2}}$
0,93979	0,93979	0,93979	0,93979	0,93979	$\log \sqrt[5]{l}$
0,33665	0,33665	0,33665	0,33665	0,33665	$\log \sqrt[5]{Q^2}$
0,47981−1	0,44006−1	0,40924−1	0,35923−1	0,32044−1	$\log \sqrt[5]{\dfrac{1}{p_a^2 - p_e^2}}$
0,41310−1	0,37425−1	0,34602−1	0,29980−1	0,26101−1	$\log d$
0,2588	0,2367	0,2218	0,1994	0,1823	$d =$ m
258,8	236,7	221,8	199,4	182,3	$d =$ mm
275	**250**	**225**	**200**	**200**	gewählt mm
					$l = 100$ km
0,65104−2	0,65386−2	0,65685−2	0,65685−2	0,66034−2	$\log \sqrt[5]{\dfrac{s}{c^2}}$
1,00000	1,00000	1,00000	1,00000	1,00000	$\log \sqrt[5]{l}$
0,33665	0,33665	0,33665	0,33665	0,33665	$\log \sqrt[5]{Q^2}$
0,47981−1	0,44096−1	0,40924−1	0,35923−1	0,32044−1	$\log \sqrt[5]{\dfrac{1}{p_a^2 - p_e^2}}$
0,46750−1	0,43147−1	0,40274−1	0,35273−1	0,31743−1	$\log d$
0,2934	0,2700	0,2527	0,2252	0,2076	$d =$ m
293,4	270,0	252,7	225,2	207,6	$d =$ mm
300	**275**	**275**	**225**	**225**	gewählt mm

I. Teil: Die Technik der Gasfernleitung.

$$Q = 25\,000 \text{ m}^3/\text{h}$$

p_a = at abs.	3	4	5	10	15
$l = 150$ km					
$\log \sqrt[5]{\dfrac{s}{c^2}}$	0,62845−1	0,63385−2	0,63385−2	0,64029−2	0,64406−2
$\log \sqrt[5]{l}$	1,03521	1,03521	1,03521	1,03521	1,03521
$\log \sqrt[5]{Q^2}$	0,33665	0,33665	0,33665	0,33665	0,33665
$\log \sqrt[5]{\dfrac{1}{p_a^2 - p_e^2}}$	0,81938−1	0,76478−1	0,72396−1	0,60087−1	0,52994−1
$\log d$	0,81969−1	0,77049−1	0,72967−1	0,61302−1	0,54586−1
d = m	0,6602	0,5895	0,5366	0,4102	0,3514
d = mm	660,2	589,5	536,6	410,2	351,4
gewählt mm	**675**	**600**	**550**	**425**	**350**
$l = 200$ km					
$\log \sqrt[5]{\dfrac{s}{c^2}}$	0,62845−2	0,62845−2	0,63385−2	0,63843−2	0,64406−2
$\log \sqrt[5]{l}$	1,06020	1,06020	1,06020	1,06020	1,06020
$\log \sqrt[5]{Q^2}$	0,33665	0,33665	0,33665	0,33665	0,33665
$\log \sqrt[5]{\dfrac{1}{p_a^2 - p_e^2}}$	0,81938−1	0,76478−1	0,72396−1	0,60087−1	0,52994−1
$\log d$	0,84468−1	0,79008−1	0,75466−1	0,63615−1	0,57085−1
d = m	0,6993	0,6167	0,5684	0,4326	0,3772
d = mm	699,3	616,7	568,4	432,6	372,2
gewählt mm	**700**	**625**	**575**	**450**	**375**
$l = 300$ km					
$\log \sqrt[5]{\dfrac{s}{c^2}}$	0,62399−2	0,62845−2	0,62845−2	0,63678−2	0,64206−2
$\log \sqrt[5]{l}$	1,09542	1,09542	1,09542	1,09542	1,09542
$\log \sqrt[5]{Q^2}$	0,33665	0,33665	0,33665	0,33665	0,33665
$\log \sqrt[5]{\dfrac{1}{p_a^2 - p_e^2}}$	0,81938−1	0,76478−1	0,72396−1	0,60087−1	0,52994−1
$\log d$	0,87544−1	0,82530−1	0,78448−1	0,66972−1	0,60407−1
d = m	0,7506	0,6688	0,6088	0,4674	0,4018
d = mm	750,6	668,8	608,8	467,4	401,8
gewählt mm	**750**	**675**	**625**	**475**	**425**

Gasförderung in Rohrleitungen.

($p_e = 1$ at abs.).

20	25	30	40	50	$p_a =$ at abs.
					$l = 150$ km
0,64853−2	0,65104−2	0,65386−2	0,65685−2	0,66034−2	$\log \sqrt[5]{\dfrac{s}{c^2}}$
1,03521	1,03521	1,03521	1,03521	1,03521	$\log \sqrt[5]{l}$
0,33665	0,33665	0,33665	0,33665	0,33665	$\log \sqrt[5]{Q^2}$
0,47981−1	0,44096−1	0,40924−1	0,35923−1	0,32044−1	$\log \sqrt[5]{\dfrac{1}{p_a^2 - p_e^2}}$
0,50020−1	0,46386−1	0,43496−1	0,38794−1	0,35264−1	$\log d$
0,3163	0,2909	0,2722	0,2443	0,2252	$d =$ m
316,4	290,9	272,2	244,3	225,2	$d =$ mm
325	**300**	**275**	**250**	**225**	gewählt mm
					$l = 200$ km
0,64620−2	0,64853−2	0,65104−2	0,65386−2	0,65685−2	$\log \sqrt[5]{\dfrac{s}{c^2}}$
1,06020	1,06020	1,06020	1,06020	1,06020	$\log \sqrt[5]{l}$
0,33665	0,33665	0,33665	0,33665	0,33665	$\log \sqrt[5]{Q^2}$
0,47981−1	0,44096−1	0,40924−1	0,35923−1	0,32044−1	$\log \sqrt[5]{\dfrac{1}{p_a^2 - p_e^2}}$
0,52286−1	0,48634−1	0,45713−1	0,40994−1	0,37414−1	$\log d$
0,3333	0,3064	0,2865	0,2570	0,2366	$d =$ m
333,3	306,4	286,5	257,0	236,6	$d =$ mm
350	**325**	**300**	**275**	**250**	gewählt mm
					$l = 300$ km
0,64406−2	0,64620−2	0,64853−2	0,65104−2	0,65386−2	$\log \sqrt[5]{\dfrac{s}{c^2}}$
1,09542	1,09542	1,09542	1,09542	1,09542	$\log \sqrt[5]{l}$
0,33665	0,33665	0,33665	0,33665	0,33665	$\log \sqrt[5]{Q^2}$
0,47981−1	0,44096−1	0,40924−1	0,35923−1	0,32044−1	$\log \sqrt[5]{\dfrac{1}{p_a^2 - p_e^2}}$
0,55594−1	0,51923−1	0,48984−1	0,44234−1	0,40637−1	$\log d$
0,3597	0,3305	0,3089	0,2769	0,2549	$d =$ m
359,7	330,5	308,9	276,9	254,9	$d =$ mm
375	**350**	**325**	**300**	**275**	gewählt mm

I. Teil: Die Technik der Gasfernleitung.

$Q = 50000$ m³/h

$p_a =$ at abs.	3	4	5	10	15
$l = 10$ km					
$\log \sqrt[5]{\dfrac{s}{c^2}}$	0,63385−2	0,63678−2	0,64029−2	0,64853−2	0,65386−2
$\log \sqrt[5]{l}$	0,80000	0,80000	0,80000	0,80000	0,80000
$\log \sqrt[5]{Q^2}$	0,45707	0,45707	0,45707	0,45707	0,45707
$\log \sqrt[5]{\dfrac{1}{p_a^2 - p_e^2}}$	0,81938−1	0,76478−1	0,72396−1	0,60087−1	0,52994−1
$\log d$	0,71030−1	0,65863−1	0,62132−1	0,50647−1	0,44087−1
$d =$ m	0,5132	0,4556	0,4181	0,3209	0,2759
$d =$ mm	513,2	455,6	418,1	320,9	275,9
gewählt mm	**525**	**475**	**425**	**325**	**275**
$l = 50$ km					
$\log \sqrt[5]{\dfrac{s}{c^2}}$	0,62845−2	0,62845−2	0,63385−2	0,63843−2	0,64406−2
$\log \sqrt[5]{l}$	0,93979	0,93979	0,93979	0,93979	0,93979
$\log \sqrt[5]{Q^2}$	0,45707	0,45707	0,45707	0,45707	0,45707
$\log \sqrt[5]{\dfrac{1}{p_a^2 - p_e^2}}$	0,81938−1	0,76478−1	0,72396−1	0,60087−1	0,52994−1
$\log d$	0,84469−1	0,79009−1	0,75467−1	0,63616−1	0,57086−1
$d =$ m	0,6993	0,6167	0,5684	0,4326	0,3722
$d =$ mm	699,3	616,7	568,4	432,6	372,2
gewählt mm	**700**	**625**	**575**	**450**	**375**
$l = 100$ km					
$\log \sqrt[5]{\dfrac{s}{c^2}}$	0,62399−2	0,62399−2	0,62845−2	0,63521−2	0,64029−2
$\log \sqrt[5]{l}$	1,00000	1,00000	1,00000	1,00000	1,00000
$\log \sqrt[5]{Q^2}$	0,45707	0,45707	0,45707	0,45707	0,45707
$\log \sqrt[5]{\dfrac{1}{p_a^2 - p_e^2}}$	0,81938−1	0,76478−1	0,72396−1	0,60087−1	0,52994−1
$\log d$	0,90044−1	0,84584−1	0,80948−1	0,69315−1	0,62730−1
$d =$ m	0,7951	0,7011	0,6448	0,4933	0,4239
$d =$ mm	795,1	701,1	644,8	493,3	423,9
gewählt mm	**800**	**700**	**650**	**500**	**425**

Gasförderung in Rohrleitungen.

($p_e = 1$ at abs.).

20	25	30	40	50	$p_e =$ at abs.
					$l = 10$ km
0,65685−2	0,65685−2	0,66034−2	0,66413−2	0,66867−2	$\log \sqrt[5]{\dfrac{s}{c^2}}$
0,80000	0,80000	0,80000	0,80000	0,80000	$\log \sqrt[5]{l}$
0,45707	0,45707	0,45707	0,45707	0,45707	$\log \sqrt[5]{Q^2}$
0,47981−1	0,44096−1	0,40924−1	0,35923−1	0,32044−1	$\log \sqrt[5]{\dfrac{1}{p_a^2 - p_e^2}}$
0,39373−1	0,35488−1	0,32665−1	0,28043−1	0,24618−1	$\log d$
0,2475	0,2264	0,2121	0,1907	0,1762	$d = $ m
247,5	226,4	212,1	190,7	176,2	$d = $ mm
250	**250**	**225**	**200**	**200**	gewählt mm
					$l = 50$ km
0,64620−2	0,64853−2	0,65104−2	0,65386−2	0,65685−2	$\log \sqrt[5]{\dfrac{s}{c^2}}$
0,93979	0,93979	0,93979	0,93979	0,93979	$\log \sqrt[5]{l}$
0,45707	0,45707	0,45707	0,45707	0,45707	$\log \sqrt[5]{Q^2}$
0,47981−1	0,44096−1	0,40924−1	0,35923−1	0,32044−1	$\log \sqrt[5]{\dfrac{1}{p_a^2 - p_e^2}}$
0,52287−1	0,48635−1	0,45714−1	0,40995−1	0,37415−1	$\log d$
0,3333	0,3064	0,2865	0,2570	0,2366	$d = $ m
333,3	306,4	286,5	257,0	236,6	$d = $ mm
350	**325**	**300**	**275**	**250**	gewählt mm
					$l = 100$ km
0,64206−2	0,64620−2	0,64853−2	0,65104−2	0,65386−2	$\log \sqrt[5]{\dfrac{s}{c^2}}$
1,00000	1,00000	1,00000	1,00000	1,00000	$\log \sqrt[5]{l}$
0,45707	0,45707	0,45707	0,45707	0,45707	$\log \sqrt[5]{Q^2}$
0,47981−1	0,44096−1	0,40924−1	0,35923−1	0,32044−1	$\log \sqrt[5]{\dfrac{1}{p_a^2 - p_e^2}}$
0,57894−1	0,54423−1	0,51484−1	0,46734−1	0,43137−1	$\log d$
0,3792	0,3501	0,3272	0,2933	0,2700	$d = $ m
379,2	350,1	327,2	293,3	270,0	$d = $ mm
400	**350**	**350**	**300**	**275**	gewählt mm

$Q = 50000 \ \text{m}^3/\text{h}$

$p_a =$ at abs.	3	4	5	10	15
$l = 150$ km					
$\log \sqrt[5]{\dfrac{s}{c^2}}$	0,62012—2	0,62399—2	0,62845—2	0,63385—2	0,63678—2
$\log \sqrt[5]{l}$	1,03521	1,03521	1,03521	1,03521	1,03521
$\log \sqrt[5]{Q^2}$	0,45707	0,45707	0,45707	0,45707	0,45707
$\log \sqrt[5]{\dfrac{1}{p_a^2 - p_e^2}}$	0,81938—1	0,76478—1	0,72396—1	0,60087—1	0,52994—1
$\log d$	0,93178—1	0,88105—1	0,84469—1	0,72700—1	0,65900—1
$d =$ m	0,8546	0,7604	0,6993	0,5333	0,4560
$d =$ mm	854,6	760,4	699,5	533,3	456,0
gewählt mm	**875**	**775**	**700**	**550**	**475**
$l = 200$ km					
$\log \sqrt[5]{\dfrac{s}{c^2}}$	0,61671—2	0,62012—2	0,62399—2	0,63385—2	0,63521—2
$\log \sqrt[5]{l}$	1,06020	1,06020	1,06020	1,06020	1,06020
$\log \sqrt[5]{Q^2}$	0,45707	0,45707	0,45707	0,45707	0,45707
$\log \sqrt[5]{\dfrac{1}{p_a^2 - p_e^2}}$	0,81938—1	0,76478—1	0,72396—1	0,60087—1	0,52994—1
$\log d$	0,95336—1	0,90217—1	0,86522—1	0,75199—1	0,68242—1
$d =$ m	0,8981	0,7983	0,7331	0,5649	0,4813
$d =$ mm	898,1	798,3	733,1	564,9	481,3
gewählt mm	**900**	**800**	**750**	**575**	**500**
$l = 300$ km					
$\log \sqrt[5]{\dfrac{s}{c^2}}$	0,61671—2	0,62012—2	0,62399—2	0,62845—2	0,63385—2
$\log \sqrt[5]{l}$	1,09542	1,09542	1,09542	1,09542	1,09542
$\log \sqrt[5]{Q^2}$	0,45707	0,45707	0,45707	0,45707	0,45707
$\log \sqrt[5]{\dfrac{1}{p_a^2 - p_e^2}}$	0,81938—1	0,76478—1	0,72396—1	0,60087—1	0,52994—1
$\log d$	0,98858—1	0,93739—1	0,90044—1	0,78181—1	0,71628—1
$d =$ m	0,9740	0,8657	0,7951	0,6050	0,5203
$d =$ mm	974,0	865,7	795,1	605,0	520,3
gewählt mm	**975**	**875**	**800**	**625**	**525**

Gasförderung in Rohrleitungen.

($p_e =$ at abs.).

20	25	30	40	50	$p_a = 1$ at abs.
					$l = 150$ km
0,64029−2	0,64406−2	0,64406−2	0,64853−2	0,65104−2	$\log \sqrt[5]{\dfrac{s}{c^2}}$
1,03521	1,03521	1,03521	1,03521	1,03521	$\log \sqrt[5]{l}$
0,45707	0,45707	0,45707	0,45707	0,45707	$\log \sqrt[5]{Q^2}$
0,47981−1	0,44096−1	0,40924−1	0,35923−1	0,32044−1	$\log \sqrt[5]{\dfrac{1}{p_a^2 - p_e^2}}$
0,61238−1	0,57730−1	0,54558−1	0,50004−1	0,46376−1	$\log d$
0,4096	0,3778	0,3512	0,3162	0,2909	$d = $ m
409,6	377,8	351,2	316,2	290,9	$d = $ mm
425	**400**	**375**	**325**	**300**	gewählt mm
					$l = 200$ km
0,63843−2	0,64206−2	0,64406−2	0,64620−2	0,64853−2	$\log \sqrt[5]{\dfrac{s}{c^2}}$
1,06020	1,06020	1,06020	1,06020	1,06020	$\log \sqrt[5]{l}$
0,45707	0,45707	0,45707	0,45707	0,45707	$\log \sqrt[5]{Q^2}$
0,47981−1	0,44006−1	0,40924−1	0,35923−1	0,32044−1	$\log \sqrt[5]{\dfrac{1}{p_a^2 - p_e^2}}$
0,63551−1	0,60029−1	0,57057−1	0,52270−1	0,48624−1	$\log d$
0,4320	0,3983	0,3720	0,3331	0,3063	$d = $ m
432,0	398,5	372,0	333,1	306,3	$d = $ mm
450	**400**	**375**	**350**	**325**	gewählt mm
					$l = 300$ km
0,63678−2	0,63843−2	0,64206−2	0,64406−2	0,64620−2	$\log \sqrt[5]{\dfrac{s}{c^2}}$
1,09542	1,09542	1,09542	1,09542	1,09542	$\log \sqrt[5]{l}$
0,45707	0,45707	0,45707	0,45707	0,45707	$\log \sqrt[5]{Q^2}$
0,47981−1	0,44096−1	0,40924−1	0,35923−1	0,32044−1	$\log \sqrt[5]{\dfrac{1}{p_a^2 - p_e^2}}$
0,66908−1	0,63188−1	0,60379−1	0,55578−1	0,51913−1	$\log d$
0,4667	0,4284	0,4015	0,3595	0,3304	$d = $ m
466,7	428,4	401,5	359,5	330,4	$d = $ mm
475	**450**	**425**	**375**	**350**	gewählt mm

50 I. Teil: Die Technik der Gasfernleitung.

$Q = 75\,000\ \text{m}^3/\text{h}$

$p_a = $ at abs.	3	4	5	10	15
$l = 10$ km					
$\log \sqrt[5]{\dfrac{s}{c^2}}$	0,63385−2	0,63385−2	0,63521−2	0,64406−2	0,64853−2
$\log \sqrt[5]{l}$	0,80000	0,80000	0,80000	0,80000	0,80000
$\log \sqrt[5]{Q^2}$	0,52750	0,52750	0,52750	0,52750	0,52750
$\log \sqrt[5]{\dfrac{1}{p_a^2 - p_e^2}}$	0,81938−1	0,76478−1	0,72396−1	0,60087−1	0,52994−1
$\log d$	0,78073−1	0,72613−1	0,68667−1	0,57243−1	0,50597−1
$d = $ m	0,6035	0,5322	0,4860	0,3736	0,3206
$d = $ mm	603,5	532,2	486,0	373,6	320,6
gewählt mm	**625**	**550**	**500**	**375**	**325**
$l = 50$ km					
$\log \sqrt[5]{\dfrac{s}{c^2}}$	0,62012−2	0,62399−2	0,62845−2	0,63385−2	0,63843−2
$\log \sqrt[5]{l}$	0,93979	0,93979	0,93979	0,93979	0,93979
$\log \sqrt[5]{Q^2}$	0,52750	0,52750	0,52750	0,52750	0,52750
$\log \sqrt[5]{\dfrac{1}{p_a^2 - p_e^2}}$	0,81938−1	0,76478−1	0,72396−1	0,60087−1	0,52994−1
$\log d$	0,90679−1	0,85606−1	0,81970−1	0,70201−1	0,63566−1
$d = $ m	0,8068	0,7179	0,6602	0,5035	0,4321
$d = $ mm	806,8	717,9	660,2	503,2	432,1
gewählt mm	**825**	**725**	**675**	**525**	**450**
$l = 100$ km					
$\log \sqrt[5]{\dfrac{s}{c^2}}$	0,61671−2	0,62012−2	0,62399−2	0,63385−2	0,63521−2
$\log \sqrt[5]{l}$	1,00000	1,00000	1,00000	1,00000	1,00000
$\log \sqrt[5]{Q^2}$	0,52750	0,52750	0,52750	0,52750	0,52750
$\log \sqrt[5]{\dfrac{1}{p_a^2 - p_e^2}}$	0,81938−1	0,76478−1	0,72396−1	0,60087−1	0,52994−1
$\log d$	0,96359−1	0,91240−1	0,87545−1	0,76222−1	0,69265−1
$d = $ m	0,9195	0,8173	0,7506	0,5783	0,4927
$d = $ mm	919,5	817,5	750,6	578,3	492,7
gewählt mm	**925**	**825**	**750**	**600**	**500**

Gasförderung in Rohrleitungen.

($p_e = 1$ at abs.).

20	25	30	40	50	p_a = at abs.
					$l = 10$ km
0,65104−2	0,65386−2	0,65685−2	0,66034−2	0,33034−2	$\log \sqrt[5]{\dfrac{s}{c^2}}$
0,80000	0,80000	0,80000	0,80000	0,80000	$\log \sqrt[5]{l}$
0,52750	0,52750	0,52750	0,52750	0,52750	$\log \sqrt[5]{Q^2}$
0,47981−1	0,44096−1	0,40924−1	0,35923−1	0,32044−1	$\log \sqrt[5]{\dfrac{1}{p_a^2 - p_e^2}}$
0,45835−1	0,42232−1	0,39359−1	0,34707−1	0,30828−1	$\log d$
0,2873	0,2644	0,2475	0,2223	0,2033	$d =$ m
287,3	264,4	247,5	222,3	203,3	$d =$ mm
300	**275**	**250**	**225**	**225**	gewählt mm
					$l = 50$ km
0,64206−2	0,64406−2	0,64620−2	0,65104−2	0,65386−2	$\log \sqrt[5]{\dfrac{s}{c^2}}$
0,93979	0,93979	0,93979	0,93979	0,93979	$\log \sqrt[5]{l}$
0,52750	0,52750	0,52750	0,52750	0,52750	$\log \sqrt[5]{Q^2}$
0,47981−1	0,44096−1	0,40924−1	0,35923−1	0,32044−1	$\log \sqrt[5]{\dfrac{1}{p_a^2 - p_e^2}}$
0,58916−1	0,55231−1	0,52273−1	0,47756−1	0,44159−1	$\log d$
0,3883	0,3567	0,3332	0,3003	0,2764	$d =$ m
388,3	356,7	333,2	300,3	276,4	$d =$ mm
400	**375**	**350**	**300**	**275**	gewählt mm
					$l = 100$ km
0,63843−2	0,64022−2	0,64206−2	0,64620−2	0,64853−2	$\log \sqrt[5]{\dfrac{s}{c^2}}$
1,00000	1,00000	1,00000	1,00000	1,00000	$\log \sqrt[5]{l}$
0,52750	0,52750	0,52750	0,52750	0,52750	$\log \sqrt[5]{Q^2}$
0,47981−1	0,44096−1	0,40924−1	0,35923−1	0,32044−1	$\log \sqrt[5]{\dfrac{1}{p_a^2 - p_e^2}}$
0,64574−1	0,60875−1	0,57880−1	0,53293−1	0,49647−1	$\log d$
0,4423	0,4062	0,3791	0,3411	0,3136	$d =$ m
442,3	406,2	379,1	341,1	313,6	$d =$ mm
450	**425**	**400**	**350**	**325**	gewählt mm

$Q = 75\,000$ m³/h

$p_a =$ at abs.	3	4	5	10	15
$l = 150$ km					
$\log \sqrt[5]{\dfrac{s}{c^2}}$	0,61671−2	0,62012−2	0,62012−2	0,62845−2	0,63385−2
$\log \sqrt[5]{l}$	1,03521	1,03521	1,03521	1,03521	1,03521
$\log \sqrt[5]{Q^2}$	0,52750	0,52750	0,52750	0,52750	0,52750
$\log \sqrt[5]{\dfrac{1}{p_a^2 - p_e^2}}$	0,81938−1	0,76478−1	0,72396−1	0,60087−1	0,52994−1
$\log d$	0,99880−1	0,94761−1	0,90679−1	0,79203−1	0,72650−1
$d =$ m	0,9972	0,8863	0,8068	0,6194	0,5327
$d =$ mm	997,2	886,3	806,8	619,4	532,7
gewählt mm	**1000**	**900**	**825**	**625**	**550**
$l = 200$ km					
$\log \sqrt[5]{\dfrac{s}{c^2}}$	0,61366−2	0,61671−2	0,62012−2	0,62845−2	0,63385−2
$\log \sqrt[5]{l}$	1,06020	1,06020	1,06020	1,06020	1,06020
$\log \sqrt[5]{Q^2}$	0,52750	0,52750	0,52750	0,52750	0,52750
$\log \sqrt[5]{\dfrac{1}{p_a^2 - p_e^2}}$	0,81938−1	0,76478−1	0,72396−1	0,60087−1	0,52994−1
$\log d$	0,02074	0,96919−1	0,93178−1	0,81702−1	0,75149−1
$d =$ m	1,048	0,9315	0,8546	0,6561	0,5642
$d =$ mm	1048	931,5	854,6	656,1	564,2
gewählt mm	**1050**	**950**	**875**	**675**	**575**
$l = 300$ km					
$\log \sqrt[5]{\dfrac{s}{c^2}}$	0,61366−2	0,61366−2	0,61671−2	0,62399−2	0,62845−2
$\log \sqrt[5]{l}$	1,09542	1,09542	1,09542	1,09542	1,09542
$\log \sqrt[5]{Q^2}$	0,52750	0,52750	0,52750	0,52750	0,52750
$\log \sqrt[5]{\dfrac{1}{p_a^2 - p_e^2}}$	0,81938−1	0,76478−1	0,72396−1	0,60087−1	0,52994−1
$\log d$	0,05596	0,00136	0,96359−1	0,84778−1	0,78131−1
$d =$ m	1,137	1,003	0,9196	0,7043	0,6043
$d =$ mm	1137	1003	919,6	704,3	604,3
gewählt mm	**1150**	**1025**	**925**	**725**	**625**

Gasförderung in Rohrleitungen. 53

($p_e = 1$ at abs.).

20	25	30	40	50	$p_a =$ at abs.
					$l = 150$ km
0,63521−2	0,63843−2	0,64029−2	0,64406−2	0,64620−2	$\log \sqrt[5]{\dfrac{s}{c^2}}$
1,03521	1,03521	1,03521	1,03521	1,03521	$\log \sqrt[5]{l}$
0,52750	0,52750	0,52750	0,52750	0,52750	$\log \sqrt[5]{Q^2}$
0,47981−1	0,44096−1	0,40924−1	0,35923−1	0,32044−1	$\log \sqrt[5]{\dfrac{1}{p_a^2 - p_e^2}}$
0,67773−1	0,64210−1	0,61224−1	0,56600−1	0,52935−1	$\log d$
0,4761	0,4386	0,4094	0,3681	0,3383	$d =$ m
476,1	438,6	409,4	368,1	338,3	$d =$ mm
475	**450**	**425**	**375**	**350**	gewählt mm
					$l = 200$ km
0,63385−2	0,63678−2	0,63843−2	0,64206−2	0,64406−2	$\log \sqrt[5]{\dfrac{s}{c^2}}$
1,06020	1,06020	1,06020	1,06020	1,06020	$\log \sqrt[5]{l}$
0,52750	0,52750	0,52750	0,52750	0,52750	$\log \sqrt[5]{Q^2}$
0,47981−1	0,44096−1	0,40924−1	0,35923−1	0,32044−1	$\log \sqrt[5]{\dfrac{1}{p_a^2 - p_e^2}}$
0,70136−1	0,66544−1	0,63537−1	0,58899−1	0,55220−1	$\log d$
0,5027	0,4628	0,4318	0,3881	0,3566	$d =$ m
502,7	462,8	431,8	388,1	356,6	$d =$ mm
525	**475**	**450**	**400**	**375**	gewählt mm
					$l = 300$ km
0,63385−2	0,63521−2	0,63678−2	0,64029−2	0,64206−2	$\log \sqrt[5]{\dfrac{s}{c^2}}$
1,09542	1,09542	1,09542	1,09542	1,09542	$\log \sqrt[5]{l}$
0,52750	0,52750	0,52750	0,52750	0,52750	$\log \sqrt[5]{Q^2}$
0,47981−1	0,44096−1	0,40924−1	0,35923−1	0,32044−1	$\log \sqrt[5]{\dfrac{1}{p_a^2 - p_e^2}}$
0,73658−1	0,69909−1	0,66894−1	0,62244−1	0,58542−1	$\log d$
0,5452	0,5001	0,4665	0,4192	0,3849	$d =$ m
545,2	500,1	466,5	419,2	384,9	$d =$ mm
550	**500**	**475**	**425**	**400**	gewählt mm

$Q = 100\,000$ m³/h

$p_a =$ at abs.	3	4	5	10	15
$l = 10$ km					
$\log \sqrt[5]{\dfrac{s}{c^2}}$	0,62845—2	0,63385—2	0,63385—2	0,64029—2	0,64406—2
$\log \sqrt[5]{l}$	0,80000	0,80000	0,80000	0,80000	0,80000
$\log \sqrt[5]{Q^2}$	0,57747	0,57747	0,57747	0,57747	0,57747
$\log \sqrt[5]{\dfrac{1}{p_a^2 - p_e^2}}$	0,81938—1	0,76478—1	0,72396—1	0,60087—1	0,52994—1
$\log d$	0,82530—1	0,77610—1	0,73528—1	0,61863—1	0,55147—1
$d = $ m	0,6688	0,5971	0,5346	0,4155	0,3560
$d = $ mm	668,8	597,1	543,6	415,5	356,0
gewählt mm	**675**	**600**	**550**	**425**	**375**
$l = 50$ km					
$\log \sqrt[5]{\dfrac{s}{c^2}}$	0,62012—2	0,63299—2	0,62399—2	0,63385—2	0,63521—2
$\log \sqrt[5]{l}$	0,93979	0,93979	0,93979	0,93979	0,93979
$\log \sqrt[5]{Q^2}$	0,57747	0,57747	0,57747	0,57747	0,57747
$\log \sqrt[5]{\dfrac{1}{p_a^2 - p_e^2}}$	0,81938—1	0,76478—1	0,72396—1	0,60087—1	0,52994—1
$\log d$	0,95676—1	0,90603—1	0,86521—1	0,75198—1	0,68241—1
$d = $ m	0,9052	0,8054	0,7331	0,5649	0,4812
$d = $ mm	905,2	805,4	733,1	564,9	481,2
gewählt mm	**925**	**825**	**750**	**575**	**500**
$l = 100$ km					
$\log \sqrt[5]{\dfrac{s}{c^2}}$	0,61366—2	0,61671—2	0,62012—2	0,62845—2	0,63385—2
$\log \sqrt[5]{l}$	1,00000	1,00000	1,00000	1,00000	1,00000
$\log \sqrt[5]{Q^2}$	0,57747	0 ,57	0,57747	0,57747	0,57747
$\log \sqrt[5]{\dfrac{1}{p_a^2 - p_e^2}}$	0,81938—1	0,76478—1	0,72396—1	0,60087—1	0,52994—1
$\log d$	0,01051	0,95896—1	0,92155—1	0,80679—1	0,74126—1
$d = $ m	1,024	0,9098	0,8347	0,6409	0,5511
$d = $ mm	1024	909,8	834,7	640,9	551,1
gewählt mm	**1025**	**925**	**850**	**650**	**550**

Gasförderung in Rohrleitungen.

($p_e = 1$ at abs.).

20	25	30	40	50	$p_a =$ at abs.
					$l = 10$ km
0,64853−2	0,65104−2	0,65386−2	0,65685−2	0,65685−2	$\log \sqrt[5]{\dfrac{s}{c^2}}$
0,80000	0,80000	0,80000	0,80000	0,80000	$\log \sqrt[5]{l}$
0,57747	0,57747	0,57747	0,57747	0,57747	$\log \sqrt[5]{Q^2}$
0,47981−1	0,44096−1	0,40924−1	0,35923−1	0,32044−1	$\log \sqrt[5]{\dfrac{1}{p_a^2 - p_e^2}}$
0,50581−1	0,46947−1	0,44057−1	0,39355−1	0,35476−1	$\log d$
0,3204	0,2947	0,2757	0,2474	0,2263	$d =$ m
320,4	294,7	275,7	247,4	226,3	$d =$ mm
325	**300**	**275**	**250**	**250**	gewählt mm
					$l = 50$ km
0,63843−2	0,64206−2	0,64406−2	0,64620−2	0,64853−2	$\log \sqrt[5]{\dfrac{s}{c^2}}$
0,93979	0,93979	0,93979	0,93979	0,93979	$\log \sqrt[5]{l}$
0,57747	0,57747	0,57747	0,57747	0,57747	$\log \sqrt[5]{Q^2}$
0,47981−1	0,44096−1	0,40924−1	0,35923−1	0,32044−1	$\log \sqrt[5]{\dfrac{1}{p_a^2 - p_e^2}}$
0,63550−1	0,60028−1	0,57056−1	0,52269−1	0,48623−1	$\log d$
0,4320	0,3983	0,3720	0,3331	0,3063	$d =$ m
432,0	398,3	372,0	333,1	306,3	$d =$ mm
450	**400**	**375**	**350**	**325**	gewählt mm
					$l = 100$ km
0,63521−2	0,63843−2	0,64029−2	0,64206−2	0,64620−2	$\log \sqrt[5]{\dfrac{s}{c^2}}$
1,00000	1,00000	1,00000	1,00000	1,00000	$\log \sqrt[5]{l}$
0,57747	0,57747	0,57747	0,57747	0,57747	$\log \sqrt[5]{Q^2}$
0,47981−1	0,44096−1	0,40924−1	0,35923−1	0,32044−1	$\log \sqrt[5]{\dfrac{1}{p_a^2 - p_e^2}}$
0,69249−1	0,65686−1	0,62700−1	0,57876−1	0,54411−1	$\log d$
0,4925	0,4537	0,4236	0,3791	0,3500	$d =$ m
492,5	453,7	423,6	379,1	350,0	$d =$ mm
500	**475**	**425**	**400**	**350**	gewählt mm

I. Teil: Die Technik der Gasfernleitung.

$Q = 100\,000$ m³/h

$p_a =$ at abs.	3	4	5	10	15
$l = 150$ km					
$\log \sqrt[5]{\dfrac{s}{c^2}}$	0,61366—2	0,61671—2	0,62012—2	0,62845—2	0,63385—2
$\log \sqrt[5]{l}$	1,03521	1,03521	1,03521	1,03521	1,03521
$\log \sqrt[5]{Q^2}$	0,57747	0,57747	0,57747	0,57747	0,57747
$\log \sqrt[5]{\dfrac{1}{p_a^2 - p_e^2}}$	0,81938—1	0,76478—1	0,72396—1	0,60087—1	0,52994—1
$\log d$	0,04572	0,99417—1	0,95676—1	0,84200—1	0,77647—1
$d =$ m	1,111	0,9866	0,9052	0,6950	0,5976
$d =$ mm	1111	986,6	905,2	695,0	597,6
gewählt mm	**1125**	**1000**	**925**	**700**	**600**
$l = 200$ km					
$\log \sqrt[5]{\dfrac{s}{c^2}}$	0,61366—2	0,61366—2	0,61671—2	0,62399—2	0,62845—2
$\log \sqrt[5]{l}$	1,06020	1,06020	1,06020	1,06020	1,06020
$\log \sqrt[5]{Q^2}$	0,57747	0,57747	0,57747	0,57747	0,57747
$\log \sqrt[5]{\dfrac{1}{p_a^2 - p_e^2}}$	0,81938—1	0,76478—1	0,72396—1	0,60087—1	0,52994—1
$\log d$	0,07071	0,01611	0,97834—1	0,86253—1	0,79606—1
$d =$ m	1,176	1,037	0,9513	0,7286	0,6252
$d =$ mm	1176	1037	951,3	728,6	625,2
gewählt mm	**1175**	**1050**	**975**	**750**	**625**
$l = 300$ km					
$\log \sqrt[5]{\dfrac{s}{c^2}}$	0,60720—2	0,61366—2	0,61366—2	0,62399—2	0,62845—2
$\log \sqrt[5]{l}$	1,09542	1,09542	1,09542	1,09542	1,09542
$\log \sqrt[5]{Q^2}$	0,57747	0,57747	0,57747	0,57747	0,57747
$\log \sqrt[5]{\dfrac{1}{p_a^2 - p_e^2}}$	0,81938—1	0,76478—1	0,72396—1	0,60087—1	0,52994—1
$\log d$	0,09947	0,05133	0,01051	0,89775—1	0,83128—1
$d =$ m	1,257	1,125	1,024	0,7902	0,6780
$d =$ mm	1257	1125	1024	790,2	678,0
gewählt mm	**1275**	**1125**	**1025**	**800**	**700**

Gasförderung in Rohrleitungen.

($p_e = 1$ at abs.).

20	25	30	40	50	$p_a =$ at abs.
					$l = 150$ km
0,63385−2	0,63521−2	0,63678−2	0,64029−2	0,64206−2	$\log \sqrt[5]{\dfrac{s}{c^2}}$
1,03521	1,03521	1,03521	1,03521	1,03521	$\log \sqrt[5]{l}$
0,57747	0,57747	0,57747	0,57747	0,57747	$\log \sqrt[5]{Q^2}$
0,47981−1	0,44096−1	0,40924−1	0,35923−1	0,32044−1	$\log \sqrt[5]{\dfrac{1}{p_a^2 - p_e^2}}$
0,72634−1	0,68885−1	0,65870−1	0,61220−1	0,57518−1	$\log d$
0,5325	0,4884	0,4557	0,4094	0,3759	$d = $ m
532,5	488,4	455,7	409,4	375,5	$d = $ mm
550	**500**	**475**	**425**	**375**	gewählt mm
					$l = 200$ km
0,63385−2	0,63385−2	0,63521−2	0,63843−2	0,64206−2	$\log \sqrt[5]{\dfrac{s}{c^2}}$
1,06020	1,06020	1,06020	1,06020	1,06020	$\log \sqrt[5]{l}$
0,57747	0,57747	0,57747	0,57747	0,57747	$\log \sqrt[5]{Q^2}$
0,47981−1	0,44096−1	0,40924−1	0,35923−1	0,32044−1	$\log \sqrt[5]{\dfrac{1}{p_a^2 - p_e^2}}$
0,75133−1	0,71248−1	0,68212−1	0,63533−1	0,60017−1	$\log d$
0,5640	0,5157	0,4809	0,4318	0,3982	$d = $ m
564,0	515,7	480,9	431,8	398,2	$d = $ mm
575	**525**	**500**	**450**	**400**	gewählt mm
					$l = 300$ km
0,62845−2	0,63385−2	0,63385−2	0,63678−2	0,63843−2	$\log \sqrt[5]{\dfrac{s}{c^2}}$
1,09542	1,09542	1,09542	1,09542	1,09542	$\log \sqrt[5]{l}$
0,57747	0,57747	0,57747	0,57747	0,57747	$\log \sqrt[5]{Q^2}$
0,47981−1	0,44096−1	0,40924−1	0,35923−1	0,32044−1	$\log \sqrt[5]{\dfrac{1}{p_a^2 - p_e^2}}$
0,78115−1	0,74770−1	0,71598−1	0,66890−1	0,63176−1	$\log d$
0,6041	0,5593	0,5199	0,4665	0,4283	$d = $ m
604,1	559,3	519,9	466,5	428,3	$d = $ mm
625	**575**	**525**	**475**	**450**	gewählt mm

I. Teil: Die Technik der Gasfernleitung.

$$Q = 150\,000 \text{ m}^3/\text{h}$$

p_a at abs.	3	4	5	10	15
$l = 10$ km					
$\log \sqrt[5]{\dfrac{s}{c^2}}$	0,62399−2	0,62845−2	0,62845−2	0,63521−2	0,64029−2
$\log \sqrt[5]{l}$	0,80000	0,80000	0,80000	0,80000	0,80000
$\log \sqrt[5]{Q^2}$	0,64792	0,64792	0,64792	0,64792	0,64792
$\log \sqrt[5]{\dfrac{1}{p_a^2 - p_r^2}}$	0,81938−1	0,76478−1	0,72396−1	0,60087−1	0,52994−1
$\log d$	0,89129−1	0,84115−1	0,80033−1	0,68400−1	0,61815−1
$d =$ m	0,7785	0,6936	0,6314	0,4830	0,4150
$d =$ mm	778,5	693,6	631,4	483,0	415,0
gewählt mm	**800**	**700**	**650**	**500**	**425**
$l = 50$ km					
$\log \sqrt[5]{\dfrac{s}{c^2}}$	0,61366−2	0,61671−2	0,62012−2	0,62845−2	0,63385−2
$\log \sqrt[5]{l}$	0,93979	0,93979	0,93979	0,93979	0,93979
$\log \sqrt[5]{Q^2}$	0,64792	0,64792	0,64792	0,64792	0,64792
$\log \sqrt[5]{\dfrac{1}{p_a^2 - p_e^2}}$	0,81938−1	0,76478−1	0,72396−1	0,60087−1	0,52994−1
$\log d$	0,02075	0,96920−1	0,93179−1	0,81703−1	0,75150−1
$d =$ m	1,048	0,9315	0,8546	0,6561	0,5642
$d =$ mm	1048	931,5	854,6	656,1	564,2
gewählt mm	**1050**	**950**	**875**	**675**	**575**
$l = 100$ km					
$\log \sqrt[5]{\dfrac{s}{c^2}}$	0,61366−2	0,61366−2	0,61671−2	0,62399−2	0,62845−2
$\log \sqrt[5]{l}$	1,00000	1,00000	1,00000	1,00000	1,00000
$\log \sqrt[5]{Q^2}$	0,64792	0,64792	0,64792	0,64792	0,64792
$\log \sqrt[5]{\dfrac{1}{p_a^2 - p_e^2}}$	0,81938−1	0,76478−1	0,72396−1	0,60087−1	0,52994−1
$\log d$	0,08096	0,02636	0,98859−1	0,87278−1	0,80631−1
$d =$ m	1,204	1,062	0,9740	0,7460	0,6401
$d =$ mm	1204	1062	974,0	746,0	640,1
gewählt mm	**1225**	**1075**	**975**	**750**	**650**

Gasförderung in Rohrleitungen.

($p_c = 1$ at abs.).

20	25	30	40	50	$p_a =$ at abs.
					$l = 10$ km
0,64406−2	0,64620−2	0,64853−2	0,65104−2	0,65386−2	$\log \sqrt[5]{\dfrac{s}{c^2}}$
0,80000	0,80000	0,80000	0,80000	0,80000	$\log \sqrt[5]{l}$
0,64792	0,64792	0,64792	0,64792	0,64792	$\log \sqrt[5]{Q^2}$
0,47981−1	0,44096−1	0,40924−1	0,35923−1	0,32044−1	$\log \sqrt[5]{\dfrac{1}{p_a^2 - p_e^2}}$
0,57179−1	0,53508−1	0,50569−1	0,45819−1	0,42222−1	$\log d$
0,3730	0,3428	0,3203	0,2872	0,2643	$d =$ m
373,0	342,8	320,3	287,2	264,3	$d =$ mm
375	**350**	**325**	**300**	**275**	gewählt mm
					$l = 50$ km
0,63385−2	0,63678−2	0,63843−2	0,64206−2	0,64406−2	$\log \sqrt[5]{\dfrac{s}{c^2}}$
0,93979	0,93979	0,93979	0,93979	0,93979	$\log \sqrt[5]{l}$
0,64792	0,64792	0,64792	0,64792	0,64792	$\log \sqrt[5]{Q^2}$
0,47981−1	0,44096−1	0,40924−1	0,35923−1	0,32044−1	$\log \sqrt[5]{\dfrac{1}{p_a^2 - p_e^2}}$
0,70137−1	0,66545−1	0,63538−1	0,58900−1	0,55221−1	$\log d$
0,5027	0,4628	0,4318	0,3881	0,3566	$d =$ m
502,7	462,8	431,8	388,1	356,6	$d =$ mm
525	**475**	**450**	**400**	**375**	gewählt mm
					$l = 100$ km
0,63385−2	0,63385−2	0,63521−2	0,63843−2	0,64029−2	$\log \sqrt[5]{\dfrac{s}{c^2}}$
1,00000	1,00000	1,00000	1,00000	1,00000	$\log \sqrt[5]{l}$
0,64792	0,64792	0,64792	0,64792	0,64792	$\log \sqrt[5]{Q^2}$
0,47981−1	0,44096−1	0,40924−1	0,35923−1	0,32044−1	$\log \sqrt[5]{\dfrac{1}{p_a^2 - p_e^2}}$
0,76158−1	0,72273−1	0,69237−1	0,64558−1	0,60865−1	$\log d$
0,5775	0,5281	0,4924	0,4421	0,4061	$d =$ m
577,5	528,1	492,4	442,1	406,1	$l =$ mm
600	**550**	**500**	**450**	**425**	gewählt mm

I. Teil: Die Technik der Gasfernleitung.

$Q = 150\,000 \text{ m}^3/\text{h}$

p_a = at abs.	3	4	5	10	15
$l = 150$ km					
$\log \sqrt[5]{\dfrac{s}{c^2}}$	0,60720−2	0,61366−2	0,61366−2	0,62012−2	0,62845−2
$\log \sqrt[5]{l}$	1,03521	1,03521	1,03521	1,03521	1,03521
$\log \sqrt[5]{Q^2}$	0,64792	0,64792	0,64792	0,64792	0,64792
$\log \sqrt[5]{\dfrac{1}{p_a^2 - p_e^2}}$	0,81938−1	0,76478−1	0,72396−1	0,60087−1	0,52994−1
$\log d$	0,10971	0,06157	0,02075	0,90412−1	0,84152−1
$d = $ m	1,287	1,152	1,048	0,8019	0,6942
$d = $ mm	1287	1152	1048	801,9	694,2
gewählt mm	**1300**	**1175**	**1050**	**825**	**700**
$l = 200$ km					
$\log \sqrt[5]{\dfrac{s}{c^2}}$	0,60720−2	0,61366−2	0,61366−2	0,62012−2	0,62399−2
$\log \sqrt[5]{l}$	1,06020	1,06020	1,06020	1,06020	1,06020
$\log \sqrt[5]{Q^2}$	0,64792	0,64792	0,64792	0,64792	0,64792
$\log \sqrt[5]{\dfrac{1}{p_a^2 - p_e^2}}$	0,81938−1	0,76478−1	0,72396−1	0,60087−1	0,52994−1
$\log d$	0,13470	0,08656	0,04574	0,92911−1	0,86205−1
$d = $ m	1,363	1,220	1,111	0,8493	0,7278
$d = $ mm	1363	1220	1111	849,3	727,8
gewählt mm	**1375**	**1225**	**1125**	**850**	**750**
$l = 300$ km					
$\log \sqrt[5]{\dfrac{s}{c^2}}$	0,60720−2	0,60720−2	0,61366−2	0,61671−2	0,62399−2
$\log \sqrt[5]{l}$	1,09542	1,09542	1,09542	1,09542	1,09542
$\log \sqrt[5]{Q^2}$	0,64792	0,64792	0,64792	0,64792	0,64792
$\log \sqrt[5]{\dfrac{1}{p_a^2 - p_e^2}}$	0,81938−1	0,76478−1	0,72396−1	0,60087−1	0,52994−1
$\log d$	0,16992	0,11532	0,08096	0,96092−1	0,89727−1
$d = $ m	1,478	1,304	1,204	0,9139	0,7893
$d = $ mm	1478	1304	1204	913,9	789,3
gewählt mm	**1500**	**1325**	**1225**	**925**	**800**

Gasförderung in Rohrleitungen. 61

($p_e = 1$ at abs.).

20	25	30	40	50	$p_a =$ at abs.
					$l = 150$ km
0,62845−2	0,63385−2	0,63385−2	0,63678−2	0,63843−2	$\log \sqrt[5]{\dfrac{s}{c^2}}$
1,03521	1,03521	1,03521	1,03521	1,03521	$\log \sqrt[5]{l}$
0,64792	0,64792	0,64792	0,64792	0,64792	$\log \sqrt[5]{Q^2}$
0,47981−1	0,44096−1	0,40924−1	0,35923−1	0,32044−1	$\log \sqrt[5]{\dfrac{1}{p_a^2 - p_e^2}}$
0,79139−1	0,75794−1	0,72622−1	0,67914−1	0,64200−1	$\log d$
0,6185	0,5727	0,5323	0,4776	0,4385	$d = $ m
618,5	572,7	532,3	477,6	438,5	$d = $ mm
625	**575**	**550**	**500**	**450**	gewählt mm
					$l = 200$ km
0,62845−2	0,63385−2	0,63385−2	0,63521−2	0,63678−2	$\log \sqrt[5]{\dfrac{s}{c^2}}$
1,06020	1,06020	1,06020	1,06020	1,06020	$\log \sqrt[5]{l}$
0,64792	0,64792	0,64792	0,64792	0,64792	$\log \sqrt[5]{Q^2}$
0,47981−1	0,44096−1	0,40924−1	0,35923−1	0,32044−1	$\log \sqrt[5]{\dfrac{1}{p_a^2 - p_e^2}}$
0,81638−1	0,78293−1	0,75121−1	0,70256−1	0,66534−1	$\log d$
0,6552	0,6066	0,5639	0,5041	0,4627	$d = $ n
655,2	606,6	563,9	504,1	462,7	$d = $ mm
675	**625**	**575**	**525**	**475**	gewählt mm
					$l = 300$ km
0,62845−2	0,62845−2	0,63385−2	0,63385−2	0,63521−2	$\log \sqrt[5]{\dfrac{s}{c^2}}$
1,09542	1,09542	1,09542	1,09542	1,09542	$\log \sqrt[5]{l}$
0,64792	0,64792	0,64792	0,64792	0,64792	$\log \sqrt[5]{Q^2}$
0,47981−1	0,44096−1	0,40924−1	0,35923−1	0,32044−1	$\log \sqrt[5]{\dfrac{1}{p_a^2 - p_e^2}}$
0,85160−1	0,81275−1	0,78643−1	0,73642−1	0,69899−1	$\log d$
0,7105	0,6497	0,6115	0,5450	0,5000	$d = $ m
710,5	649,7	611,5	545,0	500,0	$d = $ mm
725	**650**	**625**	**550**	**500**	gewählt mm

$Q = 200\,000$ m³/h

$p_a =$ at abs.	3	4	5	10	15
$l = 10$ km					
$\log \sqrt[5]{\frac{s}{c^2}}$	0,62012−2	0,62399−2	0,62845−2	0,63385−2	0,63678−2
$\log \sqrt[5]{l}$	0,80000	0,80000	0,80000	0,80000	0,80000
$\log \sqrt[5]{Q^2}$	0,69789	0,69789	0,69789	0,69789	0,69789
$\log \sqrt[5]{\frac{1}{p_a^2 - p_e^2}}$	0,81938−1	0,76478−1	0,72396−1	0,60087−1	0,52994−1
$\log d$	0,93739−1	0,88666−1	0,85030−1	0,73261−1	0,66461−1
$d =$ m	0,8657	0,7702	0,7084	0,5402	0,4619
$d =$ mm	865,7	770,2	708,4	540,2	461,9
gewählt mm	**875**	**775**	**725**	**550**	**475**
$l = 50$ km					
$\log \sqrt[5]{\frac{s}{c^2}}$	0,61366−2	0,61366−2	0,61671−2	0,62399−2	0,62845−2
$\log \sqrt[5]{l}$	0,93979	0,93979	0,93979	0,93979	0,93979
$\log \sqrt[5]{Q^2}$	0,69789	0,69789	0,69789	0,69789	0,69789
$\log \sqrt[5]{\frac{1}{p_a^2 - p_e^2}}$	0,81938−1	0,76478−1	0,72396−1	0,60087−1	0,52994−1
$\log d$	0,07072	0,01612	0,97835−1	0,86254−1	0,79607−1
$d =$ m	1,176	1,037	0,9513	0,7286	0,6252
$d =$ mm	1176	1037	951,3	728,6	625,2
gewählt mm	**1200**	**1050**	**975**	**750**	**625**
$l = 100$ km					
$\log \sqrt[5]{\frac{s}{c^2}}$	0,60720−2	0,61363−2	0,61366−2	0,62012−2	0,62399−2
$\log \sqrt[5]{l}$	1,00000	1,00000	1,00000	1,00000	1,00000
$\log \sqrt[5]{Q^2}$	0,69789	0,69789	0,69789	0,69789	0,69789
$\log \sqrt[5]{\frac{1}{p_a^2 - p_e^2}}$	0,81938−1	0,76478−1	0,72396−1	0,60087−1	0,52994−1
$\log d$	0,12447	0,07633	0,03551	0,91888−1	0,85182−1
$d =$ m	1,331	1,192	1,085	0,8296	0,7109
$d =$ mm	1331	1192	1085	829,6	710,9
gewählt mm	**1350**	**1200**	**1100**	**850**	**725**

Gasförderung in Rohrleitungen.

($p_e = 1$ at abs.).

20	25	30	40	50	$p_a =$ at abs.
					$l = 10$ km
0,64029−2	0,64206−2	0,64406−2	0,64853−2	0,65104−2	$\log \sqrt[5]{\dfrac{s}{c^2}}$
0,80000	0,80000	0,80000	0,80000	0,80000	$\log \sqrt[5]{l}$
0,69789	0,69789	0,69789	0,69789	0,69789	$\log \sqrt[5]{Q^2}$
0,47981−1	0,44096−1	0,40924−1	0,35923−1	0,32044−1	$\log \sqrt[5]{\dfrac{1}{p_a^2 - p_e^2}}$
0,61799−1	0,58091−1	0,55119−1	0,50565−1	0,46937−1	$\log d$
0,4149	0,3809	0,3557	0,3203	0,2946	$d = $ m
414,9	380,9	355,7	320,3	294,6	$d = $ mm
425	**400**	**375**	**325**	**300**	gewählt mm
					$l = 50$ km
0,63385−2	0,63385−2	0,63521−2	0,63843−2	0,64206−2	$\log \sqrt[5]{\dfrac{s}{c^2}}$
0,93979	0,93979	0,93979	0,93979	0,93979	$\log \sqrt[5]{l}$
0,69789	0,69789	0,69789	0,69789	0,69789	$\log \sqrt[5]{Q^2}$
0,47981−1	0,44096−1	0,40924−1	0,35923−1	0,32044−1	$\log \sqrt[5]{\dfrac{1}{p_a^2 - p_e^2}}$
0,75134−1	0,71249−1	0,68213−1	0,63534−1	0,60018−1	$\log d$
0,5640	0,5158	0,4809	0,4318	0,3982	$d = $ m
564,0	515,8	480,9	431,8	398,2	$d = $ mm
575	**525**	**500**	**450**	**400**	gewählt mm
					$l = 100$ km
0,62845−2	0,63385−2	0,63385−2	0,63521−2	0,63843−2	$\log \sqrt[5]{\dfrac{s}{c^2}}$
1,00000	1,00000	1,00000	1,00000	1,00000	$\log \sqrt[5]{l}$
0,69789	0,69789	0,69789	0,69789	0,69789	$\log \sqrt[5]{Q^2}$
0,47981−1	0,44096−1	0,40924−1	0,35923−1	0,32044−1	$\log \sqrt[5]{\dfrac{1}{p_a^2 - p_e^2}}$
0,80615−1	0,77270−1	0,74098−1	0,69233−1	0,65676−1	$\log d$
0,6399	0,5925	0,5507	0,4924	0,4536	$d = $ m
639,9	592,5	550,7	492,4	453,6	$d = $ mm
650	**600**	**550**	**500**	**475**	gewählt mm

64   I. Teil: Die Technik der Gasfernleitung.

$Q = 200000$ m³/h

$p_a =$ at abs.	3	4	5	10	15
$l = 150$ km					
$\log \sqrt[5]{\frac{s}{c^2}}$	0,60720−2	0,60720−2	0,61366−2	0,62012−2	0,62399−2
$\log \sqrt[5]{l}$	1,03521	1,03521	1,03521	1,03521	1,03521
$\log \sqrt[5]{Q^2}$	0,69789	0,69789	0,69789	0,69789	0,69789
$\log \sqrt[5]{\frac{1}{p_a^2 - p_e^2}}$	0,81938−1	0,76478−1	0,72396−1	0,60087−1	0,52994−1
$\log d$	0,15968	0,10508	0,07072	0,95409−1	0,88703−1
$d =$ m	1,444	1,273	1,176	0,8996	0,7709
$d =$ mm	1444	1273	1176	899,6	770,9
gewählt mm	**1450**	**1275**	**1200**	**900**	**775**
$l = 200$ km					
$\log \sqrt[5]{\frac{s}{c^2}}$	0,60192−2	0,60720−2	0,61366−2	0,61671−2	0,62012−2
$\log \sqrt[5]{l}$	1,06020	1,06020	1,06020	1,06020	1,06020
$\log \sqrt[5]{Q^2}$	0,69789	0,69789	0,69789	0,69789	0,69789
$\log \sqrt[5]{\frac{1}{p_a^2 - p_e^2}}$	0,81938−1	0,76478−1	0,72396−1	0,60087−1	0,52994−1
$\log d$	0,17939	0,13007	0,09571	0,97567−1	0,90815−1
$d =$ m	1,511	1,349	1,246	0,9455	0,8093
$d =$ mm	1511	1349	1246	945,5	809,3
gewählt mm	**1525**	**1350**	**1250**	**950**	**825**
$l = 300$ km					
$\log \sqrt[5]{\frac{s}{c^2}}$	0,60192−2	0,60720−2	0,60720−2	0,61366−2	0,62012−2
$\log \sqrt[5]{l}$	1,09542	1,09542	1,09542	1,09542	1,09542
$\log \sqrt[5]{Q^2}$	0,69789	0,69789	0,69789	0,69789	0,69789
$\log \sqrt[5]{\frac{1}{p_a^2 - p_e^2}}$	0,81938−1	0,76478−1	0,72396−1	0,60087−1	0,52994−1
$\log d$	0,21461	0,16529	0,12447	0,00784	0,94337−1
$d =$ m	1,677	1,463	1,331	1,018	0,8777
$d =$ mm	1677	1463	1331	1018	877,7
gewählt mm	**1700**	**1475**	**1350**	**1025**	**900**

Gasförderung in Rohrleitungen.

($p_e = 1$ at abs.).

20	25	30	40	50	$p_a =$ at abs.
					$l = 150$ km
0,62845−2	0,62845−2	0,63385−2	0,63385−2	0,63521−2	$\log \sqrt[5]{\dfrac{s}{c^2}}$
1,03521	1,03521	1,03521	1,03521	1,03521	$\log \sqrt[5]{l}$
0,69789	0,69789	0,69789	0,69789	0,69789	$\log \sqrt[5]{Q^2}$
0,47981−1	0,44096−1	0,40924−1	0,35923−1	0,32044−1	$\log \sqrt[5]{\dfrac{1}{p_a^2 - p_e^2}}$
0,84136−1	0,80251−1	0,77619−1	0,72618−1	0,68875−1	$\log d$
0,6940	0,6346	0,5972	0,5323	0,4883	$d = $ m
694,0	634,6	597,2	532,3	488,3	$d = $ mm
700	**650**	**600**	**550**	**500**	gewählt mm
					$l = 200$ km
0,62399−2	0,62845−2	0,62845−2	0,63385−2	0,63385−2	$\log \sqrt[5]{\dfrac{s}{c^2}}$
1,06020	1,06020	1,06020	1,06020	1,06020	$\log \sqrt[5]{l}$
0,69789	0,69789	0,69789	0,69789	0,69789	$\log \sqrt[5]{Q^2}$
0,47981−1	0,44096−1	0,40924−1	0,35923−1	0,32044−1	$\log \sqrt[5]{\dfrac{1}{p_a^2 - p_e^2}}$
0,86189−1	0,82750−1	0,79578−1	0,75117−1	0,71238−1	$\log d$
0,7275	0,6722	0,6248	0,5638	0,5156	$d = $ m
727,5	672,2	624,8	563,8	515,6	$d = $ mm
750	**675**	**625**	**575**	**525**	gewählt mm
					$l = 300$ km
0,62399−2	0,62399−2	0,62845−2	0,62845−2	0,63385−2	$\log \sqrt[5]{\dfrac{s}{c^2}}$
1,09542	1,09542	1,09542	1,09542	1,09542	$\log \sqrt[5]{l}$
0,69789	0,69789	0,69789	0,69789	0,69789	$\log \sqrt[5]{Q^2}$
0,47981−1	0,44096−1	0,40942−1	0,35923−1	0,32044−1	$\log \sqrt[5]{\dfrac{1}{p_a^2 - p_e^2}}$
0,89711−1	0,85826−1	0,83100−1	0,78099−1	0,74760−1	$\log d$
0,7890	0,7215	0,6776	0,6039	0,5592	$d = $ m
789,0	721,5	677,6	603,9	559,2	$d = $ mm
800	**725**	**700**	**625**	**575**	gewählt mm

Starke, Großgasversorgung.

C. Gaskompression.

1. Theoretische Kompressionsarbeit[1]).

Für einen Kompressor ohne schädlichen Raum und ohne Arbeitsverluste ist die Arbeit in mkg zur Kompression von G/kg bzw. V m³ Luft oder Gas vom Druck p_a und der Temperatur t_a auf den Druck p_e

a) bei **isothermischer Kompression** (unveränderte absolute Temperatur):

$$L_{is} = G\,R\,T_a\,ln\frac{p_e}{p_a} = P_a\,V\,ln\frac{p_e}{p_a};$$

b) bei **adiabatischer Kompression** (ohne Wärmezu- oder -abfuhr):

$$L_{ad} = G\frac{\varkappa}{\varkappa-1}R(t_e - t_a),$$

$$L_{ad} = P_a V \frac{\varkappa}{\varkappa-1}\left(\frac{T_e}{T_a}-1\right) = P_a V \frac{\varkappa}{\varkappa-1}\left[\left(\frac{p_e}{p_a}\right)^{\frac{\varkappa-1}{1}}-1\right].$$

Die **Isotherme** liefert die kleinste Kompressionsarbeit; die **Adiabate** entspricht der Kompression in großen Maschinen, weil die Zylinderkühlung sich nicht so bemerkbar machen kann. Zu großen Arbeitsbedarf vermeidet man durch stufenweise Kompression, bei jedesmaliger Rückbildung zwischen den Stufen.

Der Arbeitsbedarf für n-**stufige adiabatische Kompression** ist:

$$L_{n\,ad} = n P_a V \frac{\varkappa}{\varkappa-1}\left[\sqrt[n]{\left(\frac{p_e}{p_a}\right)^{\frac{\varkappa-1}{\varkappa}}}-1\right].$$

Die vorstehenden Formeln zeigen, daß der Arbeitsbedarf in der Hauptsache abhängig ist von den Drucken und dem Volumen, deshalb empfiehlt es sich, auch den Arbeitsbedarf für Vergleichsrechnungen nur **je m³** angesaugtes Gas in Rechnung zu stellen; was übrigens vollkommen im Rahmen der Gaspraxis liegt, die gewohnt ist mit m³-Stundenleistung zu rechnen. Der Arbeitsbedarf **je m³** Saugmenge ist also gleich hoch, ob das Gas bei 0° oder 12° oder 25°C angesaugt wird. Da aber auch die Ansaugetemperatur von Einfluß auf die Gesamtanlage sein kann, infolge der Volumenunterschiede der Gaserzeugung bei verschieden hohen Ansauge-

---

[1]) Hütte, 22. Aufl., Bd. I, S. 410. Berlin 1915. — A. Hinz, Thermodynamische Grundlagen. Berlin 1914.

temperaturen, so ist doch darauf hinzuweisen, daß der Kraftbedarf einer Kompressorenanlage im Sommer, wenn das Gas mit rd. $+25°$ C aus den Gasbehältern angesaugt wird, wesentlich größer wird wie im Winter bei Ansaugetemperaturen bis $+12°$ C. Dadurch wird der Kraftbedarf der Kompressorenanlage zwangsweise erhöht oder auch die Mengenlieferung einer vorhandenen Anlage heruntergedrückt, wenn nicht genügend Reserve vorhanden ist. In Amerika hat deshalb Rix schon 1905 auf der Versammlung der Pacific Coast Gas Association[1]) den Vorschlag gemacht, das Gas vor der Kompression zu kühlen, wenn Kühlwasser billig zur Verfügung steht.

In den folgenden Bestimmungen des Kraftbedarfs für bestimmte Förderdrucke wird nur mit ein- oder mehrstufiger adiabatischer Kompression gerechnet. Dazu ist noch der „Exponent der adiabatischen Zustandsänderung" $\varkappa$, dem Quotienten aus den spezifischen Wärmen c_p bei unverändertem Druck und der spezifischen Wärme c_v bei unverändertem Rauminhalt, für die verschiedenen Gasbestandteile anzugeben; der Vollständigkeit wegen wird auch die Gaskonstante R und das Molekulargewicht μ angegeben, wobei $R = \dfrac{848}{\mu}$ ist, und aus $P \cdot v = R \cdot T$ der spezifische Rauminhalt (Rauminhalt von 1 kg)

$$v = \frac{V}{G} = \frac{R \cdot T}{P} \text{ m}^3/\text{kg},$$

sowie das spezifische Raumgewicht (Gewicht von 1 m³)

$$\gamma = \frac{1}{v} = \frac{G}{V} = \frac{P}{R \cdot T} \text{ kg/m}^3.$$

Gas	Zeichen	$\varkappa = \dfrac{c_p}{c_v}$	Gaskonstante R	Molekulargewicht μ
Sauerstoff	O_2	1,40	26,50	32,000
Stickstoff	N_2	1,40	30,26	28,020
Wasserstoff ...	H_2	1,41	420,60	2,016
Kohlenoxyd ...	CO	1,40	30,29	28,000
Kohlensäure ...	CO_2	1,31	19,27	44,000
Azetylen	C_2H_2	1,29	32,60	26,016
Methan	CH_4	1,28	52,89	16,032
Äthylen	C_2H_4	1,21	30,25	28,032
Wasserdampf ..	H_2O	1,30	47,07	18,016
Luft		1,40	29,27	28,968

[1]) American Gas Light Journal 1905, S. 364.

Zu beachten ist noch der Einfluß der Höhenlage. Nur am Meeresspiegel ist der mittlere Luftdruck: 760 mm Q.-S. von 0° C = 1,0333 at abs.; über dem Meeresspiegel ist er kleiner, unter dem Meeresspiegel größer. Bei gleichem Kompressionsverhältnis ist der Leistungsbedarf abhängig vom Anfangsdruck nach dem Verhältnis $\frac{\text{absoluter Enddruck}}{\text{absoluter Anfangsdruck}}$; bei Turbokompressoren kommt noch hinzu, daß auch der erreichbare Enddruck vom Anfangsdruck abhängig ist. Es ist also die Kenntnis des Luftdruckes für die Höhenlage der Kompressorenstation erforderlich zur Berechnung des Leistungsbedarfs; dabei machen rd. 10 m Höhenänderung 0,52 mm Q.-S. Barometerstandsänderung für Gas ($s = 0,6$ Luft = 1) aus.

Da es sich für die vorliegenden Vergleichsrechnungen um die Kompression von Gas handelt, wird auf die im Gasfach übliche Bezugsgröße $p_0 = 760$ mm Q.-S. = 1,0333 at abs. zurückgegriffen und $p_0 = p_a$ gesetzt; dabei werden die geringen Druckunterschiede infolge des Gasbehälterdruckes und jene infolge der Höhenlage hier unberücksichtigt gelassen. Da aber so $p_a = 1,033$ at abs. wird, ist auch der absolute Enddruck nicht in kg/cm², sondern z. B. für 2 at abs. mit 2,033 at abs. anzusetzen.

Es ist auch üblich, den Kraftbedarf in der verlustlosen Maschine in WE auszudrücken (1 WE = 1 kcal), wobei 1 WE = 427 mkg, 1 mkg = $\frac{1}{427}$ = 0,002341 WE zu setzen ist. Handelt es sich um elektrischen Antrieb, so ist auch 1 mkg/s = 9,81 Watt, 1 Joule = 1 Wattsekunde = 0,102 mkg = 1 kWs = 0,239 WE, 1 PS = 75 mkg/s = 736 Watt, 1 Kilo-Wattstunde = $1000 \cdot \frac{3600}{9,81}$ Joule = 1000 · 366,97 rd. 367 000 mkg = 367 000 · 0,002341 = 859,145 rd. 859 WE zu setzen.

2. Leistungsbedarf für die Drucke der Förderbeispiele.

a) Theoretischer Leistungsbedarf.

Um die Kraftrechnungen durchführen zu können, ist zunächst der Exponent der adiabatischen Zustandsänderung $\varkappa$ für Koksofengas, das für die Förderung zur Grundlage genommen wird, aus der Analyse zu bestimmen[1]).

---
[1]) Feuerungstechnik 1917, Nr. 5, S. 54.

Gaskompression.

	Gasanalyse Vol.-%	$\varkappa = \dfrac{c_p}{c_v}$	$\varkappa =$
CO_2	2,9	1,31	3,799
CO	7,3	1,40	10,220
H_2	45,0	1,41	63,450
CH_4	30,0	1,28	38,400
C_nH_m	—	—	—
N_2	14,8	1,40	20,720
	100,0%	—	136,589 : 100

$$\varkappa = 1{,}36589$$
$$\varkappa = \text{rd. } \mathbf{1{,}37,}$$

daher $\quad \dfrac{\varkappa - 1}{\varkappa} = \dfrac{1{,}37 - 1}{1{,}37} = \dfrac{0{,}37}{1{,}37} = \mathbf{0{,}27,}$

$$\dfrac{\varkappa}{\varkappa - 1} = \dfrac{1{,}37}{1{,}37 - 1} = \dfrac{1{,}37}{0{,}37} = \mathbf{3{,}7.}$$

Die Förderbeispiele werden für 2, 3, 4, 5, 10, 15, 20, 25, 30, 40 und 50 at abs. Druck durchgeführt; davon sind:

einstufig: 2, 3, 4 at abs. evtl. auch 5 at abs.,
zweistufig: 5, 10, 15 at abs. evtl. auch 20, 25 und 30 at abs.,
dreistufig: 20, 25, 30, 40 und 50 at abs. zu rechnen.

Einstufige Kompression.

Allgemein gilt:
$$L_{ad\,1} = 10000\, p_a V_a \dfrac{\varkappa}{\varkappa - 1}\left[\left(\dfrac{p_e}{p_a}\right)^{\frac{\varkappa-1}{\varkappa}} - 1\right] \text{ mkg/m}^3$$

$$= 37000\, p_a \left[\left(\dfrac{p_e}{1{,}033}\right)^{0{,}27} - 1\right]$$

für **2** at abs.: $= 37\,000 \cdot 1{,}033 \left[\left(\dfrac{2{,}033}{1{,}033}\right)^{0{,}27} - 1\right]$

$\qquad = \text{rd. } \mathbf{7\,770} \text{ mkg/m}^3,$

für **3** at abs.: $= 37\,000 \cdot 1{,}033 \left[\left(\dfrac{3{,}033}{1{,}033}\right)^{0{,}27} - 1\right]$

$\qquad = 12\,899 \text{ rd. } \mathbf{12\,900} \text{ mkg/m}^3,$

für **4** at abs.: $= 37\,000 \cdot 1{,}033 \left[\left(\dfrac{4{,}033}{1{,}033}\right)^{0{,}27} - 1\right]$

$\qquad = 16\,985 \text{ rd. } \mathbf{16\,990} \text{ mkg/m}^3,$

für **5** at abs.: $= 37\,000 \cdot 1{,}033 \left[\left(\dfrac{5{,}033}{1{,}033}\right)^{0{,}27} - 1\right]$

$\qquad = \mathbf{20\,390} \text{ mkg/m}^3.$

Zweistufige Kompression.

Allgemein gilt:
$$L_{ad\,2} = 2 \cdot 10\,000\, p_a V_a \frac{\varkappa}{\varkappa-1} \left[\sqrt[2]{\left(\frac{p_e}{p_a}\right)^{\frac{\varkappa-1}{\varkappa}}} - 1 \right] \text{mkg/m}^3$$
$$= 74\,000\, p_a \left[\sqrt[2]{\left(\frac{p_e}{1{,}033}\right)^{0{,}27}} - 1 \right]$$

für **5** at abs.: $= 74\,000 \cdot 1{,}033 \left[\sqrt[2]{\left(\frac{5{,}033}{1{,}033}\right)^{0{,}27}} - 1 \right]$
$= 18\,216$ rd. **18 220** mkg/m³,

für **10** at abs.: $= 74\,000 \cdot 1{,}033 \left[\sqrt[2]{\left(\frac{10{,}033}{1{,}033}\right)^{0{,}27}} - 1 \right]$
$= 27\,458$ rd. **27 460** mkg/m³,

für **15** at abs.: $= 74\,000 \cdot 1{,}033 \left[\sqrt[2]{\left(\frac{15{,}033}{1{,}033}\right)^{0{,}27}} - 1 \right]$
$= 33\,282$ rd. **33 290** mkg/³,

für **20** at abs.: $= 74\,000 \cdot 1{,}033 \left[\sqrt[2]{\left(\frac{20{,}033}{1{,}033}\right)^{0{,}27}} - 1 \right]$
$= 37\,624$ rd. **37 630** mkg/m³,

für **25** at abs.: $= 74\,000 \cdot 1{,}033 \left[\sqrt[2]{\left(\frac{25{,}033}{1{,}033}\right)^{0{,}27}} - 1 \right]$
$= 41\,102$ rd. **41 110** mkg/m³,

für **30** at abs.: $= 74\,000 \cdot 1{,}033 \left[\sqrt[2]{\left(\frac{30{,}033}{1{,}033}\right)^{0{,}27}} - 1 \right]$
$= $ **44 030** mkg/m³.

Dreistufige Kompression.

Allgemein gilt:
$$L_{ad\,3} = 3 \cdot 10\,000\, p_a V_a \frac{\varkappa}{\varkappa-1} \left[\sqrt[3]{\left(\frac{p_e}{p_a}\right)^{\frac{\varkappa-1}{\varkappa}}} - 1 \right] \text{mkg/m}^3$$

für **20** at abs.: $= 111\,000 \cdot 1{,}033 \left[\sqrt[3]{\left(\frac{20{,}033}{1{,}033}\right)^{0{,}27}} - 1 \right]$
$= 35\,063$ rd. **35 070** mkg/m³,

für **25** at abs.: $= 111\,000 \cdot 1{,}033 \left[\sqrt[3]{\left(\frac{25{,}033}{1{,}033}\right)^{0{,}27}} - 1 \right]$
$= 38\,091$ rd. **38 100** mkg/m³,

Gaskompression.

für **30** at abs.: $= 111\,000 \cdot 1{,}033 \left[\sqrt[3]{\left(\dfrac{30{,}033}{1{,}033}\right)^{0{,}27}} - 1\right]$
$= 40\,613$ rd. **40 620** mkg/m³,

für **40** at abs.: $= 111\,000 \cdot 1{,}033 \left[\sqrt[3]{\left(\dfrac{40{,}033}{1{,}033}\right)^{0{,}27}} - 1\right]$
$= 44\,684$ rd. **44 690** mkg/m³,

für **50** at abs.: $= 111\,000 \cdot 1{,}033 \left[\sqrt[3]{\left(\dfrac{50{,}033}{1{,}033}\right)^{0{,}27}} - 1\right]$
$= 47\,917$ rd. **47 920** mkg/m³.

Zusammenfassend kann der Leistungsbedarf in der verlustlosen Maschine bei adiabatischer Kompression in WE je m³ ausgedrückt werden:

Einstufige Kompression:
für 2 at abs.: 7 770 · 0,002341 = 18,190 WE, rd. **18,2** WE
„ 3 „ „ 12 900 · 0,002341 = 30,199 „ „ **30,2** „
„ 4 „ „ 16 990 · 0,002341 = 39,774 „ „ **39,8** „
„ 5 „ „ 20 390 · 0,002341 = 47,733 „ „ **47,7** „

Zweistufige Kompression:
für 5 at abs.: 18 220 · 0,002341 = 42,653 WE, rd. **42,7** WE
„ 10 „ „ 27 460 · 0,002341 = 64,284 „ „ **64,3** „
„ 15 „ „ 33 290 · 0,002341 = 77,932 „ „ **77,9** „
„ 20 „ „ 37 630 · 0,002341 = 88,092 „ „ **88,1** „
„ 25 „ „ 41 110 · 0,002341 = 96,239 „ „ **96,2** „
„ 30 „ „ 44 030 · 0,002341 = 103,074 „ „ **103,1** „

Dreistufige Kompression:
für 20 at abs.: 35 070 · 0,002341 = 82,099 WE, rd. **82,1** WE
„ 25 „ „ 38 100 · 0,002341 = 89,192 „ „ **89,2** „
„ 30 „ „ 40 620 · 0,002341 = 95,091 „ „ **95,1** „
„ 40 „ „ 44 690 · 0,002341 = 104,619 „ „ **104,6** „
„ 50 „ „ 47 920 · 0,002341 = 112,181 „ „ **112,2** „

Man erhält so in PS$_{ad}$ und Kilowatt für elektrischen Antrieb die folgenden Grundzahlen für den theoretischen Leistungsbedarf bei adiabatischer Kompression je 1000 m³/h:

Dabei werden auf der Grundlage des Leistungsbedarfs in der verlustlosen Maschine, wie er bereits in WE je m³ ermittelt worden ist, die **PS$_{ad}$** errechnet durch Multiplikation der WE/m³ mit dem Faktor

$$\frac{1000 \text{ m}^3 \cdot 427 \text{ mkg}}{3600 \cdot 75} = 1{,}58148 \text{ rd. } 1{,}582;$$

Die **kWh** durch Multiplikation der WE/m³ mit dem Faktor
$$\frac{1000 \text{ m}^3}{859 \text{ WE}} = 1{,}16414 \text{ rd. } 1{,}164.$$

Einstufige Kompression:

für	2 at abs.:	=	18,2 · 1,582 =	28,792	rd.	**28,8** PS$_{ad}$
			18,2 · 1,164 =	21,185	„	**21,2** kW
„	3 „ „	=	30,2 · 1,582 =	47,776	„	**47,8** PS$_{ad}$
			30,2 · 1,164 =	35,153	„	**35,2** kW
„	4 „ „	=	39,8 · 1,582 =	62,964	„	**63,0** PS$_{ad}$
			39,8 · 1,164 =	46,327	„	**46,3** kW
„	5 „ „	=	47,7 · 1,582 =	75,461	„	**75,6** PS$_{ad}$
			47,7 · 1,164 =	55,523	„	**55,5** kW

Zweistufige Kompression:

für	5 at abs.:	=	42,7 · 1,582 =	67,551	rd.	**67,6** PS$_{ad}$
			42,7 · 1,164 =	49,703	„	**49,7** kW
„	10 „ „	=	64,3 · 1,582 =	101,723	„	**101,7** PS$_{ad}$
			64,3 · 1,164 =	74,845	„	**74,8** kW
„	15 „ „	=	77,9 · 1,582 =	123,238	„	**123,2** PS$_{ad}$
			77,9 · 1,164 =	90,676	„	**90,7** kW
„	20 „ „	=	88,1 · 1,582 =	139,374	„	**139,4** PS$_{ad}$
			88,1 · 1,164 =	102,548	„	**102,6** kW
„	25 „ „	=	96,2 · 1,582 =	152,188	„	**152,2** PS$_{ad}$
			96,1 · 1,164 =	111,977	„	**112,0** kW

Dreistufige Kompression:

für	20 at abs.:	=	82,1 · 1,582 =	129,882	rd.	**129,9** PS$_{ad}$
			82,1 · 1,164 =	95,564	„	**95,6** kW
„	25 „ „	=	89,2 · 1,582 =	141,114	„	**141,1** PS$_{ad}$
			89,2 · 1,164 =	103,829	„	**103,8** kW
„	30 „ „	=	95,1 · 1,582 =	150,448	„	**150,4** PS$_{ad}$
			95,1 · 1,164 =	110,696	„	**110,7** kW
„	40 „ „	=	104,6 · 1,582 =	165,477	„	**165,5** PS$_{ad}$
			104,6 · 1,164 =	121,754	„	**121,8** kW
„	50 „ „	=	112,2 · 1,582 =	177,500	„	**177,5** PS$_{ad}$
			112,2 · 1,164 =	130,601	„	**130,6** kW.

b) **Effektiver Leistungsbedarf der Kompression.**

Es wird angenommen, daß man von 2 at abs. bis 4 at abs. und für die kleineren Leistungen von 5 at abs., d. i. von 1000 m³/h und 5000 m³/h, einstufig pressen wird; von 10 000 m³/h und 5 at abs. an bis 25 at abs. zweistufig, und von 30 bis 50 at abs. dreistufig das Gas auf den Druck bringen wird.

Für einstufige Kompression wird mit Aggregaten von 1000, 5000, 10 000 und 25 000 m³/h gerechnet; für zweistufige Kompression und 5 at abs. ebenfalls mit Aggregaten

Gaskompression. 73

von 1000, 5000, 10 000 und 25 000 m³/h und von 10 bis 25 at abs. mit Aggregaten von 1000, 5000, 10 000 und 12 500 m³/h; für dreistufige Kompression mit Aggregaten von 1000, 5000, 10 000 und 12 500 m³/h. Um nicht zu große Elektromotoren zu erhalten, wird für zwei- und dreistufige Kompression nur mit maximal 12 500 m³/h je Aggregat gerechnet. In allen Fällen werden nur Kolbenkompressoren angenommen; deshalb werden auch Aggregate über 25 000 m³/h nicht in Rechnung gestellt. Turbokompressoren könnte man von dieser Leistung an bauen, aber sie werden wegen der geringeren Gasdichte vielstufiger, also teurer wie für Luft und sind immer nur für einen bestimmten Druck zu bemessen. Der Preis würde sich also mit steigendem Druckverhältnis ändern, während die Kolbenmaschinen mit gleicher Stufenzahl fast gleich teuer sind, ob sie z. B. auf 10 oder 25 at abs. pressen sollen.

Die Umdrehungszahlen je Minute der Kompressorwellen werden wie folgt angenommen:

Ansaugeleistung in m³/h	Einstufig				Zweistufig					Dreistufig			
	2	3	4	5	5	10	15	20	25	30	40	50	at abs.
1 000	170	170	160	160	—	130	130	130	130	160	160	160	Umdrehungen
5 000	145	145	122	122	—	104	104	104	104	104	92	92	,,
10 000	122	122	122	—	104	104	104	104	104	92	92	92	,,
12 500	—	—	—	—	—	92	92	92	92	92	92	92	,,
25 000	105	104	92	—	92	—	—	—	—	—	—	—	,,

Es wird mit nachstehend genannten Wirkungsgraden der Kompressoren, die abhängig sind von Druck und Größe der Aggregate, gerechnet.

Wirkungsgrade der Kompressoren:

Ansaugeleistung in m³/h	Einstufige Kompression							
	Aggr.	2 at abs.	Aggr.	3 at abs.	Aggr.	4 at abs.	Aggr.	5 at abs.
1 000	1	75%	1	76%	1	78%	1	80%
5 000	1	77%	1	78%	1	80%	1	82%
10 000	1	79%	1	80%	1	82%	—	—
25 000	1	81%	1	82%	1	84%	—	—
50 000	2	81%	2	82%	2	84%	—	—
75 000	3	81%	3	82%	3	84%	—	—
100 000	4	81%	4	82%	4	84%	—	—
150 000	6	81%	6	82%	6	84%	—	—
200 000	8	81%	8	82%	8	84%	—	—

I. Teil: Die Technik der Gasfernleitung.

Ansauge-leistung in m³/h	Zweistufige Kompression									
	Aggr.	5 at abs.	Aggr.	10 at abs.	Aggr.	15 at abs.	Aggr.	20 at abs.	Aggr.	25 at abs.
1 000	—	—	1	73%	1	75%	1	77%	1	78%
5 000	—	—	1	75%	1	77%	1	79%	1	80%
10 000	1	76%	1	77%	1	79%	1	81%	1	82%
25 000	1	78%	2	77%	2	79%	2	81%	2	82%
50 000	2	78%	4	77%	4	79%	4	81%	4	82%
75 000	3	78%	6	77%	6	79%	6	81%	6	82%
100 000	4	78%	8	77%	8	79%	8	81%	8	82%
150 000	6	78%	12	77%	12	79%	12	81%	12	82%
200 000	8	78%	16	77%	16	79%	16	81%	16	82%

Ansauge-leistung in m³/h	Dreistufige Kompression					
	Aggregate	30 at abs.	Aggregate	40 at abs.	Aggregate	50 at abs.
1 000	1	71%	1	73%	1	74%
5 000	1	73%	1	75%	1	76%
10 000	1	75%	1	77%	1	78%
25 000	2	75%	2	77%	2	78%
50 000	4	75%	4	77%	4	78%
75 000	6	75%	6	77%	6	78%
100 000	8	75%	8	77%	8	78%
150 000	12	75%	12	77%	12	78%
200 000	16	75%	16	77%	16	78%

Der volle Leistungsbedarf in PS_e und kW an der Kompressorwelle ist danach:

Einstufige Kompression.

Ansauge-leistung in m³/h	2 at abs.			3 at abs.			4 at abs.			5 at abs.		
	Aggr.	PS_e	kW	Aggr.	PS_e	kW	Aggr.	PS_e	kW	Aggr.	PS_e	kW
1 000	1	38,4	28,3	1	63,0	46,3	1	81,0	59,4	1	94,4	69,4
5 000	1	187,0	138,0	1	306,4	226,0	1	394,0	289,0	1	460,4	338,4
10 000	1	365,0	268,4	1	598,0	440,0	1	768,5	565,0	—	—	—
25 000	1	889,0	654,3	1	1457,3	1073,2	1	1875,0	1378,0	—	—	—
50 000	2×	889,0	654,3	2×	1457,3	1073,2	2×	1875,0	1378,0	—	—	—
75 000	3×	889,0	654,3	3×	1457,3	1073,2	3×	1875,0	1378,0	—	—	—
100 000	4×	889,0	654,3	4×	1457,3	1073,2	4×	1875,0	1378,0	—	—	—
150 000	6×	889,0	654,3	6×	1457,3	1073,2	6×	1875,0	1378,0	—	—	—
200 000	8×	889,0	654,3	8×	1457,3	1073,2	8×	1875,0	1378,0	—	—	—

Gaskompression. 75

Zweistufige Kompression.

Ansauge-leistung in m³/h	5 at abs.			10 at abs.			15 at abs.		
	Aggr.	PS_e	kW	Aggr.	PS_e	kW	Aggr.	PS_e	kW
1 000	—	—	—	1	139,3	103,0	1	164,3	121,0
5 000	—	—	—	1	678,0	499,0	1	800,0	589,0
10 000	1	890,0	654,0	1	1321,0	971,4	1	1559,5	1148,1
25 000	1	2167,0	1593,0	2×	1651,0	1214,3	2×	1949,4	1435,1
50 000	2×	2167,0	1593,0	4×	1651,0	1214,3	4×	1949,4	1435,1
75 000	3×	2167,0	1593,0	6×	1651,0	1214,3	6×	1949,4	1435,1
100 000	4×	2167,0	1593,0	8×	1651,0	1214,3	8×	1949,4	1435,1
150 000	6×	2167,0	1593,0	12×	1651,0	1214,3	12×	1949,4	1435,1
200 000	8×	2167,0	1593,0	16×	1651,0	1214,3	16×	1949,4	1435,1

Der volle Leistungsbedarf in PS_e und kW an der Kompressorwelle ist danach:

Zweistufige Kompression.

Ansaugeleistung in m³/h	20 at abs.			25 at abs.		
	Aggr.	PS_e	kW	Aggr.	PS_e	kW
1 000	1	181,0	133,2	1	195,1	143,6
5 000	1	882,3	649,4	1	951,3	700,0
10 000	1	1721,0	1267,0	1	1856,1	1366,0
25 000	2×	2150,0	1583,3	2×	2320,1	1707,3
50 000	4×	2150,0	1583,3	4×	2320,1	1707,3
75 000	6×	2150,0	1583,3	6×	2320,1	1707,3
100 000	8×	2150,0	1583,3	8×	2320,1	1707,3
150 000	12×	2150,0	1583,3	12×	2320,1	1707,3
200 000	16×	2150,0	1583,3	16×	2320,1	1707,3

Dreistufige Kompression.

Ansauge-leistung in m³/h	30 at abs.			40 at abs.			50 at abs.		
	Aggr.	PS_e	kW	Aggr.	PS_e	kW	Aggr.	PS_e	kW
1 000	1	212,0	156,0	1	227,0	167,0	1	240,0	176,5
5 000	1	1030,1	758,2	1	1103,3	812,0	1	1167,8	859,2
10 000	1	2005,3	1476,0	1	2149,4	1582,0	1	2276,0	1674,4
25 000	2×	2507,0	1845,0	2×	2687,0	1977,3	2×	2845,0	2093,0
50 000	4×	2507,0	1845,0	4×	2687,0	1977,3	4×	2845,0	2093,0
75 000	6×	2507,0	1845,0	6×	2687,0	1977,3	6×	2845,0	2093,0
100 000	8×	2507,0	1845,0	8×	2687,0	1977,3	8×	2845,0	2093,0
150 000	12×	2507,0	1845,0	12×	2687,0	1977,3	12×	2845,0	2093,0
200 000	16×	2507,0	1845,0	16×	2687,0	1977,3	16×	2845,0	2093,0

3. Leistungsbedarf elektrisch angetriebener Kompressoren.

Es soll mit elektrisch angetriebenen Kompressoren gerechnet werden, weil die Feststellung der Kraftkosten erleichtert wird. Die Verwendung von Dampfkompressoren ist aber dadurch, besonders für die erste Kompression auf den Erzeugungsanlagen, nicht ausgeschlossen. Über die Höhe der Stromkosten ist wohl eine allgemeine Nachprüfung leichter möglich gegenüber der Feststellung der Dampfkosten, die von der Bauart und dem Betriebe der Kesselanlage abhängen; dazu kommt, daß für die Streckenstationen Braunkohlenstrom usw. leicht zur Verfügung stehen kann, wodurch die Kraftfrage solcher Anlagen erleichtert wird.

In allen Fällen wird mit raschlaufenden Elektromotoren unter Zwischenschaltung eines modernen Zahnrädervorgeleges gerechnet. Für die großen Aggregate kommen evtl. auch Elektromotoren, auf der Kompressorwelle sitzend, in Betracht. Die Aggregate von 1000 m³/h können auch durch Riemen angetrieben werden. Für die Drehstrommotoren wird $n = 1500$ Uml./min, 5000 V, 50 Per, $\cos \varphi = 0,8$ angenommen. Als Motorenwirkungsgrade einschl. modernen Zahnrädervorgeleges werden eingesetzt:

$$\begin{aligned}
\text{bis } 50 \text{ kW:} & \quad \eta = 80\% \\
\text{von } 50 \text{ ,, } 100 \text{ ,,} & \quad \eta = 84\% \\
\text{,, } 100 \text{ ,, } 200 \text{ ,,} & \quad \eta = 85\% \\
\text{,, } 200 \text{ ,, } 400 \text{ ,,} & \quad \eta = 86\% \\
\text{,, } 400 \text{ ,, } 800 \text{ ,,} & \quad \eta = 86,5\% \\
\text{über } 800 \text{ ,,} & \quad \eta = 87,5\%.
\end{aligned}$$

Man hat also auf Grund der gebrachten Zahlen mit folgendem **Stromverbrauch an der Motoren-Schalttafel** gemessen, zu rechnen.

Einstufige Kompression.

Ansaugeleistung in m³/h	2 at abs.		3 at abs.		4 at abs.		5 at abs.	
	Aggr.	kW	Aggr.	kW	Aggr.	kW	Aggr.	kW
1 000	1	35,4	1	55,1	1	70,7	1	82,6
5 000	1	162,4	1	262,8	1	336,5	1	393,5
10 000	1	312,1	1	508,7	1	653,2	—	—
25 000	1	756,4	1	1226,5	1	1574,8	—	—
50 000	2×	756,4	2×	1226,5	2×	1574,8	—	—
75 000	3×	756,4	3×	1226,5	3×	1574,8	—	—
100 000	4×	756,4	4×	1226,5	4×	1574,8	—	—
150 000	6×	756,4	6×	1226,5	6×	1574,8	—	—
200 000	8×	756,4	8×	1226,5	8×	1574,8	—	—

Gaskompression. 77

Zweistufige Kompression.

Ansauge-leistung in m³/h	5 at abs.		10 at abs.		15 at abs.		20 at abs.		25 at abs.	
	Aggr.	kW	Aggr.	kW	Aggr.	kW	Aggr.	kW	Aggr.	kW
1 000	—	—	1	121,2	1	142,4	1	156,7	1	168,9
5 000	—	—	1	576,9	1	680,9	1	750,8	1	809,2
10 000	1	756,1	1	1123,0	1	1327,3	1	1448,0	1	1561,1
25 000	1	1820,6	2×	1387,8	2×	1640,1	2×	1809,5	2×	1951,2
50 000	2×	1820,6	4×	1387,8	4×	1640,1	4×	1809,5	4×	1951,2
75 000	3×	1820,6	6×	1387,8	6×	1640,1	6×	1809,5	6×	1951,2
100 000	4×	1820,6	8×	1387,8	8×	1640,1	8×	1809,5	8×	1951,2
150 000	6×	1820,6	12×	1387,8	12×	1640,1	12×	1809,5	12×	1951,2
200 000	8×	1820,6	16×	1387,8	16×	1640,1	16×	1809,5	16×	1951,2

Dreistufige Kompression.

Ansaugeleistung in m³/h	30 at abs.		40 at abs.		50 at abs.	
	Aggr.	kW	Aggr.	kW	Aggr.	kW
1 000	1	183,5	1	196,5	1	205,2
5 000	1	866,1	1	928,0	1	981,9
10 000	1	1686,9	1	1808,0	1	1913,6
25 000	2×	2108,6	2×	2259,8	2×	2392,0
50 000	4×	2108,6	4×	2259,8	4×	2392,0
75 000	6×	2108,6	6×	2259,8	6×	2392,0
100 000	8×	2108,6	8×	2259,8	8×	2392,0
150 000	12×	2108,6	12×	2259,8	12×	2392,0
200 000	16×	2108,6	16×	2259,8	16×	2392,0

4. Stromverbrauch und Stromkosten.

Es wird mit einer gleichmäßig durchlaufenden Tageslieferung an Gas gerechnet. Das erscheint zulässig, wenn die zu versorgenden Behälterstationen der Niederdrucknetze eine Belastung von 20 bis 25% Industriegas aufweisen. Solche Industriegasmengen sind aber zu erreichen, wie die Erfahrungen in den vom Ruhrbezirk mit Koksofengas versorgten Gebieten zeigen. — Jede Gasfernversorgung macht die Versorgungsgebiete unabhängig von den begrenzten Leistungen örtlicher Kleinerzeugungsanlagen, bietet dadurch einen Anreiz zum Gasverkauf an Stellen, die sonst nicht Gas von zentralen Gasanlagen beziehen könnten, und bringt erfahrungsmäßig sehr bald die vorausgesetzten Verhältnisse. Die Jahresgasmenge errechnet sich danach für die Förderbeispiele durch Multiplikation der Ansaugeleistung der Kompressoren je Stunde mit $24 \cdot 365 = 8760$. Das Gleiche gilt für den Stromverbrauch zum Kompressorenbetrieb.

I. Teil: Die Technik der Gasfernleitung.

Die Jahreslieferungen an Gas sind also:

für	m³/h	Millionen m³/Jahr
für	1 000 m³/h:	8,76 Millionen m³/Jahr,
„	5 000 „	43,80 „ „
„	10 000 „	87,60 „ „
„	25 000 „	219,00 „ „
„	50 000 „	438,00 „ „
„	75 000 „	657,00 „ „
„	100 000 „	876,00 „ „
„	150 000 „	1314,00 „ „
„	200 000 „	1752,00 „ „

Stromkosten in kWh im Jahr für:

Einstufige Kompression.

Ansaugeleistung in m³/h	2 at abs. kWh	3 at abs. kWh	4 at abs. kWh	5 at abs. kWh
1 000	310 104	482 676	619 332	723 576
5 000	1 422 624	2 302 128	2 947 740	3 447 060
10 000	2 733 996	4 456 212	5 722 032	—
25 000	6 626 064	10 744 140	13 795 248	—
50 000	13 252 128	21 488 280	27 590 496	—
75 000	19 878 192	32 232 420	41 385 744	—
100 000	26 504 256	42 976 560	55 180 992	—
150 000	39 756 384	64 464 840	82 771 488	—
200 000	53 008 512	85 953 120	110 361 984	—

Zweistufige Kompression.

Ansaugeleistung in m³/h	5 at abs. kWh	10 at abs. kWh	15 at abs. kWh	20 at abs. kWh	25 at abs. kWh
1 000	—	1 061 712	1 247 424	1 372 692	1 479 564
5 000	—	5 053 644	5 964 684	6 577 008	7 088 592
10 000	6 623 436	9 837 480	11 627 148	12 684 480	13 675 236
25 000	15 948 456	24 314 256	28 734 552	31 702 440	34 185 024
50 000	31 896 912	48 628 512	57 469 104	63 404 880	68 370 048
75 000	47 845 368	72 942 768	86 203 656	95 107 320	102 555 072
100 000	63 793 824	97 257 024	114 938 208	126 809 760	136 740 096
150 000	95 690 736	145 885 536	172 407 312	190 214 640	205 110 144
200 000	127 587 648	194 514 048	229 876 416	253 619 520	273 480 192

Dreistufige Kompression.

Ansaugeleistung in m³/h	30 at abs. kWh	40 at abs. kWh	50 at abs. kWh
1 000	1 607 460	1 721 340	1 797 552
5 000	7 587 036	8 129 280	8 601 444
10 000	14 777 244	15 838 080	16 763 136
25 000	36 933 912	39 591 696	41 907 840

Gaskompression.

Ansaugeleistung in m³/h	30 at abs. kWh	40 at abs. kWh	50 at abs. kWh
50 000	73 867 824	79 183 392	83 815 680
75 000	110 801 736	118 775 088	125 723 520
100 000	147 735 648	158 366 784	167 631 360
150 000	221 603 472	237 550 176	251 447 040
200 000	295 471 296	316 733 568	335 262 720

Rechnet man mit **2,5** Pf. (Gold) je kWh für die Stromlieferung, entsprechend der Vorkriegsbasis (M. 13.—/t Steinkohle), so erreicht man die folgenden Stromkosten im Jahr und je m³ angesaugtes Gas.

Stromkosten im Jahr in Goldmark:

Einstufige Kompression.

Ansaugeleistung in m³/h	2 at abs. M.	3 at abs. M.	4 at abs. M.	5 at abs. M.
1 000	7 753	12 067	15 483	18 089
5 000	35 566	57 553	73 694	86 177
10 000	68 350	111 405	143 051	—
25 000	165 652	268 604	344 881	—
50 000	331 303	537 207	689 762	—
75 000	496 955	805 811	1 034 644	—
100 000	662 606	1 074 414	1 379 525	—
150 000	993 910	1 611 621	2 069 287	—
200 000	1 325 213	2 148 828	2 759 050	—

Zweistufige Kompression.

Ansaugeleitung in m³/h	5 at abs. M.	10 at abs. M.	15 at abs. M.	20 at abs. M.	25 at abs. M.
1 000	—	26 543	31 186	34 317	36 989
5 000	—	126 341	149 117	164 425	177 215
10 000	165 586	245 937	290 679	317 112	341 881
25 000	398 711	607 856	718 364	792 561	854 626
50 000	797 423	1 215 713	1 436 728	1 585 122	1 709 251
75 000	1 196 134	1 823 569	2 155 091	2 377 683	2 563 877
100 000	1 594 846	2 431 426	2 873 455	3 170 244	3 418 562
150 000	2 392 268	3 647 138	4 310 183	4 755 366	5 127 754
200 000	3 189 691	4 862 851	5 746 910	6 340 488	6 837 005

Dreistufige Kompression.

Ansaugeleistung in m³/h	30 at abs. M.	40 at abs. M.	50 at abs. M.
1 000	40 187	43 034	44 939
5 000	189 676	203 232	215 036
10 000	369 431	395 952	419 078
25 000	923 431	989 792	1 047 696
50 000	1 846 696	1 979 585	2 095 392
75 000	2 770 043	2 969 377	3 143 088
100 000	3 693 391	3 959 170	4 190 784
150 000	5 540 087	5 938 754	6 286 176
200 000	7 386 782	7 918 339	8 381 568

Stromkosten je m³ angesaugtes Gas, in Goldmark (Pfennigen):
Einstufige Kompression.

Ansaugeleistung in m³/h	2 at abs. Pf./m³	3 at abs. Pf./m³	4 at abs. Pf./m³	5 at abs. Pf./m³
1 000	0,0885	0,1378	0,1768	0,2065
5 000	0,0812	0,1314	0,1683	0,1968
10 000	0,0780	0,1272	0,1633	—
25 000	0,0756	0,1227	0,1575	—
50 000	0,0756	0,1227	0,1575	—
75 000	0,0756	0,1227	0,1575	—
100 000	0,0756	0,1227	0,1575	—
150 000	0,0756	0,1227	0,1575	—
200 000	0,0756	0,1227	0,1575	—

Stromkosten je m³ angesaugtes Gas in Goldmark (Pfennigen):
Zweistufige Kompression.

Ansaugeleistung in m³/h	5 at abs. Pf./m³	10 at abs. Pf./m³	15 at abs. Pf./m³	20 at abs. Pf./m³	25 at abs. Pf./m³
1 000	—	0,3030	0,3560	0,3918	0,4223
5 000	—	0,2885	0,3405	0,3754	0,4046
10 000	0,1890	0,2808	0,3318	0,3620	0,3902
25 000	0,1826	0,2776	0,3280	0,3619	0,3902
50 000	0,1826	0,2776	0,3280	0,3619	0,3902
75 000	0,1826	0,2776	0,3280	0,3619	0,3902
100 000	0,1826	0,2776	0,3280	0,3619	0,3902
150 000	0,1826	0,2776	0,3280	0,3619	0,3902
200 000	0,1826	0,2776	0,3280	0,3619	0,3902

Gaskompression.

Dreistufige Kompression.

Ansaugeleistung in m³/h	30 at abs. Pf./m³	40 at abs. Pf./m³	50 at abs. Pf./m³
1 000	0,4588	0,4913	0,5130
5 000	0,4331	0,4640	0,4910
10 000	0,4217	0,4520	0,4784
25 000	0,4217	0,4520	0,4784
50 000	0,4217	0,4520	0,4784
75 000	0,4217	0,4520	0,4784
100 000	0,4217	0,4520	0,4784
150 000	0,4217	0,4520	0,4784
200 000	0,4217	0,4520	0,4784

5. Baukosten der Kompressorenstationen.

Wie bereits mitgeteilt, wird mit Kolbenkompressoren, modernen Zahnrädervorgelegen und schnellaufenden Elektromotoren (Drehstrom, 5000 V, 50 Per, $\cos \varphi = 0,8$, $n = 1500$) gerechnet; doch können für die größeren Aggregate auch auf der Kompressorwelle sitzende Motore gewählt oder die Aggregate von 1000 m³ Ansaugeleistung durch Riemen angetrieben werden. Da auch eine gewisse Maschinenreserve vorzusehen ist, wird hier mit folgenden Aggregatzahlen einschl. Reserve gerechnet. Dabei wird darauf Rücksicht genommen, daß die Reserve für einstufige Kompression 10% nicht unterschreitet. Für mehrstufige Kompression wird stärkere Reserve vorgesehen, nicht unter 25%.

Ansauge-leistung in m³/h	Einstufige —				Zweistufige —					Dreistufige —			Kompression at abs.
	2	3	4	5	5	10	15	20	25	30	40	50	
1 000	2	2	2	2	—	2	2	2	2	2	2	2	
5 000	2	2	2	2	—	2	2	2	2	2	2	2	
10 000	2	2	2	—	2	2	2	2	2	2	2	2	
25 000	2	2	2	—	2	3	3	3	3	3	3	3	Aggregate der Station
50 000	3	3	3	—	3	6	6	6	6	6	6	6	
75 000	4	4	4	—	4	8	8	8	8	8	8	8	
100 000	5	5	5	—	5	10	10	10	10	10	10	10	
150 000	7	7	7	—	7	15	15	15	15	15	15	15	
200 000	9	9	9	—	9	20	20	20	20	20	20	20	

Die gewählten Aggregatgrößen sind:

Ansauge-leistung in m³/h	Einstufig	Zweistufig	Dreistufig
1 000	} 2 bis 5 at abs.	10 bis 25 at abs.	
5 000			
10 000	2 bis 4 at abs.	5 bis 25 at abs.	} 30 bis 50 at abs.
12 500	—	10 bis 25 at abs.	
25 000	2 bis 4 at abs.	5 at abs.	—

Danach ist mit folgenden Baukosten für die fertigen Anlagen einschl. Fundamenten, Leitungen und Zubehör zu rechnen.

Einstufige Kompression.

Ansaugeleistung in m³/h	2 at abs. M.	3 at abs. M.	4 at abs M.	5 at abs. M.
1000 m³/h				
Kompressor	11 000	11 000	11 000	11 000
Getriebe	4 000	4 000	4 000	4 000
Motor	2 000	3 000	3 500	4 000
je Aggregat	17 000	18 000	18 500	19 000
Maschinenanlage . . .	34 000	36 000	37 000	38 000
Gebäude	13 000	13 000	13 000	13 000
Kompressorstation:	47 000	49 000	50 000	51 000
5000 m³/h				
Kompressor	22 000	22 000	22 000	22 000
Getriebe	7 500	11 000	13 500	13 500
Motor	7 000	9 500	10 500	12 500
je Aggregat	36 500	42 500	46 000	48 000
Maschinenanlage . . .	73 000	85 000	92 000	96 000
Gebäude	27 000	27 000	27 000	27 000
Kompressorstation:	100 000	112 000	119 000	123 000
10 000 m³/h				
Kompressor	37 000	37 000	37 000	—
Getriebe	13 500	14 000	16 000	—
Motor	10 000	16 000	18 000	—
je Aggregat	60 500	67 000	71 000	—
Maschinenanlage . . .	121 000	134 000	142 000	—
Gebäude	44 000	44 000	44 000	—
Kompressorstation:	165 000	178 000	186 000	—

Gaskompression. 83

Einstufige Kompression.

Ansaugeleistung in m³/h	2 at abs. M.	3 at abs. M.	4 at abs. M.
25 000 m³/h			
Kompressor	66 000	66 000	66 000
Getriebe	17 500	27 000	33 000
Motor	18 500	27 000	32 000
je Aggregat	102 000	120 000	131 000
Maschinenanlage	204 000	240 000	262 000
Gebäude	75 000	75 000	75 000
Kompressorstation:	279 000	315 000	337 000
50 000 m³/h			
Maschinenanlage	306 000	360 000	393 000
Gebäude	110 000	110 000	110 000
Kompressorstation:	416 000	470 000	503 000
75 000 m³/h			
Maschinenanlage	408 000	480 000	524 000
Gebäude	145 000	145 000	145 000
Kompressorstation:	553 000	625 000	669 000
100 000 m³/h			
Maschinenanlage	510 000	600 000	655 000
Gebäude	180 000	180 000	180 000
Kompressorstation:	690 000	780 000	835 000
150 000 m³/h			
Maschinenanlage	714 000	840 000	917 000
Gebäude	250 000	250 000	250 000
Kompressorstation:	964 000	1 090 000	1 167 000
200 000 m³/h			
Maschinenanlage	918 000	1 080 000	1 179 000
Gebäude	320 000	320 000	320 000
Kompressorstation:	1 238 000	1 400 000	1 499 000

Zweistufige Kompression.

Ansaugeleistung in m³/h	5 at abs. M.	10 at abs. M.	15 at abs. M.	20 at abs. M.	25 at abs. M.
1000 m³/h					
Kompressor	—	29 000	29 000	29 000	29 000
Getriebe	—	7 500	7 500	7 500	7 500
Motor	—	5 300	6 200	6 800	7 300
je Aggregat	—	41 800	42 700	43 300	43 800
Maschinenanlage . .	—	83 600	85 400	86 600	87 600
Gebäude	—	19 000	19 000	19 000	19 000
Kompressorstation:	—	102 600	104 400	105 600	106 600
5000 m³/h					
Kompressor	—	48 000	48 000	48 000	48 000
Getriebe	—	15 000	16 500	17 000	17 500
Motor	—	17 500	18 500	19 000	19 500
je Aggregat	—	80 500	83 000	84 000	85 000
Maschinenanlage . .	—	161 000	166 000	168 000	170 000
Gebäude	—	29 000	29 000	29 000	29 000
Kompressorstation:	—	190 000	195 000	197 000	199 000
10 000 m³/h					
Kompressor	68 000	68 000	68 000	68 000	68 000
Getriebe	17 000	26 000	28 000	30 000	33 000
Motor	19 000	27 000	29 500	31 000	32 000
je Aggregat	104 000	121 000	125 500	129 000	133 000
Maschinenanlage . .	208 000	242 000	251 000	258 000	266 000
Gebäude	43 000	43 000	43 000	43 000	43 000
Kompressorstation:	251 000	285 000	294 000	301 000	309 000
25 000 m³/h					
Kompressor	100 000	74 000	74 000	74 000	74 000
Getriebe	36 000	28 000	34 000	36 000	39 000
Motor	37 000	30 000	34 000	36 000	39 000
je Aggregat	173 000	132 000	142 000	146 000	152 000
Maschinenanlage . .	346 000	396 000	426 000	438 000	456 000
Gebäude	70 000	70 000	70 000	70 000	70 000
Kompressorstation:	416 000	466 000	496 000	508 000	526 000
50 000 m³/h					
Maschinenanlage . .	519 000	792 000	852 000	876 000	912 000
Gebäude	103 000	130 000	130 000	130 000	130 000
Kompressorstation:	622 000	922 000	982 000	1 006 000	1 042 000

Gaskompression.

Zweistufige Kompression.

Ansaugeleistung in m³/h	5 at abs. M.	10 at abs. M.	15 at abs. M.	20 at abs. M.	25 at abs. M.
75 000 m³/h					
Maschinenanlage . .	692 000	1 056 000	1 136 000	1 168 000	1 216 000
Gebäude	135 000	172 000	172 000	172 000	172 000
Kompressorstation:	827 000	1 228 000	1 308 000	1 340 000	1 388 000
100 000 m³/h					
Maschinenanlage . .	865 000	1 320 000	1 420 000	1 460 000	1 520 000
Gebäude	164 000	215 000	215 000	215 000	215 000
Kompressorstation:	1 029 000	1 535 000	1 635 000	1 675 000	1 735 000
150 000 m³/h					
Maschinenanlage . .	1 211 000	1 980 000	2 130 000	2 190 000	2 280 000
Gebäude	230 000	324 000	324 000	324 000	324 000
Kompressorstation:	1 441 000	2 304 000	2 454 000	2 514 000	2 604 000
200 000 m³/h					
Maschinenanlage . .	1 557 000	2 640 000	2 840 000	2 920 000	3 040 000
Gebäude	296 000	430 000	430 000	430 000	430 000
Kompressorstation:	1 853 000	3 070 000	3 270 000	3 350 000	3 470 000

Dreistufige Kompression.

Ansaugeleistung in m³/h	30 at abs. M.	40 at abs. M.	50 at abs. M.
1000 m³/h			
Kompressor	38 000	38 000	38 000
Getriebe	7 500	8 500	8 500
Motor	8 000	8 500	9 000
je Aggregat	53 500	55 000	55 500
Maschinenanlage	107 000	110 000	111 000
Gebäude	19 000	19 000	19 000
Kompressorstation:	126 000	129 000	130 000
5000 m³/h			
Kompressor	58 000	58 000	58 000
Getriebe	21 000	23 000	26 000
Motor	21 500	23 000	26 000
je Aggregat	100 500	104 000	110 000
Maschinenanlage	201 000	208 000	220 000
Gebäude	29 000	29 000	29 000
Kompressorstation:	230 000	237 000	249 000

Dreistufige Kompression.

Ansaugeleistung in m³/h	30 at abs. M.	40 at abs. M.	50 at abs. M.
10 000 m³/h			
Kompressor	85 000	85 000	85 000
Getriebe	34 000	36 000	39 000
Motor	34 000	36 000	39 000
je Aggregat	153 000	157 000	163 000
Maschinenanlage	306 000	314 000	326 000
Gebäude	43 000	43 000	43 000
Kompressorstation:	349 000	357 000	369 000
25 000 m³/h			
Kompressor	98 000	98 000	98 000
Getriebe	42 000	45 000	48 000
Motor	42 000	45 000	48 000
je Aggregat	182 000	188 000	194 000
Maschinenanlage	546 000	564 000	582 000
Gebäude	70 000	70 000	70 000
Kompressorstation:	616 000	634 000	652 000
50 000 m³/h			
Maschinenanlage	1 092 000	1 128 000	1 164 000
Gebäude	130 000	130 000	130 000
Kompressorstation:	1 222 000	1 258 000	1 294 000
75 000 m³/h			
Maschinenanlage	1 456 000	1 504 000	1 552 000
Gebäude	172 000	172 000	172 000
Kompressorstation:	1 628 000	1 676 000	1 724 000
100 000 m³/h			
Maschinenanlage	1 820 000	1 880 000	1 940 000
Gebäude	215 000	215 000	215 000
Kompressorstation:	2 035 000	2 095 000	2 155 000
150 000 m³/h			
Maschinenanlage	2 730 000	2 820 000	2 910 000
Gebäude	324 000	324 000	324 000
Kompressorstation:	3 054 000	3 144 000	3 234 000
200 000 m³/h			
Maschinenanlage	3 640 000	3 760 000	3 880 000
Gebäude	430 000	430 000	430 000
Kompressorstation:	4 070 000	4 190 000	4 310 000

6. Betriebskosten der Kompressoren-Stationen.
a) Kapitaldienst.

Es wird mit
- 5 % Verzinsung des Kapitals,
- 7½% für Abschreibungen, zus. 12½% für Kapitaldienst,
- 3 % für Unterhaltung und
- 2½% für Verwaltung

zus. 18 % gerechnet werden.

Der Zinsenansatz entspricht der Goldbasis; der Abschreibungssatz ist für Maschinen- und Gebäudeanlagen üblich, die auf der Goldbasis erstellt werden; der Satz für Unterhaltung ist sehr ausreichend bemessen (meist wird nur 2% gerechnet); die Verwaltungskosten sind sehr reichlich bemessen.

Danach beträgt der Kapitaldienst auf das m³ angesaugtes Gas, bezogen in Goldmark (Pfennigen):

Einstufige Kompression.

Ansaugeleistung in m³/h	2 at abs. Pf./m³	3 at abs. Pf./m³	4 at abs. Pf./m³	5 at abs. Pf./m³
1 000	0,0966	0,1007	0,1027	0,1044
5 000	0,0411	0,0460	0,0489	0,0505
10 000	0,0339	0,0366	0,0382	—
25 000	0,0230	0,0259	0,0277	—
50 000	0,0171	0,0193	0,0207	—
75 000	0,0151	0,0171	0,0184	—
100 000	0,0142	0,0160	0,0171	—
150 000	0,0132	0,0149	0,0156	—
200 000	0,0127	0,0144	0,0154	—

Zweistufige Kompression.

Ansaugeleistung in m³/h	5 at abs. Pf./m³	10 at abs. Pf./m³	15 at abs. Pf./m³	20 at abs. Pf./m³	25 at abs. Pf./m³
1 000	—	0,2108	0,2145	0,2170	0,2190
5 000	—	0,0780	0,0801	0,0809	0,0818
10 000	0,0516	0,0585	0,0604	0,0618	0,0635
25 000	0,0342	0,0383	0,0408	0,0418	0,0432
50 000	0,0256	0,0379	0,0404	0,0413	0,0428
75 000	0,0227	0,0336	0,0359	0,0367	0,0380
100 000	0,0212	0,0315	0,0336	0,0344	0,0356
150 000	0,0197	0,0315	0,0336	0,0344	0,0356
200 000	0,0190	0,0315	0,0336	0,0344	0,0356

I. Teil: Die Technik der Gasfernleitung.

Dreistufige Kompression.

Ansaugeleistung in m³/h	30 at abs. Pf./m³	40 at abs. Pf./m³	50 at abs. Pf./m³
1 000	0,2589	0,2651	0,2671
5 000	0,0945	0,0974	0,1023
10 000	0,0716	0,0734	0,0758
25 000	0,0506	0,0521	0,0536
50 000	0,0502	0,0517	0,0532
75 000	0,0446	0,0459	0,0472
100 000	0,0418	0,0431	0,0443
150 000	0,0418	0,0431	0,0443
200 000	0,0418	0,0431	0,0443

b) **Bedienung der Kompressoren.**

Für die Bedienung der Kompressoren wird mit folgenden Kosten gerechnet, die sich bezüglich der Zahl der Arbeiter nach der Anzahl der für den Betrieb erforderlichen Aggregate richtet, also ohne Einrechnung der Reserveaggregate.

Arbeiterzahl:

1 Aggregat: 1 Maschinenwärter und 1 Helfer,
  zus. 2 Mann je Schicht oder 6 Mann/Tag;
2 Aggregate: 1 Maschinenwärter und 1 Helfer,
  zus. 2 Mann je Schicht oder 6 Mann/Tag;
3 Aggregate: 2 Maschinenwärter und 1 Helfer,
  zus. 3 Mann je Schicht oder 9 Mann/Tag;
4 Aggregate: 2 Maschinenwärter und 1 Helfer,
  zus. 3 Mann je Schicht oder 9 Mann/Tag;
6 Aggregate: 3 Maschinenwärter und 2 Helfer,
  zus. 5 Mann je Schicht oder 15 Mann/Tag;
8 Aggregate: 4 Maschinenwärter und 2 Helfer,
  zus. 6 Mann je Schicht oder 18 Mann/Tag;
12 Aggregate: 6 Maschinenwärter und 3 Helfer,
  zus. 9 Mann je Schicht oder 27 Mann/Tag;
16 Aggregate: 8 Maschinenwärter und 4 Helfer,
  zus. 12 Mann je Schicht oder 36 Mann/Tag.

Lohnkosten:

Für die Kohlenbasis M. 13.—/t wird im Durchschnitt mit 5 Goldmark je Mann und Schicht gerechnet. Man erhält so folgende Lohnsummen:

1 Aggregat: M. 30.—/Tag oder M. 10 950.—/Jahr,
2 Aggregate: „ 30.— „ „ „ 10 950.— „
3 „ „ 45.— „ „ „ 16 425.— „
4 „ „ 45.— „ „ „ 16 425.— „
6 „ „ 75.— „ „ „ 27 375.— „
8 „ „ 90.— „ „ „ 32 850.— „
12 „ „ 135.— „ „ „ 49 275.— „
16 „ „ 180.— „ „ „ 65 700.— „

Gaskompression. 89

Gehaltskosten:

Zu diesen Lohnkosten kommen noch die Kosten der Überwachung, das sind die Gehälter der Maschinenmeister. [Die Verwaltungskosten sind bereits mit 2% der Anlagewerte unter Punkt a) berücksichtigt.] Es wird mit folgenden Zahlen gerechnet:

1 bis 3 Aggregate: 1 Maschinenmeister/Tag,
4 „ 6 „ 1 Maschinenmeister/Tag und 1 Obermeister/Tag,
8 „ 16 „ 1 Maschinenmeister/Schicht u. 1 Obermeister/Tag.

Als Gehaltssätze werden ausgeworfen für 1 Maschinenmeister 3000.—/Jahr und für 1 Obermeister 4000.—/Jahr. Die Gehaltssummen stellen sich danach für:

1 bis 3 Aggregate: M. 3 000.—/Jahr,
4 „ 6 „ „ 7 000.— „
8 „ 16 „ „ 13 000.— „

Man erhält so folgende **Bedienungskosten der Kompressoren je m^3:**

Einstufige Kompression.

Ansaugeleistung in m^3/h	2 at abs. Pf./m^3	3 at abs. Pf./m^3	4 at abs. Pf./m^3	5 at abs. Pf./m^3
1 000	0,1592	0,5902	0,1592	0,1592
5 000	0,3108	0,0318	0,0318	0,0318
10 000	0,0159	0,0159	0,0159	—
25 000	0,0064	0,0064	0,0064	—
50 000	0,0032	0,0032	0,0032	—
75 000	0,0030	0,0030	0,0030	—
100 000	0,0024	0,0024	0,0024	—
150 000	0,0026	0,0026	0,0026	—
200 000	0,0026	0,0026	0,0026	—

Zweistufige Kompression.

Ansaugeleistung in m^3/h	5 at abs. Pf./m^3	10 at abs. Pf./m^3	15 at abs. Pf./m^3	20 at abs. Pf./m^3	25 at abs. Pf./m^3
1 000	—	0,1592	0,1592	0,1592	0,1592
5 000	—	0,0318	0,0318	0,0318	0,0318
10 000	0,0159	0,0159	0,0159	0,0159	0,0159
25 000	0,0064	0,0064	0,0064	0,0064	0,0064
50 000	0,0032	0,0053	0,0053	0,0053	0,0053
75 000	0,0030	0,0052	0,0052	0,0052	0,0052
100 000	0,0024	0,0052	0,0052	0,0052	0,0052
150 000	0,0026	0,0047	0,0047	0,0047	0,0047
200 000	0,0026	0,0045	0,0045	0,0045	0,0045

Dreistufige Kompression.

Ansaugeleistung in m³/h	30 at abs. Pf./m³	40 at abs. Pf./m³	50 at abs. Pf./m³
1 000	0,1592	0,1592	0,0592
5 000	0,0318	0,0318	0,0318
10 000	0,0159	0,0159	0,0159
25 000	0,0064	0,0064	0,0064
50 000	0,0053	0,0053	0,0053
75 000	0,0052	0,0052	0,0052
100 000	0,0052	0,0052	0,0052
150 000	0,0047	0,0047	0,0047
200 000	0,0045	0,0045	0,0045

c) **Wartung der Kompressoren.**

Dazu zählt der Verbrauch an Schmiermaterial, Putzmaterial, Wasser, Packungen usw. Es wird für die Kohlenbasis M. 13.—/t (Goldmark) mit

$$0{,}0025 \text{ Pf./m}^3$$

gerechnet.

7. Gesamt-Kompressionskosten je m³ angesaugtes Gas.

Um den später vorzunehmenden Vergleich zu erleichtern, werden jetzt noch die Stromkosten, der Kapitaldienst (einschl. Verwaltungskosten), die Kosten für Bedienung und Wartung der Kompressoren, alles je m³ angesaugtes Gas gegeben, zusammengestellt.

Einstufige Kompression.

Ansaugeleistung in m³/h	2 at abs. Pf./m³	3 at abs. Pf./m³	4 at abs. Pf./m³	5 at abs. Pf./m³
1 000	0,3468	0,4002	0,4412	0,4726
5 000	0,1566	0,2117	0,2515	0,2816
10 000	0,1303	0,1822	0,2199	—
25 000	0,1075	0,1575	0,1941	—
50 000	0,0984	0,1477	0,1839	—
75 000	0,0962	0,1453	0,1814	—
100 000	0,0947	0,1436	0,1795	—
150 000	0,0939	0,1427	0,1782	—
200 000	0,0934	0,1427	0,1780	—

Fernleitungen.

Zweistufige Kompression.

Ansaugeleistung je m³/h	5 at abs. Pf./m³	10 at abs. Pf./m³	15 at abs. Pf./m³	20 at abs. Pf./m³	25 at abs. Pf./m³
1 000	—	0,6755	0,7322	0,7705	0,8030
5 000	—	0,4008	0,4549	0,4906	0,5207
10 000	0,2590	0,3577	0,4106	0,4422	0,4722
25 000	0,2257	0,3248	0,3777	0,4126	0,4423
50 000	0,2139	0,3233	0,3762	0,4110	0,4408
75 000	0,2108	0,3189	0,3716	0,4063	0,4359
100 000	0,2087	0,3168	0,3693	0,4040	0,4335
150 000	0,2074	0,3163	0,3688	0,4035	0,4330
200 000	0,2067	0,3161	0,3686	0,4033	0,4328

Dreistufige Kompression.

Ansaugeleistung in m³/h	30 at abs. Pf./m³	40 at abs. Pf./m³	50 at abs. Pf./m³
1 000	0,8794	0,9181	0,9418
5 000	0,5619	0,5957	0,6276
10 000	0,5117	0,5438	0,5726
25 000	0,4812	0,5130	0,5409
50 000	0,4797	0,5115	0,5394
75 000	0,4740	0,5056	0,5333
100 000	0,4712	0,5028	0,5304
150 000	0,4707	0,5023	0,5299
200 000	0,4705	0,5021	0,5297

Damit sind die gesamten Kosten je m³ angesaugtes Gas gegeben, die sich aus der Kompression auf die verschiedenen Leitungsdrucke herleiten. Diese Kompressionskosten sind später in Vergleich zu stellen mit den Kosten der Leitungsanlage und des Leitungsbetriebes.

D. Fernleitungen.

Als Material kommen seit längerer Zeit Schmiede-, Stahl- und Gußrohre in Betracht, entsprechend den bisher üblichen verhältnismäßig niederen Drucken (bis 4 at abs.). Die Verbindungen der einzelnen Rohrlängen wurden bisher meist durch Muffen mit der gewöhnlichen Strick- und Bleidichtung ausgeführt, in neuerer Zeit aber infolge der Fortschritte in der autogenen Schweißung auch durch Acetylen-Sauerstoffschweißung hergestellt, soweit Schmiede- und Stahlrohre in Betracht kommen. Gußrohre werden in Zukunft wohl nur für die bisher üblich gewesenen niederen Drucke verwendet werden, wenn der Erbauer dadurch besondere Vorteile zu erzielen hofft. Im allgemeinen wird aber wohl auch bei den niederen Drucken der Rohrschweißung der Vorzug gegeben werden. Es ist hier vielleicht angebracht, etwas über Material und Verlegung zu sagen.

1. Rohrmaterial.

Nahtlose Rohre werden in harter Qualität hergestellt. Die Mannesmannröhren-Werke in Düsseldorf verwenden S.-M.-Flußstahl von 55 bis 65 kg/mm² Festigkeit und 15% Dehnung. Die Thyssen & Co.-A.-G. in Mülheim-Ruhr und andere Werke verwenden ähnliches Material. — Nahtlos werden nur Rohre bis 300 mm im Durchmesser einschl. erzeugt, Baulängen der Rohre 8 bis 12, durchschnittlich 10 m.

Als Ersatz nahtlosen Materials werden auch sog. patentgeschweißte Rohre verwendet, das sind aus Blechen eingerollte Rohre, deren Längsstoß abgeschärfte Kanten erhält, die überlappt im Walzvorgang geschweißt werden. Da diese Herstellungsweise von den Glühofengrößen der Werke abhängt, so richten sich danach die Baulängen der Schüsse. Längere Rohre werden dann durch Rundnähte zwischen 2 bis 3 Schüssen hergestellt. Es ist ein Vorzug der Blechrohre, daß eine absolute Sicherheit für die Einhaltung der Wandstärken besteht, die höchstens in den Grenzen der durch die herrschenden Normen für Bleche gestatteten Lizenzen schwanken. Als Material kommt S.-M.-Flußeisen von 34 bis 40 kg/mm² Festigkeit und 25% Dehnung zur Verwendung.

Für Rohre über 300 mm l. Dmr. wird Wassergasschweißung für die Herstellung bevorzugt, die Qualitätsarbeit liefert. Da es sich um Blechrohre und Hammerschweißung handelt, so gilt bezüglich Materialqualität und Blechstärke dasselbe, was bereits für die patentgeschweißten Rohre gesagt wurde.

Für die Drucke über 4 at abs., also die eigentlichen Fernleitungsdrucke der Naturgas- und zukünftigen sonstigen Fernleitungen kommen für die Durchmesser bis 300 mm l. Dmr. nahtlose Rohre und über 300 mm l. Dmr. wassergasgeschweißte Rohre in Betracht. Dabei kann aber nicht verhehlt werden, daß das harte Material, besonders bei seiner Verwendung für die kleineren Rohrdurchmesser, in den verlegten Rohrleitungen stärker federnd wirkt, also durch die unvermeidlichen Erschütterungen — infolge Lastkraftwagen- oder Eisenbahnverkehr — in Bewegung gerät und z. B. bei Muffendichtungen leichter zu Undichtigkeiten Veranlassung gibt.

Für die Schmelzflammenschweißung sind bestimmte Qualitätsbedingungen des Materials von Wichtigkeit. C. Diegel[1]) hat Wahrnehmungen bei Versuchen mit der Flammenschweißung gemacht, die in den letzten Jahren von der Julius Pintsch-Akt.-Ges. in Fürstenwalde an der Spree ausgeführt wurden. Nachstehend wird dem Eigenbericht Diegels in „Stahl und Eisen" gefolgt. Das Ge- und Mißlingen der Schweißung kann danach in der größeren oder geringeren Geeignetheit der Bleche für das Schweißen begründet sein. Auch die Art und Menge der im Eisen des Schmelzdrahtes enthaltenen Fremdkörper ist für die Herstellung einer guten Schweißung von Bedeutung. Die Eigenschaften der Schweißnaht sind in weit höherem Grade von der Anwesenheit ganz geringfügiger Mengen bestimmter Fremdkörper abhängig als das geschmiedete oder ausgewalzte Eisen, wahrscheinlich deshalb, weil der roheingeschmolzene Füllstoff dafür empfindlicher ist als das verarbeitete dichtere Eisen. Die Ergebnisse dieser Versuche über den tatsächlichen oder wahrscheinlichen Einfluß der Fremdkörper des Eisens in Blech und Draht sind kurz zusammengefaßt:

1. Kohlenstoff ist bei höherem Gehalte von Nachteil. Bleche mit 0,3 vH C ergeben brüchige Nähte.

2. Silizium sollte ganz fehlen. Bei hohem Mangangehalte war 0,15 vH Si noch schädlich.

3. Mangan ist allgemein von Vorteil, weil dieser Fremdkörper den nachteiligen Einfluß von Schwefel und Silizium mehr oder weniger aufhebt. Ein hoher Gehalt der Drähte an Mangan hat zur Folge, daß die Nähte in Rotglut hart sind und zum Schmieden erhöhte Hammerarbeit erfordern.

4. Phosphor in den vorkommenden Mengen scheint die Schweißbarkeit nicht zu beeinflussen.

5. Schwefel hat sich als äußerst schädlich erwiesen. Er ruft Rotbrüchigkeit hervor und beeinträchtigt in hohem Maße die mechanischen Eigenschaften der erkalteten Nähte. Im Schweißdrahte ist er noch weit schädlicher als im Bleche.

---
[1]) Forschungsheft Nr. 246, Ver. dtsch. Ing., Berlin 1922 u. Stahl u. Eisen 1923, Nr. 3, S. 80ff.

6. Aluminium, das zum Desoxydieren des Eisens verwandt wird, ist in größeren Mengen zweifellos schädlich, ebenso vermutlich die Tonerde, die sich bei der Desoxydation bildet und in feinverteilten Zustande im Eisen zurückbleibt. Geringe Mengen von Aluminium und Tonerde haben sich bei den Versuchen nicht nachteilig bemerkbar gemacht. Ein Draht mit 0,77 vH Al konnte überhaupt nicht verschweißt werden, weil fließender Draht und fließendes Blech sich nicht vereinigen. Die Tonerde bildet feste, hellglühende Körper (Schlacke) im Flusse, die das Schweißen stören. Wahrscheinlich gilt das auch für Manganoxyde.

7. Eine größere Anzahl Schweißdrähte erwies sich wegen zu großer Leicht- oder Dünnflüssigkeit als unbrauchbar. Hoher Gehalt an Phosphor oder Aluminium war scheinbar nicht die Ursache. Es ist möglich, daß diese in der Gesamtmenge an Fremdkörpern zu suchen ist, daß also der Schweißdraht um so besser der Anforderung genügender Zähigkeit seines Flusses entspricht, je reiner das Eisen ist.

8. Die Herstellung des Schweißdrahtes aus Puddeleisen gibt keine Gewähr für dessen Geeignetheit als Schweißdraht, wenn auch die im Puddeleisen oder die im paketierten und ausgeschweißten Flußeisen in Schichten enthaltene Schlacke von einigem Vorteile zu sein scheint.

9. Ungeeignetheit des Schweißdrahtes infolge eingeschlossenen Sauer- und Stickstoffes konnte nicht nachgewiesen werden.

2. Rohrverlegung.

Es erscheint zweckmäßig, Verlegungsbedingungen zu bringen, die in der Praxis verwendet werden. Anhang I und II geben die allgemeinen Verlegungsbedingungen und die Bedingungen für die Felsbewältigung, wie sie die Abteilung Gasfernversorgung des R. W. E. seit zwölf Jahren verwendet hat. Sie gelten noch für Strick- und Bleidichtung, sind also nur bezüglich des Abschnittes Muffendichtung im § 5 zu ändern, wenn autogene Schweißung zur Anwendung kommt, sowie auch bezüglich der Garantiebedingungen für die Drucke über 2 at abs.

Nach den Mitteilungen des Staatlichen Materialprüfungsamtes in Berlin[1]), das zahlreiche autogen geschweißte Metalle auf Streckmöglichkeit, Bruchgrenze und Dehnungs-

---

[1]) H. Niese, Das autogene Schweiß- und Schneidverfahren. Berlin 1920, S. 95.

vermögen eingehend geprüft hat, wurden in manchen Fällen gleiche Werte wie beim ungeschweißten Material gefunden. Nach Versuchen der Firma A. Borsig in Berlin hatte das ungeschweißte Material 37 kg/mm² Festigkeit und rd. 25 vH Dehnung, die Zerreißfestigkeit der Schweißnaht wurde zu 32,5, 33,7, 34,8 und 35,4 kg/mm² gefunden, also war die Schweißnaht im ungünstigsten Falle 12,2 vH schwächer wie das volle Material. Um aber alle Rücksichten auf Sicherheit zu nehmen, wird in den folgenden Berechnungen die Festigkeit der Schweißnaht nicht höher angeschlagen, wie sie der Erlaß des Bundesrates vom 17. Dezember 1908, Bauvorschriften für Landdampfkessel II. 3, vorsieht, wo es heißt:

„Die Festigkeit gut und mittels Überlappung geschweißter Nähte kann zu 0,7 der Festigkeit des vollen Bleches in Rechnung gesetzt werden."

In Zukunft wird die Flammenschweißung wohl als Rohrdichtung überwiegend in Betracht kommen. Wenn auch über die Ausführung einwandfreier Schweißungen an anderen Verwendungsstellen genügend Material vorliegt, so bedingt doch die Rohrschweißung Sonderkonstruktionen, welche die Schweißnähte gegen mechanische Beanspruchungen sichern. Ursprünglich begnügte man sich mit der einfachen Stumpfschweißung; manchmal schrägte man auch für die Herstellung der Schweißnaht die Blechränder ab; dann ging man dazu über, dem Rohrstoß eine gewisse Führung zu geben durch Verwendung der Muffenrohre; mit allen diesen Konstruktionsformen ist aber der Nachteil verbunden, daß sie den im Leitungsbetrieb auftretenden Zug-, Druck- und Biegungsbeanspruchungen nicht genügend Widerstand leisten. Das gilt selbst für die einfache Muffenform, deshalb sieht eine andere Konstruktion neben der Hauptschweißung am Muffenkopf noch Punktschweißungen vor (Zuschweißen von Löchern am Muffenende), was allerdings die Muffe etwas versteift. Eine andere Konstruktion verwendet nach Herstellung der Schweißnaht eine Überschubhülse und Keile, um die Rohrenden zu verspannen, die Schweißnaht also von mechanischen Beanspruchungen zu entlasten. Diese Konstruktion gestattet die Verwendung unkalibrierter Rohre und vermeidet alle Muffen. Auch die im Rohrleitungsbau seit langem übliche Stoßverbindung unter Einschieben einer Innenhülse (z. B. bei Bohrrohren) findet Anwendung. Für die hohen Leitungsdrucke kann man aber mit so einfachen

Rohrverbindungen nicht arbeiten; deshalb sieht eine Sonderkonstruktion neben der Innenhülse noch eine Außenhülse vor, bietet also eine Verlaschung über der Schweißnaht des Rohrstoßes. Diese Konstruktionen sind zum Teil geschützt oder zum Schutz angemeldet.

Jedenfalls steht fest, daß nur die sorgfältigste Ausführung der Schweißungen, wie auch die Beachtung aller Sicherheitsmaßnahmen im Rohrleitungsbau Gewähr bieten können für eine gute Leitung. Die Behauptung, man könne die Schweißnaht im Rohrgraben unten nicht ausführen, ist unzutreffend, deshalb sind Konstruktionen, welche diesen vermeintlichen Übelstand vermeiden wollen, dafür aber die Schweißung vom Innern des Rohres ausführen, unpraktisch und vom Standpunkt des Rohrleitungsbetriebes wegen größeren Reibungswiderstandes am Rohrstoß, infolge des Schweißwulstes im Innern des Rohres, sogar schlechter. Man wird jedoch nur selten jede Rundnaht im Graben ausführen, vielmehr bis zu 10 Rohrlängen über dem offenen Graben schweißen und diese ca. 100 m dann in den Graben herablassen. In Abständen von rd. 100 bis 200 m sollten Ausdehnungsvorrichtungen vorgesehen werden. Die Verankerung der Rohrleitung ist auch bei geschweißten Leitungen erforderlich; es sind also alle Krümmer und Abzweige durch Betonklötze oder Schraubenverankerungen zu sichern. Besondere Sorgfalt ist aber, besonders bei höheren Leitungsdrucken, der Verankerung der Leitung in der Vertikalen zuzuwenden, denn für eine hügelige oder bergige Rohrtrasse ist mit einer Bewegung der Leitung in der Vertikalen zu rechnen, die unangenehmer werden kann wie die Bewegung in der Horizontalen. Diese Sicherung kann auch hier durch Betonklötze, am besten in Verbindung mit Schraubenverankerungen, ausgeführt werden.

3. Berechnung der Rohrwandstärken[1].

Es handelt sich hier um die Berechnung der Wandstärken von Hohlzylindern, die auf inneren Überdruck beansprucht werden.

Es bezeichnet:

r_i den inneren Halbmesser in cm;
r_a den äußeren Halbmesser in cm;
$s = r_a - r_i = \xi 2 r_i = \xi D_i$ die Wandstärke in cm;

---

[1] Hütte, 22. Aufl., Berlin 1915, Bd. I, S. 503, 604 u. 605; Bd. II, S. 79.

K_z die zulässige Zugspannung des Stoffes in kg/cm²;
p_i den inneren Überdruck in kg/cm²;
$m = {}^{10}/_3$ das Verhältnis der Längsdehnung zur Querzusammenziehung.

Es ist:
$$r_a = r_i \sqrt{\frac{mK_z + (m-2)p_i}{mK_z - (m+2)p_i}} = r_i \sqrt{\frac{K_z + 0{,}4 p_i}{K_z - 1{,}3 p_i}},$$

wobei die größte Beanspruchung an der Innenfläche des Hohlzylinders in der Richtung des Umfanges auftritt. In der Richtung der Zylinderachse ist die Beanspruchung des Stoffes (durch die Kraft $\pi r_i^2 p_i$) viel kleiner; für den Fall geringer Wandstärken nur halb so groß als winkelrecht dazu. Es sind nur solche Verhältnisse möglich, wofür

$$p_i < (K_z : 1{,}3) \quad \text{oder} \quad (p_i : K_z) < 0{,}77.$$

Für geringe Wandstärken gilt hinreichend genau

$$s = r_i \frac{p_i}{K_z}.$$

Zu beachten sind auch die gültigen Material- und Bauvorschriften für Landdampfkessel, deren sinngemäße Anwendung sich hier empfiehlt. Als Berechnungsfestigkeit der Bleche sollen dabei:

für das harte Material: 5500 kg/cm²,
für das weiche Material: 3600 kg/cm²

eingesetzt werden.

Als zulässige Spannung in kg/cm² kann nach C. Bach für den hier vorliegenden Fall, daß die Belastung oft von Null bis zu einem größeren Werte stetig wächst und dann wieder auf Null zurücksinkt, angesetzt werden:

$K_z = 800$ kg/cm² für das harte Material,
$K_z = 600$ kg/cm² für das weiche Material.

Für die Berechnung der Rohrwandstärken empfiehlt sich die Verwendung nachstehender Tabelle. Nach H. Fahlkamp sind die Werte $\xi = \dfrac{s}{D_i}$ zur Berechnung der Wandstärken von Rohren mit innerem Drucke (Überdruck)

I. Teil: Die Technik der Gasfernleitung.

(mit s und D_i in cm):

p_i kg/cm²	K_z in kg/cm²		p_i kg/cm²	K_z in kg/cm²	
	600	800		600	800
5	0,0042	0,0031 (ergänzt)	65	0,0510	0,0373
10	0,0072	0,0054	70	0,0554	0,0403
20	0,0146	0,0109	80	0,0644	0,0467
25	0,0184	0,0137	90	0,0738	0,0532
30	0,0223	0,0165	100	0,0835	0,0599
35	0,0261	0,0193	110	0,0936	0,0667
40	0,0301	0,0223	120	0,1040	0,0738
45	0,0342	0,0252	130	0,1150	0,0810
50	0,0383	0,0281	140	0,1264	0,0885
55	0,0425	0,0311	150	0,1383	0,0961
60	0,0467	0,0342			

a) Nahtlose Rohre.

Für die Durchmesser 50 bis 300 mm l. R.W. liegen die Wandstärken und Gewichte für Rohre in handelsüblicher Ausführung wie folgt fest:

Lichtweite des Rohres in mm	Normale Wandstärke des Rohres in mm	Gewicht je lfd. m in kg oder Gewicht je lfd. km in t
50	3	4,9
60	3	5,5
70	3¹/₄	6,5
75	3¹/₂	7,8
80	3¹/₂	8,6
90	3³/₄	10,5
100	4	11,8
125	4	14,6
150	4¹/₂	20,0
175	5	25,6
200	5¹/₂	32,0
225	6¹/₂	42,6
250	7	50,5
275	7¹/₄	57,6
300	7³/₄	67,0

Danach kann ausgesprochen werden, daß mit Rücksicht auf die Festigkeit der Schweißnaht nur 0,7 der Wandstärke in Rechnung zu stellen sind, überwiegend ist aber bei den kleineren Durchmessern die Rücksicht auf die Rostgefahr, für die am besten 1,5 mm Wandstärke angesetzt wird. Die handelsüblichen Rohre 50 bis 300 mm l. R.W. reichen danach bis zu folgenden Drucken (kg/cm²):

Fernleitungen.

Lichtweite der Rohre in mm	Rechnerische Wandstärke s in mm		$\xi = \dfrac{s}{D_i}$	Zulässig bis kg/cm²
50	1,5		0,0300	50
60	1,5		0,0250	40
70	1,75		0,0250	40
75	2,0		0,0267	45
80	2,0	= Wandstärke der Rohre minus 1,5 mm	0,0250	40
90	2,25		0,0250	40
100	2,5		0,0250	40
125	2,5		0,0200	35
150	3,0		0,0200	35
175	3,5		0,0200	35
200	3,85		0,0193	35
225	4,55		0,0202	35
250	4,90	= 0,7 der Wandstärke der Rohre	0,0196	35
275	5,08		0,01815	30
300	5,43		0,0181	30

Ganz allgemein können also diese handelsüblichen Rohre bis 30 at abs. Betriebsdruck verwendet werden.

Es bleibt also nur noch die Bestimmung der Rohrwandstärken für die Förderbeispiele 40 und 50 at abs. Druck. Zu beachten ist, daß bei diesen starkwandigen nahtlosen Rohren der Außendurchmesser als feststehende Größe zu betrachten ist, der Innendurchmesser also um die Zunahme der Wandstärke gegenüber der normalen kleiner wird. Für die Gastransportfrage ist das aber bedeutungslos, da infolge der erforderlich werdenden reichlichen Abrundungen, um vom errechneten zum runden Durchmesser zu kommen, dafür Vorsorge getroffen ist.

Betriebsdruck: 40 at abs.

Lichtweite der Rohre in mm	Gewählte Wandstärke in mm	Rechnerische Wandstärke s in mm		$\xi = \dfrac{s}{D_i}$	Zulässig bis kg/cm²
50	3,50	2,00		0,0400	65
60	3,50	2,00		0,0333	55
70	3,75	2,25		0,0321	55
75	3,75	2,25	= Wandstärke der Rohre minus 1,5 mm	0,0300	50
80	4,00	2,50		0,0313	50
90	4,25	2,75		0,0306	50
100	4,50	3,00		0,0300	50
125	5,50	3,85		0,0308	50
150	6,50	4,55		0,0303	50
175	7,00	4,90		0,0280	45
200	7,50	5,25	= 0,7 der Wandstärke der Rohre	0,0263	45
225	8,50	5,95		0,0264	45
250	9,00	6,30		0,0252	45
275	9,25	6,48		0,0235	40
300	9,75	6,83		0,0228	40

I. Teil: Die Technik der Gasfernleitung.

Betriebsdruck: **50 at abs.**

Lichtweite der Rohre in mm	Gewählte Wandstärke in mm	Rechnerische Wandstärke s in mm		$\xi = \dfrac{s}{D_i}$	Zulässig bis kg/cm²
50	3,75	2,25		0,0450	70
60	4,00	2,50		0,0417	70
70	4,25	2,75	= Wandstärke der Rohre minus 1,5 mm	0,0393	65
75	4,25	2,75		0,0367	60
80	4,50	3,00		0,0375	60
90	4,75	3,25		0,0361	60
100	5,25	3,68		0,0368	60
125	6,50	4,55		0,0364	60
150	7,50	5,25	= 0,7 der Wandstärke der Rohre	0,0350	60
175	8,50	5,95		0,0340	55
200	9,50	6,65		0,0333	55
225	10,75	7,53		0,0334	55
250	11,25	7,88		0,0315	55
275	11,50	8,05		0,0293	50
300	12,25	8,58		0,0286	50

Es bleibt noch übrig, die Gewichtstabelle der starkwandigen nahtlosen Rohre für die **Betriebsdrucke 40 und 50 at abs.** zu bringen, also die Gewichtstabelle der handelsüblichen nahtlosen Rohre aus hartem Material zu ergänzen.

Lichtweite der Rohre in mm	Wandstärke in mm	Gewicht je lfd. m in kg oder Gewicht je lfd. km in t	Betriebsdruck in at abs.	Lichtweite der Rohre in mm	Wandstärke in mm	Gewicht je lfd. m in kg oder Gewicht je lfd. km in t	Betriebsdruck in at abs.
50	3,0	4,9	30	150	4,5	20,0	30
	3,5	5,3	40		6,5	29,0	40
	3,75	5,7	50		7,5	34,3	50
60	3,0	5,5	30	175	5,0	25,6	30
	3,5	6,3	40		7,0	36,0	40
	4,0	7,3	50		8,5	44,2	50
70	3,25	6,5	30	200	5,5	32,0	30
	3,75	7,9	40		7,5	44,0	40
	4,25	8,9	50		9,5	60,0	50
75	3,5	7,8	30	225	6,5	42,6	30
	3,75	8,5	40		8,5	56,0	40
	4,25	9,5	50		10,75	71,3	50
80	3,5	8,6	30	250	7,0	50,5	30
	4,0	9,5	40		9,0	65,7	40
	4,5	10,7	50		11,25	82,7	50
90	3,75	10,5	30	275	7,25	57,6	30
	4,25	11,5	40		9,25	74,0	40
	4,75	12,8	50		11,50	92,5	50
100	4,0	11,8	30	300	7,75	67,0	30
	4,5	13,4	40		9,75	85,0	40
	5,25	15,5	50		12,25	107,5	50
125	4,0	14,6	30				
	5,5	20,5	40				
	6,5	24,5	50				

Der Druck für die hydraulische Druckprobe im Rohrwerk wird schon für die handelsüblichen Rohre auf mindestens 75 at Ü.D. festgesetzt, für die starkwandigen Rohre müßte er auf ca. 125 at angenommen werden.

b) Wassergeschweißte Rohre.

Für diese Ausführungsart kommen Rohre über 300 mm l. R.W. in Betracht; nur wenige Werke liefern auch Rohre von 300 mm Dmr. wassergasgeschweißt. Als Material ist die weiche Qualität zu verwenden.

Die Wandstärken und Gewichte für die Durchmesser 300 bis 1700 mm l. R.W. werden für die verschiedenen Druckstufen nachstehend bestimmt; dabei wird aus praktischen Gründen keine Blechstärke unter 8 mm in Rechnung gestellt, also mit Rücksicht auf die Festigkeit der Schweißnaht $0{,}7 \cdot 8 = 5{,}6$ mm als geringste rechnerische Wandstärke angesetzt. Zu beachten ist auch, daß unter 5 kg/cm² meist praktisch zu geringe Wandstärken sich errechnen, deshalb empfiehlt es sich, für die von 2 bis 5 kg/cm² beanspruchten Rohre auch nur mit 5 kg/cm² als Druckgrenze zu rechnen. Die Förderbeispiele geben den Druck in at abs., die Rohrwandstärkenberechnung bezieht sich dagegen auf kg/cm², also Überdruck, welche Differenz aber hier nicht ins Gewicht fällt, weil die Wandstärken dadurch für einen um 1 at höheren Druck berechnet werden.

Lichtweite der Rohre in mm	Wandstärke in mm	Rechnerische Wandstärke in mm (0,7 Wandst.)	$\xi = \dfrac{s}{D_i}$	Zulässig bis kg/cm²	Gewicht je lfd. m in kg oder Gewicht je lfd. km in t	Betriebsdruck in at abs.
325	9	6,3	0,0194	25	86,2	20
	10,5	7,35	0,0226	30	101,0	30
	14	9,80	0,0302	40	136,0	40
	18	12,60	0,0387	50	177,0	50
350	10	7,00	0,0200	25	103,0	20
	11,5	8,05	0,0230	30	119,0	30
	15,5	10,85	0,0310	40	162,0	40
	19,5	13,65	0,0390	50	205,4	50
375	10,5	7,35	0,0196	25	115,2	20
	12	8,4	0,0224	30	132,1	30
	16,5	11,55	0,0308	40	185,1	40
	20,5	14,35	0,0383	50	231,0	50
400	11	7,7	0,0193	25	128,3	20
	13	9,1	0,0228	30	152,4	30
	17,5	12,25	0,0306	40	207,2	40
	22	15,4	0,0385	50	263,1	50

Lichtweite der Rohre in mm	Wandstärke in mm	Rechnerische Wandstärke in mm (0,7 Wandst.)	$\xi = \dfrac{s}{D_i}$	Zulässig bis kg/cm²	Gewicht je lfd. m in kg oder Gewicht je lfd. km in t	Betriebsdruck in at abs.
425	11	7,7	0,0181	20	136,0	20
	14	9,8	0,0231	30	174,0	30
	18,5	12,95	0,0305	40	232,1	40
	23,5	16,45	0,0387	50	298,3	50
450	11,5	8,05	0,0179	20	151,0	20
	15	10,5	0,0233	30	197,0	30
	19,5	13,65	0,0303	40	258,4	40
	25	17,5	0,0389	50	335,1	50
475	12	8,4	0,0177	20	165,0	20
	15,5	10,85	0,0228	30	214,2	30
	20,5	14,35	0,0302	40	286,1	40
	26	18,2	0,0383	50	367,0	50
500	12,5	8,75	0,0175	20	182,4	20
	16	11,2	0,0224	30	232,1	30
	21,5	15,05	0,0301	40	315,3	40
	27,5	19,25	0,0385	50	407,6	50
525	12,5	8,75	0,0167	20	189,0	20
	17	12,25	0,0233	30	259,0	30
	23	16,1	0,0307	40	354,0	40
	29,5	20,65	0,0393	50	459,0	50
550	13	9,1	0,0165	20	205,2	20
	18	12,6	0,0229	30	287,0	30
	24	16,8	0,0305	40	387,0	40
	30,5	21,35	0,0388	50	496,0	50
575	13	9,1	0,0146	20	215,0	20
	19	13,3	0,0231	30	314,1	30
	25	17,5	0,0304	40	413,3	40
	32	22,4	0,0390	50	529,0	50
600	13	9,1	0,0152	20	230,0	20
	16	11,2	0,0187	25	284,0	25
	20	14	0,0233	30	354,8	30
	26	18,2	0,0303	40	369,0	40
625	13,5	9,45	0,0151	20	248,0	20
	16,5	11,55	0,0185	25	304,1	25
	21	14,7	0,0235	30	388,0	30
	27	18,9	0,0302	40	499,0	40
650	8	5,6	0,0086	10	151,3	10
	14	9,8	0,0151	20	267,0	20
	17,5	12,25	0,0188	25	335,0	25
	21	14,7	0,0226	30	402,0	30
675	8	5,6	0,0083	10	157,0	10
	14,5	10,15	0,0150	20	286,1	20
	18	12,6	0,0187	25	357,0	25
	22	15,4	0,0228	30	436,3	30
700	8	5,6	0,0080	10	162,0	10
	15	10,5	0,0150	20	306,3	20
	18,5	12,95	0,0185	25	380,0	25
	22,5	15,75	0,0225	30	462,2	30

Fernleitungen.

Lichtweite der Rohre in mm	Wandstärke in mm	Rechnerische Wandstärke in mm (0,7 Wandst.)	$\xi = \dfrac{s}{D_i}$	Zulässig bis kg/cm²	Gewicht je lfd. m in kg oder Gewicht je lfd. km in t	Betriebsdruck in at abs.
725	8	5,6	0,0077	10	167,3	10
725	15,5	10,85	0,0150	20	327,3	20
725	19,5	13,65	0,0188	25	414,0	25
750	8,5	5,95	0,0079	10	184,0	10
750	16	11,2	0,0149	20	349,0	20
750	20	14	0,0187	25	438,3	25
775	8,5	5,95	0,0077	10	189,4	10
775	16,5	11,55	0,0149	20	371,2	20
775	20,5	14,35	0,0185	25	463,4	25
800	8,5	5,95	0,0074	10	195,2	10
800	17	11,9	0,0149	20	395,0	20
800	21	14,7	0,0184	25	490,0	25
825	8,5	5,95	0,0072	10	201,1	10
825	17,5	12,25	0,0148	20	418,0	20
850	9	6,3	0,0074	10	219,0	10
850	18	12,6	0,0148	20	442,4	20
875	9	6,3	0,0072	10	225,1	10
875	18,5	12,95	0,0148	20	467,4	20
900	9,5	6,65	0,0074	10	244,2	10
900	19,5	13,65	0,0152	20	506,3	20
925	10	7	0,0076	10	263,1	10
925	19,5	13,65	0,0148	20	520,0	20
950	10	7	0,0074	10	271,0	10
950	20	14	0,0147	20	547,0	20
975	10	7	0,0072	10	277,4	10
975	20,5	14,35	0,0147	20	597,6	20
1000	10,5	7,35	0,0074	10	299,0	10
1000	21,5	14,7	0,0147	20	603,1	20
1025	10,5	7,35	0,0072	10	306,0	10
1025	21,5	15,05	0,0146	20	633,1	20
1050	10	7	0,0067	5	298,0	5
1075	10	7	0,0065	5	305,0	5
1100	10	7	0,0063	5	312,0	5
1125	10	7	0,0062	5	318,1	5
1150	10	7	0,0061	5	325,0	5
1175	10	7	0,0060	5	345,0	5
1200	10	7	0,0058	5	360,0	5
1225	10	7	0,0057	5	367,0	5
1250	10	7	0,0056	5	374,0	5
1275	10	7	0,0055	5	381,0	5
1300	10	7	0,0054	5	388,0	5
1325	11	7,7	0,0058	5	435,0	5
1350	11	7,7	0,0057	5	443,0	5
1375	11	7,7	0,0056	5	450,0	5
1400	11	7,7	0,0055	5	458,0	5
1425	11	7,7	0,0054	5	466,0	5
1450	12	8,4	0,0058	5	517,0	5
1475	12	8,4	0,0057	5	526,0	5

Lichtweite der Rohre in mm	Wandstärke in mm	Rechnerische Wandstärke in mm (0.7 Wandst.)	$\xi = \dfrac{s}{D_i}$	Zulässig bis kg/cm²	Gewicht je lfd. m in kg oder Gewicht je lfd. km in t	Betriebsdruck in at abs.
1500	12	8,4	0,0056	5	534,1	5
1525	12	8,4	0,0055	5	543,0	5
1550	12	8,4	0,0054	5	550,3	5
1575	13	9,1	0,0058	5	607,0	5
1600	13	9,1	0,0057	5	616,5	5
1625	13	9,1	0,0056	5	625,0	5
1650	13	9,1	0,0055	5	634,3	5
1675	13	9,1	0,0054	5	651,0	5
1700	13	9,1	0,0054	5	660,0	5

4. Baukosten der Fernleitungen.

a) Leitungsmaterialkosten.

Die Kostenfeststellungen werden an Hand der gewählten Förderbeispiele für die Durchmesser 50 bis 1700 mm l. R.W. gegeben. In allen Fällen handelt es sich um Leitungen, die in die Erde verlegt werden. Als Preisbasis kommt die Goldmark der Vorkriegszeit in Betracht, also ein Rohrpreis von rd. 200 M/t Rohre ab Werk. Für Formstücke, Wassertöpfe und Schieber werden 15 vH Zuschlag angesetzt. Für Fracht und Anfuhr kommen 5 vH in Anrechnung. Für die allgemeinen Verwaltungskosten des Baubetriebes sind $7^1/_2$ vH zu rechnen.

Insgesamt also:

```
    200   M./t ab Werk,
  +  30   „    = 15 vH für Formstücke usw.,
    230   M./t
  +  11,5 „    = 5 vH für Fracht usw.,
    241,5 M./t
  +  18,1 „    = 7¹/₂vH für Verwaltungskosten,
    259,1 M./t
rd. 260   M./t.
```

Es kostet also das Leitungsmaterial:

Nahtlose Rohre:

mit normalen Wandstärken; bis 30 at abs. Druck ausreichend:

```
50 mm l. R.W.  1 300 Mark je lfd. km
60  „     „    1 500   „    „   „   „
70  „     „    1 700   „    „   „   „
75  „     „    2 100   „    „   „   „
80  „     „    2 300   „    „   „   „
90  „     „    2 800   „    „   „   „
```

Fernleitungen.

```
100 mm l. R.W.  3 100 Mark je lfd. km
125  „    „     3 800  „   „   „  „
150  „    „     5 400  „   „   „  „
175  „    „     6 700  „   „   „  „
200  „    „     8 400  „   „   „  „
225  „    „    11 100  „   „   „  „
250  „    „    13 200  „   „   „  „
275  „    „    15 000  „   „   „  „
300  „    „    17 500  „   „   „  „
```

mit verstärkter Wand; für **40** at abs. Druck:
```
 50 mm l. R.W.  1 400 Mark je lfd. km
 60  „    „     1 700  „   „   „  „
 70  „    „     2 100  „   „   „  „
 75  „    „     2 300  „   „   „  „
 80  „    „     2 500  „   „   „  „
 90  „    „     3 000  „   „   „  „
100  „    „     3 500  „   „   „  „
125  „    „     5 400  „   „   „  „
150  „    „     7 600  „   „   „  „
175  „    „     9 400  „   „   „  „
200  „    „    11 500  „   „   „  „
225  „    „    14 600  „   „   „  „
250  „    „    17 100  „   „   „  „
275  „    „    19 300  „   „   „  „
300  „    „    22 100  „   „   „  „
```

mit verstärkter Wand; für **50** at abs. Druck:
```
 50 mm l. R.W.  1 500 Mark je lfd. km
 60  „    „     1 900  „   „   „  „
 70  „    „     2 400  „   „   „  „
 75  „    „     2 500  „   „   „  „
 80  „    „     2 800  „   „   „  „
 90  „    „     3 400  „   „   „  „
100  „    „     4 100  „   „   „  „
125  „    „     6 400  „   „   „  „
150  „    „     9 000  „   „   „  „
175  „    „    11 500  „   „   „  „
200  „    „    15 600  „   „   „  „
225  „    „    18 600  „   „   „  „
250  „    „    21 500  „   „   „  „
275  „    „    24 100  „   „   „  „
300  „    „    28 000  „   „   „  „
```

Wassergasgeschweißte Rohre:
```
325 mm l. R.W., für 25 at abs. Druck: 22 500 Mark je lfd. km
                 „  30  „   „    „    26 300  „   „   „  „
                 „  40  „   „    „    35 400  „   „   „  „
                 „  50  „   „    „    46 100  „   „   „  „
350  „      „    „  25  „   „    „    26 800  „   „   „  „
                 „  30  „   „    „    31 000  „   „   „  „
                 „  40  „   „    „    42 200  „   „   „  „
                 „  50  „   „    „    53 400  „   „   „  „
```

I. Teil: Die Technik der Gasfernleitung.

Durchm.			Druck			Kosten				
375 mm	l. R.W.,	für	25	at abs.	Druck:	30 000	Mark	je	lfd.	km
"	"	"	30	"	"	34 400	"	"	"	"
"	"	"	40	"	"	48 200	"	"	"	"
"	"	"	50	"	"	60 100	"	"	"	"
400	"	"	25	"	"	33 400	"	"	"	"
"	"	"	30	"	"	39 700	"	"	"	"
"	"	"	40	"	"	53 900	"	"	"	"
"	"	"	50	"	"	68 400	"	"	"	"
425	"	"	20	"	"	35 400	"	"	"	"
"	"	"	30	"	"	45 300	"	"	"	"
"	"	"	40	"	"	60 400	"	"	"	"
"	"	"	50	"	"	77 600	"	"	"	"
450	"	"	20	"	"	39 300	"	"	"	"
"	"	"	30	"	"	51 300	"	"	"	"
"	"	"	40	"	"	67 200	"	"	"	"
"	"	"	50	"	"	87 200	"	"	"	"
475	"	"	20	"	"	42 900	"	"	"	"
"	"	"	30	"	"	55 700	"	"	"	"
"	"	"	40	"	"	74 400	"	"	"	"
"	"	"	50	"	"	95 500	"	"	"	"
500	"	"	20	"	"	47 500	"	"	"	"
"	"	"	30	"	"	60 400	"	"	"	"
"	"	"	40	"	"	82 000	"	"	"	"
"	"	"	50	"	"	106 000	"	"	"	"
525	"	"	20	"	"	49 200	"	"	"	"
"	"	"	30	"	"	67 400	"	"	"	"
"	"	"	40	"	"	92 100	"	"	"	"
"	"	"	50	"	"	119 400	"	"	"	"
550	"	"	20	"	"	53 400	"	"	"	"
"	"	"	30	"	"	74 700	"	"	"	"
"	"	"	40	"	"	100 700	"	"	"	"
"	"	"	50	"	"	129 000	"	"	"	"
575	"	"	20	"	"	56 000	"	"	"	"
"	"	"	30	"	"	81 800	"	"	"	"
"	"	"	40	"	"	107 500	"	"	"	"
"	"	"	50	"	"	137 600	"	"	"	"
600	"	"	20	"	"	60 000	"	"	"	"
"	"	"	25	"	"	74 000	"	"	"	"
"	"	"	30	"	"	92 500	"	"	"	"
"	"	"	40	"	"	96 000	"	"	"	"
625	"	"	20	"	"	64 500	"	"	"	"
"	"	"	25	"	"	79 100	"	"	"	"
"	"	"	30	"	"	100 800	"	"	"	"
"	"	"	40	"	"	129 800	"	"	"	"
650	"	"	10	"	"	39 400	"	"	"	"
"	"	"	20	"	"	69 500	"	"	"	"
"	"	"	25	"	"	87 100	"	"	"	"
"	"	"	30	"	"	104 600	"	"	"	"
675	"	"	10	"	"	40 900	"	"	"	"
"	"	"	20	"	"	74 400	"	"	"	"
"	"	"	25	"	"	92 900	"	"	"	"
"	"	"	30	"	"	113 500	"	"	"	"
700	"	"	10	"	"	42 200	"	"	"	"
"	"	"	20	"	"	79 700	"	"	"	"

Fernleitungen.

700 mm	l. R.W.,	für	25	at abs. Druck:	98 800	Mark	je	lfd.	km
		,,	30	,, ,, ,,	120 200	,,	,,	,,	,,
725	,,	,,	10	,, ,, ,,	43 500	,,	,,	,,	,,
		,,	20	,, ,, ,,	85 100	,,	,,	,,	,,
		,,	25	,, ,, ,,	107 700	,,	,,	,,	,,
750	,,	,,	10	,, ,, ,,	47 900	,,	,,	,,	,,
		,,	20	,, ,, ,,	90 800	,,	,,	,,	,,
		,,	25	,, ,, ,,	114 000	,,	,,	,,	,,
775	,,	,,	10	,, ,, ,,	49 300	,,	,,	,,	,,
		,,	20	,, ,, ,,	96 600	,,	,,	,,	,,
		,,	25	,, ,, ,,	120 500	,,	,,	,,	,,
800	,,	,,	10	,, ,, ,,	50 800	,,	,,	,,	,,
		,,	20	,, ,, ,,	102 700	,,	,,	,,	,,
		,,	25	,, ,, ,,	127 400	,,	,,	,,	,,
825	,,	,,	10	,, ,, ,,	52 300	,,	,,	,,	,,
		,,	20	,, ,, ,,	108 700	,,	,,	,,	,,
850	,,	,,	10	,, ,, ,,	57 000	,,	,,	,,	,,
		,,	20	,, ,, ,,	115 100	,,	,,	,,	,,
875	,,	,,	10	,, ,, ,,	58 600	,,	,,	,,	,,
		,,	20	,, ,, ,,	121 600	,,	,,	,,	,,
900	,,	,,	10	,, ,, ,,	63 500	,,	,,	,,	,,
		,,	20	,, ,, ,,	131 700	,,	,,	,,	,,
925	,,	,,	10	,, ,, ,,	68 400	,,	,,	,,	,,
		,,	20	,, ,, ,,	135 200	,,	,,	,,	,,
950	,,	,,	10	,, ,, ,,	70 500	,,	,,	,,	,,
		,,	20	,, ,, ,,	142 300	,,	,,	,,	,,
975	,,	,,	10	,, ,, ,,	72 200	,,	,,	,,	,,
		,,	20	,, ,, ,,	155 900	,,	,,	,,	,,
1000	,,	,,	10	,, ,, ,,	77 800	,,	,,	,,	,,
		,,	20	,, ,, ,,	156 800	,,	,,	,,	,,
1025	,,	,,	10	,, ,, ,,	79 600	,,	,,	,,	,,
		,,	20	,, ,, ,,	164 600	,,	,,	,,	,,
1050	,,	,,	5	,, ,, ,,	77 500	,,	,,	,,	,,
1075	,,	,,	5	,, ,, ,,	79 300	,,	,,	,,	,,
1100	,,	,,	5	,, ,, ,,	81 200	,,	,,	,,	,,
1125	,,	,,	5	,, ,, ,,	82 700	,,	,,	,,	,,
1150	,,	,,	5	,, ,, ,,	84 500	,,	,,	,,	,,
1175	,,	,,	5	,, ,, ,,	89 700	,,	,,	,,	,,
1200	,,	,,	5	,, ,, ,,	93 600	,,	,,	,,	,,
1225	,,	,,	5	,, ,, ,,	95 500	,,	,,	,,	,,
1250	,,	,,	5	,, ,, ,,	97 300	,,	,,	,,	,,
1275	,,	,,	5	,, ,, ,,	99 100	,,	,,	,,	,,
1300	,,	,,	5	,, ,, ,,	100 900	,,	,,	,,	,,
1325	,,	,,	5	,, ,, ,,	113 100	,,	,,	,,	,,
1350	,,	,,	5	,, ,, ,,	115 200	,,	,,	,,	,,
1375	,,	,,	5	,, ,, ,,	117 000	,,	,,	,,	,,
1400	,,	,,	5	,, ,, ,,	119 100	,,	,,	,,	,,
1425	,,	,,	5	,, ,, ,,	121 200	,,	,,	,,	,,
1450	,,	,,	5	,, ,, ,,	134 500	,,	,,	,,	,,
1475	,,	,,	5	,, ,, ,,	136 800	,,	,,	,,	,,
1500	,,	,,	5	,, ,, ,,	138 900	,,	,,	,,	,,
1525	,,	,,	5	,, ,, ,,	141 200	,,	,,	,,	,,
1550	,,	,,	5	,, ,, ,,	143 100	,,	,,	,,	,,
1575	,,	,,	5	,, ,, ,,	157 900	,,	,,	,,	,,

1600 mm l. R.W., für 5 at abs. Druck: 160 300 Mark je lfd. km
1625 „   „   „ 5 „ „   „   162 500   „   „   „ „
1650 „   „   „ 5 „ „   „   165 000   „   „   „ „
1675 „   „   „ 5 „ „   „   169 300   „   „   „ „
1700 „   „   „ 5 „ „   „   171 600   „   „   „ „

b) Verlegungskosten.

Rohrdichtungen.

Es wird mit geschweißten Rohrleitungen als Rohrverbindung gerechnet. H. Niese[1]) gibt für die Ausführung der Schweißnähte für die Verhältnisse der Vorkriegszeit die folgenden Kosten. Sie basieren auf: M. 3.— je m³ Sauerstoff, M. 1.— je m³ Acetylen und M. 0.60 je Stunde Arbeitslohn; sie enthalten nicht Ausbesserungskosten, Abschreibung und Verzinsung der Schweißanlagen. Die Zahlen gelten als obere Grenzwerte für gute Leistung eines Schweißers, doch soll jeder Schweißer bei einiger Übung mindestens 80 vH dieser Arbeitsleistung erreichen. Bei Rohrverlegungen im Freien bestehen mit Rücksicht auf evtl. niedere Temperaturen ungünstigere Arbeitsverhältnisse, welche diese Kosten erhöhen.

Blechstärke in mm	Arbeitsleistung in M. je Stunde	Gesamtkosten (Lohn, Acetylen und Sauerstoff) je lfd. m Schweißnaht in Pfennigen (Gold)	Blechstärke in mm	Arbeitsleistung in M. je Stunde	Gesamtkosten (Lohn, Acetylen und Sauerstoff) je lfd. m Schweißnaht in Pfennigen (Gold)
3	6	10	9	3	20
4	5,5	11	10	2,5	24
5	5	12	12	2	30
6	4,5	13,5	15	1,5	40
7	4	15	20	1	60
8	3,5	18	25	1	60

Da solche Arbeiten durch Unternehmer ausgeführt werden, so ist mit Rücksicht auf die auf diesen Arbeiten ruhenden Lasten (Steuern, Versicherungen usw.), die Ausbesserungskosten und den Kapitaldienst für die Schweißanlagen, sowie den Unternehmergewinn und die Verwaltungskosten mit rund dreimal so hohen Sätzen zu rechnen. Man erhält so für die verschiedenen Rohrwandstärken, die in den vorliegenden Beispielen genannt werden, folgende Schweißkosten:

Rohrwandstärke 3   mm, je lfd. m Schweißnaht 0,30 Mark (Gold)
„   3,25 „   „ „ „   „   0,32 „
„   3,50 „   „ „ „   „   0,32 „
„   3,75 „   „ „ „   „   0,33 „

---

[1]) H. Niese, Das autogene Schweiß- und Schneidverfahren. S. 91. Berlin 1920.

Fernleitungen.

Rohrwandstärke	4	mm, je lfd. m Schweißnaht	0,33	Mark (Gold)
,,	4,25	,, ,, ,,	,,	0,35	,,
,,	4,50	,, ,, ,,	,,	0,35	,,
,,	4,75	,, ,, ,,	,,	0,36	,,
,,	5	,, ,, ,,	,,	0,36	,,
,,	5,25	,, ,, ,,	,,	0,38	,,
,,	5,50	,, ,, ,,	,,	0,39	,,
,,	5,75	,, ,, ,,	,,	0,41	,,
,,	6	,, ,, ,,	,,	0,41	,,
,,	6,25	,, ,, ,,	,,	0,42	,,
,,	6,50	,, ,, ,,	,,	0,44	,,
,,	6,75	,, ,, ,,	,,	0,45	,,
,,	7	,, ,, ,,	,,	0,45	,,
,,	7,25	,, ,, ,,	,,	0,48	,,
,,	7,50	,, ,, ,,	,,	0,51	,,
,,	7,75	,, ,, ,,	,,	0,53	,,
,,	8	,, ,, ,,	,,	0,54	,,
,,	8,25	,, ,, ,,	,,	0,56	,,
,,	8,50	,, ,, ,,	,,	0,57	,,
,,	8,75	,, ,, ,,	,,	0,59	,,
,,	9	,, ,, ,,	,,	0,60	,,
,,	9,25	,, ,, ,,	,,	0,63	,,
,,	9,50	,, ,, ,,	,,	0,68	,,
,,	9,75	,, ,, ,,	,,	0,71	,,
,,	10	,, ,, ,,	,,	0,72	,,
,,	10,25	,, ,, ,,	,,	0,78	,,
,,	10,50	,, ,, ,,	,,	0,81	,,
,,	10,75	,, ,, ,,	,,	0,83	,,
,,	11	,, ,, ,,	,,	0,84	,,
,,	11,25	,, ,, ,,	,,	0,86	,,
,,	11,50	,, ,, ,,	,,	0,87	,,
,,	11,75	,, ,, ,,	,,	0,90	,,
,,	12	,, ,, ,,	,,	0,90	,,
,,	12,25	,, ,, ,,	,,	0,95	,,
,,	12,50	,, ,, ,,	,,	0,99	,,
,,	12,75	,, ,, ,,	,,	1,05	,,
,,	13	,, ,, ,,	,,	1,10	,,
,,	13,50	,, ,, ,,	,,	1,14	,,
,,	14	,, ,, ,,	,,	1,17	,,
,,	14,50	,, ,, ,,	,,	1,20	,,
,,	15	,, ,, ,,	,,	1,20	,,
,,	15,50	,, ,, ,,	,,	1,26	,,
,,	16	,, ,, ,,	,,	1,32	,,
,,	16,50	,, ,, ,,	,,	1,38	,,
,,	17	,, ,, ,,	,,	1,44	,,
,,	17,50	,, ,, ,,	,,	1,50	,,
,,	18	,, ,, ,,	,,	1,58	,,
,,	18,50	,, ,, ,,	,,	1,65	,,
,,	19	,, ,, ,,	,,	1,65	,,
,,	19,50	,, ,, ,,	,,	1,80	,,
,,	20	,, ,, ,,	,,	1,80	,,
,,	20,50	,, ,, ,,	,,	1,80	,,
,,	21	,, ,, ,,	,,	1,80	,,
,,	21,50	,, ,, ,,	,,	1,80	,,

I. Teil: Die Technik der Gasfernleitung.

Rohrwandstärke	22	mm, je lfd. m Schweißnaht	1,80	Mark (Gold)
,,	22,50	,, ,, ,, ,,	1,80	,,
,,	23	,, ,, ,, ,,	1,80	,,
,,	23,50	,, ,, ,, ,,	1,80	,,
,,	24	,, ,, ,, ,,	1,80	,,
,,	24,50	,, ,, ,, ,,	1,80	,,
,,	25	,, ,, ,, ,,	1,80	,,
,,	25,50	,, ,, ,, ,,	2,70	,,
,,	26	,, ,, ,, ,,	2,70	,,
,,	26,50	,, ,, ,, ,,	2,70	,,
,,	27	,, ,, ,, ,,	2,70	,,
,,	27,50	,, ,, ,, ,,	2,70	,,
,,	28	,, ,, ,, ,,	2,70	,,
,,	28,50	,, ,, ,, ,,	2,70	,,
,,	29	,, ,, ,, ,,	2,70	,,
,,	29,50	,, ,, ,, ,,	2,70	,,
,,	30	,, ,, ,, ,,	2,70	,,
,,	30,5	,, ,, ,, ,,	2,70	,,
,,	31	,, ,, ,, ,,	2,70	,,
,,	32	,, ,, ,, ,,	2,70	,,

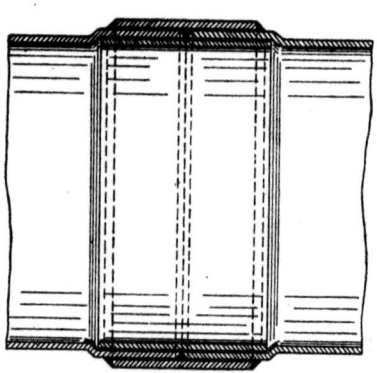

Abb. 2. Schweißverbindung für Schmiedeeisen- und Stahlrohre.
D. R. P. 342 617.

Für die Feststellung der Schweißkosten je Kilometer Rohrstrecke werden gerechnet:

für glatte Rohre:
1000 m — 15 vH Formstücke = 850 m; $\frac{850}{10}$ = 85 Rohrstöße;

für Formstücke usw.:
15 vH Formstücke = 150 m; $\frac{150}{1,5}$ = 100 Rohrstöße;

zus. 185 Rohrstöße,
rd. **200 Rohrstöße je km**.

Fernleitungen.

In allen Fällen wird mit jener bereits erwähnten Rohrschweißverbindung[1]) (Abb. 2) gerechnet, die eine Innen- und Außenhülse verwendet, also drei Schweißnähte besitzt, wodurch gegen alle im Rohrleitungsbetrieb von Erdleitungen auftretenden Zug-, Druck- und Biegungsbeanspruchungen Sicherungen geboten werden; das ist mit Rücksicht auf die höheren Leitungsdrucke von besonderer Wichtigkeit, aber auch bei den geringeren Drucken, für die größere Rohrdurchmesser verwendet werden, ist die Verwendung dieser Rohrverbindung erwünscht, um den Zusammenbau der Rohre zu erleichtern bzw. zu ermöglichen.

Schweißkosten für den laufenden Kilometer Rohrstrecke:

Durchmesser	Wandstärke	Druck	Kosten je km
50 mm l. R.W.,	3 mm Wandstärke,	für 30 at abs., je km	40,— M. (Gold)
	3,5 ,,	,, 40 ,, ,, ,, ,,	45,— ,,
	3,75 ,,	,, 50 ,, ,, ,, ,,	50,— ,,
60 mm l. R.W.,	3 ,,	,, 30 ,, ,, ,, ,,	45,— ,,
	3,5 ,,	,, 40 ,, ,, ,, ,,	50,— ,,
	4 ,,	,, 50 ,, ,, ,, ,,	55,— ,,
70 mm l. R.W.,	3,25 ,,	,, 30 ,, ,, ,, ,,	50,— ,,
	3,75 ,,	,, 40 ,, ,, ,, ,,	55,— ,,
	4,25 ,,	,, 50 ,, ,, ,, ,,	60,— ,,
75 mm l. R.W.,	3,5 ,,	,, 30 ,, ,, ,, ,,	55,— ,,
	3,75 ,,	,, 40 ,, ,, ,, ,,	60,— ,,
	4,25 ,,	,, 50 ,, ,, ,, ,,	65,— ,,
80 mm l. R.W.,	3,5 ,,	,, 30 ,, ,, ,, ,,	60,— ,,
	4 ,,	,, 40 ,, ,, ,, ,,	65,— ,,
	4,5 ,,	,, 50 ,, ,, ,, ,,	70,— ,,
90 mm l. R.W.,	3,75 ,,	,, 30 ,, ,, ,, ,,	65,— ,,
	4,25 ,,	,, 40 ,, ,, ,, ,,	70,— ,,
	4,75 ,,	,, 50 ,, ,, ,, ,,	75,— ,,
100 mm l. R.W.,	4 ,,	,, 30 ,, ,, ,, ,,	80,— ,,
	4,5 ,,	,, 40 ,, ,, ,, ,,	90,— ,,
	5,25 ,,	,, 50 ,, ,, ,, ,,	100,— ,,
125 mm l. R.W.,	4 ,,	,, 30 ,, ,, ,, ,,	100,— ,,
	5,5 ,,	,, 40 ,, ,, ,, ,,	125,— ,,
	6,5 ,,	,, 50 ,, ,, ,, ,,	150,— ,,
150 mm l. R.W.,	4,5 ,,	,, 30 ,, ,, ,, ,,	150,— ,,
	6,5 ,,	,, 40 ,, ,, ,, ,,	175,— ,,
	7,5 ,,	,, 50 ,, ,, ,, ,,	200,— ,,
175 mm l. R.W.,	5 ,,	,, 30 ,, ,, ,, ,,	150,— ,,
	7 ,,	,, 40 ,, ,, ,, ,,	200,— ,,
	8,5 ,,	,, 50 ,, ,, ,, ,,	300,— ,,
200 mm l. R.W.,	5,5 ,,	,, 30 ,, ,, ,, ,,	200,— ,,
	7,5 ,,	,, 40 ,, ,, ,, ,,	250,— ,,
	9,5 ,,	,, 50 ,, ,, ,, ,,	400,— ,,
225 mm l. R.W.,	6,5 ,,	,, 30 ,, ,, ,, ,,	250,— ,,
	8,5 ,,	,, 40 ,, ,, ,, ,,	300,— ,,
	10,75 ,,	,, 50 ,, ,, ,, ,,	450,— ,,

---
[1]) D. R. P. 342 617, siehe Abb. 2.

I. Teil: Die Technik der Gasfernleitung.

250 mm l. R.W.,	7	mm Wandstärke,	für 30	at abs.,	je km	300,—	M. (Gold)
	9	„	„	„ 40	„	„	„ „	350,—	„
	11,25	„	„	„ 50	„	„	„ „	500,—	„
275 mm l. R.W.,	7,25	„	„	„ 30	„	„	„ „	300,—	„
	9,25	„	„	„ 40	„	„	„ „	400,—	„
	11,5	„	„	„ 50	„	„	„ „	550,—	„
300 mm l. R.W.,	7,75	„	„	„ 30	„	„	„ „	350,—	„
	9,75	„	„	„ 40	„	„	„ „	500,—	„
	12,25	„	„	„ 50	„	„	„ „	650,—	„
325 mm l. R.W.,	9	„	„	„ 25	„	„	„ „	500,—	„
	10,5	„	„	„ 30	„	„	„ „	600,—	„
	14	„	„	„ 40	„	„	„ „	900,—	„
	18	„	„	„ 50	„	„	„ „ 1250,—	„
350 mm l. R.W.,	10	„	„	„ 25	„	„	„ „	600,—	„
	11,5	„	„	„ 30	„	„	„ „	675,—	„
	15,5	„	„	„ 40	„	„	„ „ 1100,—	„
	19,5	„	„	„ 50	„	„	„ „ 1550,—	„
375 mm l. R.W.,	10,5	„	„	„ 25	„	„	„ „	700,—	„
	12	„	„	„ 30	„	„	„ „	750,—	„
	16,5	„	„	„ 40	„	„	„ „ 1200,—	„
	20,5	„	„	„ 50	„	„	„ „ 1650,—	„
400 mm l. R.W.,	11	„	„	„ 25	„	„	„ „	750,—	„
	13	„	„	„ 30	„	„	„ „	975,—	„
	17,5	„	„	„ 40	„	„	„ „ 1400,—	„
	22	„	„	„ 50	„	„	„ „ 1750,—	„
425 mm l. R.W.,	11	„	„	„ 20	„	„	„ „	800,—	„
	14	„	„	„ 30	„	„	„ „ 1100,—	„
	18,5	„	„	„ 40	„	„	„ „ 1625,—	„
	23,5	„	„	„ 50	„	„	„ „ 1850,—	„
450 mm l. R.W.	11,5	„	„	„ 20	„	„	„ „	950,—	„
	15	„	„	„ 30	„	„	„ „ 1200,—	„
	19,5	„	„	„ 40	„	„	„ „ 1900,—	„
	25	„	„	„ 50	„	„	„ „ 2000,—	„
475 mm l. R.W.,	12	„	„	„ 20	„	„	„ „ 1000,—	„
	15,5	„	„	„ 30	„	„	„ „ 1325,—	„
	20,5	„	„	„ 40	„	„	„ „ 2000,—	„
	26	„	„	„ 50	„	„	„ „ 3100,—	„
500 mm l. R.W.,	12,5	„	„	„ 20	„	„	„ „ 1100,—	„
	16	„	„	„ 30	„	„	„ „ 1500,—	„
	21,5	„	„	„ 40	„	„	„ „ 2100,—	„
	27,5	„	„	„ 50	„	„	„ „ 3250,—	„
525 mm l. R.W.,	12,5	„	„	„ 20	„	„	„ „ 1150,—	„
	17	„	„	„ 30	„	„	„ „ 1700,—	„
	23	„	„	„ 40	„	„	„ „ 2200,—	„
	29,5	„	„	„ 50	„	„	„ „ 3500,—	„
550 mm l. R.W.,	13	„	„	„ 20	„	„	„ „ 1300,—	„
	18	„	„	„ 30	„	„	„ „ 1900,—	„
	24	„	„	„ 40	„	„	„ „ 2300,—	„
	30,5	„	„	„ 50	„	„	„ „ 3600,—	„
575 mm l. R.W.,	13	„	„	„ 20	„	„	„ „ 1400,—	„
	19	„	„	„ 30	„	„	„ „ 2100,—	„
	25	„	„	„ 40	„	„	„ „ 2400,—	„
	32	„	„	„ 50	„	„	„ „ 3700,—	„

Fernleitungen.

600 mm l. R.W.,	13	mm Wandstärke,	für 20 at abs.,	je km 1400,— M. (Gold)			
	16	„	„	„ 25	„	„ „	1900,— „
	20	„	„	„ 30	„	„ „	2100,— „
	26	„	„	„ 40	„	„ „	2500,— „
625 mm l. R.W.,	13,5	„	„	„ 20	„	„ „	1500,— „
	16,5	„	„	„ 25	„	„ „	1850,— „
	21	„	„	„ 30	„	„ „	2300,— „
	27	„	„	„ 40	„	„ „	2600,— „
650 mm l. R.W.,	8	„	„	„ 10	„	„ „	750,— „
	14	„	„	„ 20	„	„ „	1600,— „
	17,5	„	„	„ 25	„	„ „	2100,— „
	21	„	„	„ 30	„	„ „	2500,— „
675 mm l. R.W.,	8	„	„	„ 10	„	„ „	775,— „
	14,5	„	„	„ 20	„	„ „	1700,— „
	18	„	„	„ 25	„	„ „	2300,— „
	22	„	„	„ 30	„	„ „	2600,— „
700 mm l. R.W.,	8	„	„	„ 10	„	„ „	800,— „
	15	„	„	„ 20	„	„ „	1800,— „
	18,5	„	„	„ 25	„	„ „	2500,— „
	22,5	„	„	„ 30	„	„ „	2800,— „
725 mm l. R.W.,	8	„	„	„ 10	„	„ „	825,— „
	15,5	„	„	„ 20	„	„ „	1900,— „
	19,5	„	„	„ 25	„	„ „	2800,— „
750 mm l. R.W.,	8,5	„	„	„ 10	„	„ „	875,— „
	16	„	„	„ 20	„	„ „	2100,— „
	20	„	„	„ 25	„	„ „	2900,— „
775 mm l. R.W.,	8,5	„	„	„ 10	„	„ „	900,— „
	16,5	„	„	„ 20	„	„ „	2300,— „
	20,5	„	„	„ 25	„	„ „	3000,— „
800 mm l. R.W.,	8,5	„	„	„ 10	„	„ „	950,— „
	17	„	„	„ 20	„	„ „	2500,— „
	21	„	„	„ 25	„	„ „	3100,— „
825 mm l. R.W.,	8,5	„	„	„ 10	„	„ „	1000,— „
	17,5	„	„	„ 20	„	„ „	2600,— „
850 mm l. R.W.,	9	„	„	„ 10	„	„ „	1100,— „
	18	„	„	„ 20	„	„ „	2800,— „
875 mm l. R.W.,	9	„	„	„ 10	„	„ „	1200,— „
	18,5	„	„	„ 20	„	„ „	3100,— „
900 mm l. R.W.,	9,5	„	„	„ 10	„	„ „	1250,— „
	19,5	„	„	„ 20	„	„ „	3400,— „
925 mm l. R.W.,	10	„	„	„ 10	„	„ „	1300,— „
	19,5	„	„	„ 20	„	„ „	3500,— „
950 mm l. R.W.,	10	„	„	„ 10	„	„ „	1350,— „
	20	„	„	„ 20	„	„ „	3600,— „
975 mm l. R.W.,	10	„	„	„ 10	„	„ „	1400,— „
	20,5	„	„	„ 20	„	„ „	3700,— „
1000 mm l. R.W.,	10,5	„	„	„ 10	„	„ „	1450,— „
	21	„	„	„ 20	„	„ „	3800,— „
1025 mm l. R.W.,	10,5	„	„	„ 10	„	„ „	1500,— „
	21,5	„	„	„ 20	„	„ „	3900,— „
1050 mm l. R.W.,	10	„	„	„ 5	„	„ „	1450,— „
1075 „ „	10	„	„	„ 5	„	„ „	1500,— „
1100 „ „	10	„	„	„ 5	„	„ „	1525,— „
1125 „ „	10	„	„	„ 5	„	„ „	1550,— „

Starke, Großgasversorgung.

1150 mm l. R.W.,	10 mm Wandstärke,	für	5 at abs.,	je km	1600,— M. (Gold)
1175 ,,	,,	10 ,,	,,	,,	5 ,,	,,	,,	,,	1650,—	,,
1200 ,,	,,	10 ,,	,,	,,	5 ,,	,,	,,	,,	1700,—	,,
1225 ,,	,,	10 ,,	,,	,,	5 ,,	,,	,,	,,	1750,—	,,
1250 ,,	,,	10 ,,	,,	,,	5 ,,	,,	,,	,,	1800,—	,,
1275 ,,	,,	10 ,,	,,	,,	5 ,,	,,	,,	,,	1850,—	,,
1300 ,,	,,	10 ,,	,,	,,	5 ,,	,,	,,	,,	1950,—	,,
1325 ,,	,,	11 ,,	,,	,,	5 ,,	,,	,,	,,	2200,—	,,
1350 ,,	,,	11 ,,	,,	,,	5 ,,	,,	,,	,,	2250,—	,,
1375 ,,	,,	11 ,,	,,	,,	5 ,,	,,	,,	,,	2300,—	,,
1400 ,,	,,	11 ,,	,,	,,	5 ,,	,,	,,	,,	2350,—	,,
1425 ,,	,,	11 ,,	,,	,,	5 ,,	,,	,,	,,	2400,—	,,
1450 ,,	,,	12 ,,	,,	,,	5 ,,	,,	,,	,,	2600,—	,,
1475 ,,	,,	12 ,,	,,	,,	5 ,,	,,	,,	,,	2650,—	,,
1500 ,,	,,	12 ,,	,,	,,	5 ,,	,,	,,	,,	2700,—	,,
1525 ,,	,,	12 ,,	,,	,,	5 ,,	,,	,,	,,	2750,—	,,
1550 ,,	,,	12 ,,	,,	,,	5 ,,	,,	,,	,,	2800,—	,,
1575 ,,	,,	13 ,,	,,	,,	5 ,,	,,	,,	,,	3450,—	,,
1600 ,,	,,	13 ,,	,,	,,	5 ,,	,,	,,	,,	3500,—	,,
1625 ,,	,,	13 ,,	,,	,,	5 ,,	,,	,,	,,	3550,—	,,
1650 ,,	,,	13 ,,	,,	,,	5 ,,	,,	,,	,,	3600,—	,,
1675 ,,	,,	13 ,,	,,	,,	5 ,,	,,	,,	,,	3650,—	,,
1700 ,,	,,	13 ,,	,,	,,	5 ,,	,,	,,	,,	3700,—	,,

Erdarbeiten.

Es wird von einem Grabenprofil gerechnet von 400 mm + Rohrdurchmesser in der Breite und, bei einer mittleren Rohrdeckung von 1,5 m, einer Rohrgrabentiefe von 1500 mm + Rohrdurchmesser. Durch die größere Tiefenlage wird die Berührung mit anderen unterirdischen Anlagen möglichst vermieden, was erwünscht ist. Die Schachtkosten und die Kosten für das Wiedereinfüllen des Rohrgrabens beziehen sich auf mit der Hacke und Schaufel zu bewältigenden Boden. Dafür wird mit M. 3.50 je m³ gerechnet. Wird Fels angetroffen, sind die nachstehenden Zuschläge noch vorzusehen:

M. 3,00 je m³ Hackfels,
,, 6,00 ,, ,, gewöhnlicher Sprengfels,
,, 9,00 ,, ,, Kalkfels.

Das Aufbrechen und die Wiederherstellung der Wegedecken wird im Durchschnitt mit M. 2.— je m² eingesetzt; das ist reichlich gerechnet, denn es wird sich mit Rücksicht auf den Einfluß des Lastkraftwagenverkehrs immer empfehlen, für die Rohrtrasse den Straßengraben oder, wenn noch möglich, das Bankett der Straßen zu wählen.

Nachstehend werden nun die **gesamten Kosten für die Erdarbeiten je Kilometer Strecke** gegeben in Mark (Gold):

Fernleitungen.

		für Erdarbeiten	für Wegewiederherstellung
50 mm l. R.W.:		M. 2 450,—	M. 900,—
60 ,, ,,	,,	,, 2 525,—	,, 920,—
70 ,, ,,	,,	,, 2 600,—	,, 940,—
75 ,, ,,	,,	,, 2 625,—	,, 950,—
80 ,, ,,	,,	,, 2 660,—	,, 960,—
90 ,, ,,	,,	,, 2 750,—	,, 980,—
100 ,, ,,	,,	,, 2 800,—	,, 1000,—
125 ,, ,,	,,	,, 3 000,—	,, 1050,—
150 ,, ,,	,,	,, 3 200,—	,, 1100,—
175 ,, ,,	,,	,, 3 400,—	,, 1150,—
200 ,, ,,	,,	,, 3 600,—	,, 1200,—
225 ,, ,,	,,	,, 3 800,—	,, 1250,—
250 ,, ,,	,,	,, 4 000,—	,, 1300,—
275 ,, ,,	,,	,, 4 200,—	,, 1350,—
300 ,, ,,	,,	,, 4 425,—	,, 1400,—
325 ,, ,,	,,	,, 4 650,—	,, 1450,—
350 ,, ,,	,,	,, 4 875,—	,, 1500,—
375 ,, ,,	,,	,, 5 100,—	,, 1550,—
400 ,, ,,	,,	,, 5 325,—	,, 1600,—
425 ,, ,,	,,	,, 5 575,—	,, 1650,—
450 ,, ,,	,,	,, 5 800,—	,, 1 700—
475 ,, ,,	,,	,, 6 050,—	,, 1750,—
500 ,, ,,	,,	,, 6 300,—	,, 1800,—
525 ,, ,,	,,	,, 6 575,—	,, 1850,—
550 ,, ,,	,,	,, 6 825,—	,, 1900,—
575 ,, ,,	,,	,, 7 100,—	,, 1950,—
600 ,, ,,	,,	,, 7 350,—	,, 2000,—
625 ,, ,,	,,	,, 7 650,—	,, 2050,—
650 ,, ,,	,,	,, 7 900,—	,, 2100,—
675 ,, ,,	,,	,, 8 200,—	,, 2150,—
700 ,, ,,	,,	,, 8 475,—	,, 2200,—
725 ,, ,,	,,	,, 8 800,—	,, 2250,—
750 ,, ,,	,,	,, 9 100,—	,, 2300,—
775 ,, ,,	,,	,, 9 400,—	,, 2350,—
800 ,, ,,	,,	,, 9 700,—	,, 2400,—
825 ,, ,,	,,	,, 10 000,—	,, 2450,—
850 ,, ,,	,,	,, 10 300,—	,, 2500,—
875 ,, ,,	,,	,, 10 600,—	,, 2550,—
900 ,, ,,	,,	,, 11 000,—	,, 2600,—
925 ,, ,,	,,	,, 11 300,—	,, 2650,—
950 ,, ,,	,,	,, 11 600,—	,, 2700,—
975 ,, ,,	,,	,, 12 000,—	,, 2750,—
1000 ,, ,,	,,	,, 12 300,—	,, 2800,—
1025 ,, ,,	,,	,, 12 600,—	,, 2850,—
1050 ,, ,,	,,	,, 13 000,—	,, 2900,—
1075 ,, ,,	,,	,, 13 300,—	,, 2950,—
1100 ,, ,,	,,	,, 13 700,—	,, 3000,—
1125 ,, ,,	,,	,, 14 100,—	,, 3050,—
1150 ,, ,,	,,	,, 14 400,—	,, 3100,—
1175 ,, ,,	,,	,, 14 800,—	,, 3150,—
1200 ,, ,,	,,	,, 15 200,—	,, 3200,—
1225 ,, ,,	,,	,, 15 500,—	,, 3250,—
1250 ,, ,,	,,	,, 15 900,—	,, 3300,—

			für Erdarbeiten	für Wegewiederherstellung
1275 mm l. R.W.:			M. 16 300,—	M. 3350,—
1300	,,	,,	,, 16 700,—	,, 3400,—
1325	,,	,,	,, 17 000,—	,, 3450,—
1350	,,	,,	,, 17 300,—	,, 3500,—
1375	,,	,,	,, 17 900,—	,, 3550,—
1400	,,	,,	,, 18 300,—	,, 3600,—
1425	,,	,,	,, 18 700,—	,, 3650,—
1450	,,	,,	,, 19 100,—	,, 3700,—
1475	,,	,,	,, 19 600,—	,, 3750,—
1500	,,	,,	,, 20 000,—	,, 3800,—
1525	,,	,,	,, 20 400,—	,, 3850,—
1550	,,	,,	,, 20 900,—	,, 3900,—
1575	,,	,,	,, 21 300,—	,, 3950,—
1600	,,	,,	,, 21 700,—	,, 4000,—
1625	,,	,,	,, 22 200,—	,, 4050,—
1650	,,	,,	,, 22 600,—	,, 4100,—
1675	,,	,,	,, 23 100,—	,, 4150,—
1700	,,	,,	,, 23 600,—	,, 4200,—

5. Baukosten der Fernleitungen für die Förderbeispiele.

Unter Benutzung der gegebenen Unterlagen sollen nun für die einzelnen Förderbeispiele die Baukosten gegeben werden, gegliedert nach den Kosten für Material, Schweißen, Erdarbeiten und Wiederherstellung der Rohrgraben-Oberfläche.

Grundsätzlich werden Rohrwandstärken unter 20 at abs. zulässigem Druck nicht angesetzt. Für 25 at abs. Betriebsdruck kommt bei vielen größeren Durchmessern (über 400 mm Dmr.) bereits die Wandstärke für 30 at abs. zur Verwendung, wodurch eine Stufe in der regelmäßigen Kostenreihe entsteht. Über 30 at abs. Druck macht sich der Einfluß der verstärkten Wandstärke geltend durch Ansteigen der Kosten. Da die nahtlosen Rohre, bis 300 mm Dmr., für 30 at abs. Druck zulässig sind, so kommt auch dieser Einfluß bei den Durchmessern bis 300 mm Dmr. zur Auswirkung.

Die Berechnungen der Fernleitungen bedingen Abrundungen auf handelsübliche Durchmesser, wodurch die Verminderung des Durchmessers für erhöhten Leitungsdruck zum Teil nicht erheblich wird, so daß die Durchmesser von 10 zu 10 at abs. nur geringe Abweichungen zeigen. Demgegenüber macht sich aber der Einfluß der größeren Wandstärke für erhöhten Druck stärker bemerkbar. Würde man die theoretischen, rechnerisch ermittelten, aber unausführbaren Rohrdurchmesser in Vergleich stellen, so wäre das Ergebnis ein anderes. Da es sich aber um praktische Ausführungen handelt, ist dieser Weg nicht gangbar.

Es folgen nun die Baukosten:

Fernleitungen. 117

Ansaugeleistung m³/h	10 km	50 km	100 km	150 km	200 km	300 km
1000 m³/h	2 at abs. 150mm Dmr.	2 at abs. 200mm Dmr.	2 at abs. 250 mm Dmr.			
Material . . . M.	5 400	8 400	13 200			
Schweißen . . „	150	200	300			
Erdarbeiten . „	3 200	3 600	4 000			
Wege . . . . „	1 100	1 200	1 300			
je km M.	9 850	13 400	18 800			
Streckenkosten M.	98 500	670 000	1 880 000			
	3 at abs. 125mm Dmr.	3 at abs. 175mm Dmr.	3 at abs. 200 mm Dmr.			
Material . . . M.	3 800	6 700	8 400			
Schweißen . . „	100	150	200			
Erdarbeiten . „	3 000	3 400	3 600			
Wege . . . . „	1 050	1 150	1 200			
je km M.	7 950	11 400	13 400			
Streckenkosten M.	79 500	570 000	1 340 000			
	4 at abs. 125mm Dmr.	4 at abs. 150mm Dmr.	4 at abs. 175 mm Dmr.			
Material . . . M.	3 800	5 400	6 700			
Schweißen . . „	100	150	150			
Erdarbeiten . „	3 000	3 200	3 400			
Wege . . . . „	1 050	1 100	1 150			
je km M.	7 950	9 850	11 400			
Streckenkosten M.	79 500	492 500	1 140 000			
	5 at abs. 100mm Dmr.	5 at abs. 150mm Dmr.	5 at abs. 150 mm Dmr.			
Material . . . M.	3 100	5 400	5 400			
Schweißen . . „	80	150	150			
Erdarbeiten . „	2 800	3 200	3 200			
Wege . . . . „	1 000	1 100	1 100			
je km M.	6 980	9 850	9 850			
Streckenkosten M.	69 800	492 500	985 000			
	10 at abs. 75 mm Dmr.	10 at abs 100mm Dmr.	10 at abs. 125 mm Dmr.			
Material . . . M.	2 100	3 100	3 800			
Schweißen . . „	55	80	100			
Erdarbeiten . „	2 625	2 800	3 000			
Wege . . . . „	950	1 000	1 050			
je km M.	5 730	6 980	7 950			
Streckenkosten M.	57 300	349 000	795 000			
	15 at abs. 70 mm Dmr.	15 at abs. 90 mm Dmr.	15 at abs. 100 mm Dmr.			
Material . . . M.	1 700	2 800	3 100			
Schweißen . . „	50	65	80			
Erdarbeiten . „	2 600	2 750	2 800			
Wege . . . . „	940	980	1 000			
je km M.	5 290	6 595	6 980			
Streckenkosten M.	52 900	329 750	698 000			

I. Teil: Die Technik der Gasfernleitung.

Ansaugeleistung m³/h	10 km	50 km	100 km	150 km	200 km	300 km
1000 m³/h	20 at abs. 60 mm Dmr.	20 at abs. 80 mm Dmr.	20 at abs. 90 mm Dmr.			
Material . . . M.	1 500	2 300	2 800			
Schweißen . . „	45	60	65			
Erdarbeiten . „	2 525	2 660	2 750			
Wege . . . . „	920	960	980			
je km M.	4 990	5 980	6 595			
Streckenkosten M.	49 900	299 000	659 500			
	25 at abs. 60 mm Dmr.	25 at abs. 70 mm Dmr.	25 at abs. 80 mm Dmr.			
Material . . . M.	1 500	1 700	2 300			
Schweißen . . „	45	50	60			
Erdarbeiten . „	2 525	2 600	2 660			
Wege . . . . „	920	940	960			
je km M.	4 990	5 290	5 980			
Streckenkosten M.	49 900	264 500	598 000			
	30 at abs. 50 mm Dmr.	30 at abs. 70 mm Dmr.	30 at abs. 75 mm Dmr.			
Material . . . M.	1 300	1 700	2 100			
Schweißen . . „	40	50	55			
Erdarbeiten . „	2 450	2 600	2 625			
Wege . . . . „	900	940	950			
je km M.	4 690	5 290	5 730			
Streckenkosten M.	46 900	264 500	573 000			
5000 m³/h	2 at abs. 275 mm Dmr.	2 at abs. 350 mm Dmr.	2 at abs. 400 mm Dmr.	2 at abs. 450 mm Dmr.	2 at abs. 475 mm Dmr.	2 at abs. 500 mm Dmr.
Material . . . M.	15 000	26 800	33 400	39 300	42 900	47 500
Schweißen . . „	300	600	750	950	1 000	1 100
Erdarbeiten . „	4 200	4 875	5 325	5 800	6 050	6 300
Wege . . . . „	1 350	1 500	1 600	1 700	1 750	1 800
je km M.	20 850	33 775	41 075	47 750	51 700	56 700
Streckenkosten M.	208 500	1 688 750	4 107 500	7 162 500	10 340 000	17 010 000
	3 at abs. 225 mm Dmr.	3 at abs. 300 mm Dmr.	3 at abs. 350 mm Dmr.	3 at abs. 375 mm Dmr.	3 at abs. 400 mm Dmr.	3 at abs. 425 mm Dmr.
Material . . . M.	11 100	27 500	26 800	30 000	33 400	35 400
Schweißen . . „	250	350	600	700	750	800
Erdarbeiten . „	3 800	4 425	4 875	5 100	5 325	5 575
Wege . . . . „	1 250	1 400	1 500	1 550	1 600	1 650
je km M.	16 400	23 675	33 775	37 350	41 075	43 425
Streckenkosten M.	164 000	1 183 750	3 377 500	5 602 500	8 215 000	13 027 500
	4 at abs. 200 mm Dmr.	4 at abs. 275 mm Dmr.	4 at abs. 300 mm Dmr.	5 at abs. 300 mm Dmr.	5 at abs. 325 mm Dmr.	5 at abs. 350 mm Dmr.
Material . . . M.	8 400	15 000	17 500	17 500	22 500	26 800
Schweißen . . „	200	300	350	350	500	600
Erdarbeiten . „	3 600	4 200	4 425	4 425	4 650	4 875
Wege . . . . „	1 200	1 350	1 400	1 400	1 450	1 500
je km M.	13 400	20 850	23 675	23 675	29 100	33 775
Streckenkosten M.	134 000	1 042 500	2 367 500	3 551 250	5 820 000	10 132 500

Fernleitungen. 119

Ansaugeleistung m³/h	10 km	50 km	100 km	150 km	200 km	300 km
5000 m³/h	5 at abs. 175mm Dmr.	5 at abs. 250mm Dmr.	5 at abs. 275 mm Dmr.	10 at abs. 225 mm Dmr.	10 at abs. 250 mm Dmr.	10 at abs. 275 mm Dmr.
Material ... M.	6 700	13 200	15 000	11 100	13 200	15 100
Schweißen .. „	150	300	300	250	300	300
Erdarbeiten . „	3 400	4 000	4 200	3 800	4 000	4 200
Wege ... : „	1 150	1 300	1 350	1 250	1 300	1 350
je km M.	11 400	18 800	20 850	16 400	18 800	20 950
Streckenkosten M.	114 000	940 000	2 085 000	2 460 000	3 760 000	6 285 000
	10 at abs. 150mm Dmr.	10 at abs. 200mm Dmr.	10 at abs. 225 mm Dmr.	15 at abs. 200 mm Dmr.	15 at abs. 225 mm Dmr.	15 at abs. 225 mm Dmr.
Material ... M.	5 400	8 400	11 100	8 400	11 100	11 100
Schweißen .. „	150	200	250	200	250	250
Erdarbeiten . „	3 200	3 600	3 800	3 600	3 800	3 800
Wege ... . „	1 100	1 200	1 250	1 200	1 250	1 250
je km M.	9 850	13 400	16 400	13 400	16 400	16 400
Streckenkosten M.	98 500	670 000	1 640 000	2 010 000	3 280 000	4 920 000
	15 at abs. 125mm Dmr.	15 at abs. 175mm Dmr.	15 at abs. 200 mm Dmr.	20 at abs. 175 mm Dmr.	20 at abs. 200 mm Dmr.	20 at abs. 200 mm Dmr.
Material ... M.	3 800	6 700	8 400	6 700	8 400	8 400
Schweißen .. „	100	150	200	150	200	200
Erdarbeiten . „	3 000	3 400	3 600	3 400	3 600	3 600
Wege ... . „	1 050	1 150	1 200	1 150	1 200	1 200
je km M.	7 950	11 400	13 400	11 400	13 400	13 400
Streckenkosten M.	79 500	570 000	1 340 000	1 710 000	2 680 000	4 020 000
	20 at abs. 100mm Dmr.	20 at abs. 150mm Dmr.	20 at abs. 175 mm Dmr.	25 at abs. 175 mm Dmr.	25 at abs. 175 mm Dmr.	25 at abs. 200 mm Dmr.
Material ... M.	3 100	5 400	6 700	6 700	6 700	8 400
Schweißen .. „	80	150	150	150	150	200
Erdarbeiten . „	2 800	3 200	3 400	3 400	3 400	3 600
Wege ... . „	1 000	1 100	1 150	1 150	1 150	1 200
je km M.	6 980	9 850	11 400	11 400	11 400	13 400
Streckenkosten M.	69 800	492 500	1 140 000	1 710 000	2 280 000	4 020 000
	25 at abs. 100mm Dmr.	25 at abs. 150mm Dmr.	25 at abs. 150 mm Dmr.	30 at abs. 150 mm Dmr.	30 at abs. 175 mm Dmr.	30 at abs. 175 mm Dmr.
Material ... M.	3 100	5 400	5 400	5 400	6 700	6 700
Schweißen .. „	80	150	150	150	150	150
Erdarbeiten . „	2 800	3 200	3 200	3 200	3 400	3 400
Wege ... . „	1 000	1 100	1 100	1 100	1 150	1 150
je km M.	6 980	9 850	9 850	9 850	11 400	11 400
Streckenkosten M.	69 800	492 500	985 000	1 477 500	2 280 000	3 420 000
	30 at abs. 90mm Dmr.	30 at abs. 125mm Dmr.	30 at abs. 150 mm Dmr.	40 at abs. 150 mm Dmr.	40 at abs. 150 mm Dmr.	40 at abs. 150 mm Dmr.
Material ... M.	2 800	3 800	5 400	7 600	7 600	7 600
Schweißen .. „	65	100	150	175	175	175
Erdarbeiten . „	2 750	3 000	3 200	3 200	3 200	3 200
Wege ... . „	980	1 050	1 100	1 100	1 100	1 100
je km M.	6 595	7 950	9 850	12 075	12 075	12 075
Streckenkosten M.	65 900	397 500	985 000	1 811 250	2 415 000	3 622 500

I. Teil: Die Technik der Gasfernleitung.

Ansaugeleistung m³/h	10 km	50 km	100 km	150 km	200 km	300 km
5000 m³/h				50 at abs. 125 mm Dmr.	50 at abs. 150 mm Dmr.	50 at abs. 150 mm Dmr.
Material . . . M.				6 400	9 000	9 000
Schweißen . . „				150	200	200
Erdarbeiten . „				3 000	3 200	3 200
Wege . . . . „				1 050	1 100	1 100
je km M.				10 600	13 500	13 500
Streckenkosten M.				1 590 000	2 700 000	4 050 000
10 000 m³/h	2 at abs. 350mm Dmr.	2 at abs. 475mm Dmr.	2 at abs. 525 mm Dmr.	3 at abs. 475 mm Dmr.	3 at abs. 500 mm Dmr.	3 at abs. 550 mm Dmr.
Material . . . M.	26 800	42 900	49 200	42 900	47 500	53 400
Schweißen . . „	600	1 000	1 150	1 000	1 100	1 300
Erdarbeiten . „	4 875	6 050	6 575	6 050	6 300	6 825
Wege . . . . „	1 500	1 750	1 850	1 750	1 800	1 900
je km M.	33 775	51 700	58 775	51 700	56 700	63 425
Streckenkosten M.	337 750	2 585 000	5 877 500	7 755 000	11 340 000	19 027 500
	3 at abs. 300mm Dmr.	3 at abs. 400mm Dmr.	3 at abs. 450 mm Dmr.	4 at abs. 425 mm Dmr.	4 at abs. 450 mm Dmr.	4 at abs. 475 mm Dmr.
Material . . . M.	17 500	33 400	39 300	35 400	39 300	42 900
Schweißen . . „	350	750	950	800	950	1 000
Erdarbeiten . „	4 425	5 325	5 800	5 575	5 800	6 050
Wege . . . . „	1 400	1 600	1 700	1 650	1 700	1 750
je km M.	23 675	41 075	47 750	43 425	47 750	51 700
Streckenkosten M.	236 750	2 053 750	4 775 000	6 513 750	9 550 000	15 510 000
	4 at abs. 250mm Dmr.	4 at abs. 350mm Dmr.	4 at abs. 400 mm Dmr.	5 at abs. 400 mm Dmr.	5 at abs. 400 mm Dmr.	5 at abs. 450 mm Dmr.
Material . . . M.	13 200	26 800	33 400	33 400	33 400	39 300
Schweißen . . „	300	600	750	750	750	950
Erdarbeiten . „	4 000	4 875	5 325	5 325	5 325	5 800
Wege . . . . „	1 300	1 500	1 600	1 600	1 600	1 700
je km M.	18 800	33 775	41 075	41 075	41 075	47 750
Streckenkosten M.	188 000	1 688 750	4 107 500	6 161 250	8 215 000	14 325 000
	5 at abs. 225mm Dmr.	5 at abs. 325mm Dmr.	5 at abs. 350 mm Dmr.	10 at abs. 300 mm Dmr.	10 at abs. 325 mm Dmr.	10 at abs. 350 mm Dmr.
Material . . . M.	11 100	22 500	26 800	17 500	22 500	26 800
Schweißen . . „	250	500	600	350	500	600
Erdarbeiten . „	3 800	4 650	4 875	4 425	4 650	4 875
Wege . . . . „	1 250	1 450	1 500	1 400	1 450	1 500
je km M.	16 400	29 100	33 775	23 675	29 100	33 775
Streckenkosten M.	164 000	1 455 000	3 377 500	3 551 250	5 820 000	10 132 500
	10 at abs. 175mm Dmr.	10 at abs. 250mm Dmr.	10 at abs. 275 mm Dmr.	15 at abs. 250 mm Dmr.	15 at abs. 275 mm Dmr.	15 at abs. 300 mm Dmr.
Material . . . M.	6 700	13 200	15 000	13 200	15 000	17 500
Schweißen . . „	150	300	300	300	300	350
Erdarbeiten . „	3 400	4 000	4 200	4 000	4 200	4 425
Wege . . . . „	1 150	1 300	1 350	1 300	1 350	1 400
je km M.	11 400	18 800	20 850	18 800	20 850	23 675
Streckenkosten M.	114 000	940 000	2 085 000	2 820 000	4 170 000	7 102 500

Fernleitungen.

Ansaugeleistung m³/h	10 km	50 km	100 km	150 km	200 km	300 km
10 000 m³/h	15 at abs. 150mm Dmr.	15 at abs. 225mm Dmr.	15 at abs. 250mm Dmr.	20 at abs. 225 mm Dmr.	20 at abs. 250 mm Dmr.	20 at abs. 275 mm Dmr.
Material . . . M.	5 400	11 100	13 200	11 100	13 200	15 000
Schweißen . . „	150	250	300	250	300	300
Erdarbeiten . „	3 200	3 800	4 000	3 800	4 000	4 200
Wege . . . . „	1 100	1 250	1 300	1 250	1 300	1 350
je km M.	9 850	16 400	18 800	16 400	18 800	20 850
Streckenkosten M.	98 500	820 000	1 880 000	2 460 000	3 760 000	6 255 000
	20 at abs. 150mm Dmr.	20 at abs. 200mm Dmr.	20 at abs. 225 mm Dmr.	25 at abs. 225 mm Dmr.	25 at abs. 225 mm Dmr.	25 at abs. 250 mm Dmr.
Material . . . M.	5 400	8 400	11 100	11 100	11 100	13 200
Schweißen . . „	150	200	250	250	250	300
Erdarbeiten . „	3 200	3 600	3 800	3 800	3 800	4 000
Wege . . . . „	1 100	1 200	1 250	1 250	1 250	1 300
je km M.	9 850	13 400	16 400	16 400	16 400	18 800
Streckenkosten M.	98 500	670 000	1 640 000	2 460 000	3 280 000	5 640 000
	30 at abs. 125mm Dmr.	30 at abs. 175mm Dmr.	30 at abs. 200 mm Dmr.	30 at abs. 200 mm Dmr.	30 at abs. 200 mm Dmr.	30 at abs. 225 mm Dmr.
Material . . . M.	3 800	6 700	8 400	8 400	8 400	11 100
Schweißen . . „	100	150	200	200	200	250
Erdarbeiten . „	3 000	3 400	3 600	3 600	3 600	3 800
Wege . . . . „	1 050	1 150	1 200	1 200	1 200	1 250
je km M.	77 950	11 400	13 400	13 400	13 400	16 400
Streckenkosten M.	79 500	570 000	1 340 000	2 010 000	2 680 000	4 920 000
	40 at abs. 125mm Dmr.	40 at abs. 150mm Dmr.	40 at abs. 175 mm Dmr.	40 at abs. 175 mm Dmr.	40 at abs. 200 mm Dmr.	40 at abs. 200 mm Dmr.
Material . . . M.	5 400	7 600	9 400	9 400	11 500	11 500
Schweißen . . „	125	175	200	200	250	250
Erdarbeiten . „	3 000	3 200	3 400	3 400	3 600	3 600
Wege . . . . „	1 050	1 100	1 150	1 150	1 200	1 200
je km M.	9 575	12 075	14 150	14 150	16 550	16 550
Streckenkosten M.	95 750	603 750	1 415 000	2 122 500	3 310 000	4 965 000
	50 at abs. 100mm Dmr.	50 at abs. 150mm Dmr.	50 at abs. 150 mm Dmr.	50 at abs. 175 mm Dmr.	50 at abs. 175 mm Dmr.	50 at abs. 200 mm Dmr.
Material . . . M.	4 100	9 000	9 000	11 500	11 500	15 600
Schweißen . . „	100	200	200	300	300	400
Erdarbeiten . „	2 800	3 200	3 200	3 400	3 400	3 600
Wege . . . . „	1 000	1 100	1 100	1 150	1 150	1 200
je km M.	8 000	13 500	13 500	16 350	16 350	20 800
Streckenkosten M.	80 000	675 000	1 350 000	2 452 500	3 270 000	6 240 000
25 000 m³/h	3 at abs. 400mm Dmr.	3 at abs. 550mm Dmr.	3 at abs. 625 mm Dmr.	3 at abs. 675 mm Dmr.	3 at abs. 700 mm Dmr.	3 at abs. 750 mm Dmr.
Material . . . M.	33 400	53 400	64 500	74 400	79 700	90 800
Schweißen . . „	750	1 300	1 500	1 700	1 800	2 100
Erdarbeiten . „	5 325	6 825	7 650	8 200	8 475	9 100
Wege . . . . „	1 600	1 900	2 050	2 150	2 200	2 300
je km M.	41 075	63 425	75 700	86 450	92 175	104 300
Streckenkosten M.	410 750	3 171 250	7 570 000	12 967 000	18 435 000	31 290 000

I. Teil: Die Technik der Gasfernleitung.

Ansaugeleistung m³/h	10 km	50 km	100 km	150 km	200 km	300 km
25 000 m³/h	4 at abs. 350mm Dmr.	4 at abs. 500mm Dmr.	4 at abs. 550 mm Dmr.	4 at abs. 600 mm Dmr.	4 at abs. 625 mm Dmr.	4 at abs. 675 mm Dm
Material . . . M.	26 800	47 500	53 400	60 000	64 500	74 40
Schweißen . . „	600	1 100	1 300	1 400	1 500	1 70
Erdarbeiten . „	4 875	6 300	6 825	7 350	7 650	8 20
Wege . . . . „	1 500	1 800	1 900	2 000	2 050	2 15
je km M.	33 775	56 700	63 425	70 750	75 700	86 45
Streckenkosten M.	337 750	2 835 000	6 342 500	10 612 500	15 140 000	25 935 00
	5 at abs. 325mm Dmr.	5 at abs. 450mm Dmr.	5 at abs. 500 mm Dmr.	5 at abs. 550 mm Dmr.	5 at abs. 575mm Dmr.	5 at abs. 625 mm Dm
Material . . . M.	22 500	39 300	47 500	53 400	56 000	64 50
Schweißen . . „	500	950	1 100	1 300	1 400	1 50
Erdarbeiten . „	4 650	5 800	6 300	6 825	7 100	7 65
Wege . . . . „	1 450	1 700	1 800	1 900	1 950	2 05
je km M.	29 100	47 750	56 700	63 425	66 450	75 70
Streckenkosten M.	291 000	2 387 500	5 670 000	9 513 750	13 290 000	22 710 00
	10 at abs. 250mm Dmr.	10 at abs. 350mm Dmr.	10 at abs. 400 mm Dmr.	10 at abs. 425 mm Dmr.	10 at abs. 450 mm Dmr.	10 at abs. 475 mm Dm
Material . . . M.	13 200	26 800	33 400	35 400	39 300	42 90
Schweißen . . „	300	600	750	800	950	1 00
Erdarbeiten . „	4 000	4 875	5 325	5 575	5 800	6 05
Wege . . . . „	1 300	1 500	1 600	1 650	1 700	1 75
je km M.	18 800	33 775	41 075	43 425	47 750	51 70
Streckenkosten M.	188 000	1 688 750	4 107 500	6 513 750	9 550 000	15 510 00
	15 at abs. 225mm Dmr.	15 at abs. 300mm Dmr.	15 at abs. 350 mm Dmr.	15 at abs. 350 mm Dmr.	15 at abs. 375 mm Dmr.	15 at abs. 425 mm Dm
Material . . . M.	11 100	17 500	26 800	26 800	30 000	35 40
Schweißen . . „	250	350	600	600	700	80
Erdarbeiten . „	3 800	4 425	4 875	4 875	5 100	5 57
Wege . . . . „	1 250	1 400	1 500	1 500	1 550	1 65
je km M.	16 400	23 675	33 775	33 775	37 350	43 42
Streckenkosten M.	164 000	1 183 750	3 377 500	5 066 250	7 470 000	13 027 50
	20 at abs. 200mm Dmr.	20 at abs. 275mm Dmr.	20 at abs. 300 mm Dmr.	20 at abs. 325 mm Dmr.	20 at abs. 350 mm Dmr.	20 at abs. 375 mm Dm
Material . . . M.	8 400	15 000	17 500	22 500	26 800	30 00
Schweißen . . „	200	300	350	500	600	70
Erdarbeiten . „	3 600	4 200	4 425	4 650	4 875	5 10
Wege . . . . „	1 200	1 350	1 400	1 450	1 500	1 55
je km M.	13 400	20 850	23 675	29 100	33 775	37 350
Streckenkosten M.	134 000	1 042 500	2 367 500	4 365 000	6 755 000	11 205 000
	25 at abs. 175mm Dmr.	25 at abs. 250mm Dmr.	25 at abs. 275 mm Dmr.	25 at abs. 300 mm Dmr.	25 at abs. 325 mm Dmr.	25 at abs. 350 mm Dmr.
Material . . . M.	6 700	13 200	15 000	17 500	22 500	26 800
Schweißen . . „	150	300	300	350	600	675
Erdarbeiten . „	3 400	4 000	4 200	4 425	4 650	4 875
Wege . . . . „	1 150	1 300	1 350	1 400	1 450	1 500
je km M.	11 400	18 800	20 850	23 675	29 200	33 850
Streckenkosten M.	114 000	940 000	2 085 000	3 551 250	5 840 000	10 155 000

Fernleitungen.

Ansaugeleistung m³/h	10 km	50 km	100 km	150 km	200 km	300 km
25 000 m³/h	30 at abs. 175mm Dmr.	30 at abs. 225mm Dmr.	30 at abs. 275 mm Dmr.	30 at abs. 275 mm Dmr.	30 at abs. 300 mm Dmr.	30 at abs. 325 mm Dmr.
Material . . . M.	6 700	11 100	15 000	15 000	17 500	26 300
Schweißen . . „	150	250	300	300	350	500
Erdarbeiten . „	3 400	3 800	4 200	4 200	4 425	4 650
Wege . . . . „	1 150	1 250	1 350	1 350	1 400	1 450
je km M.	11 400	16 400	20 850	20 850	23 675	32 900
Streckenkosten M.	114 000	820 000	2 085 000	3 127 500	4 735 000	9 870 000
	40 at abs. 150mm Dmr.	40 at abs. 200mm Dmr.	40 at abs. 225 mm Dmr.	40 at abs. 250 mm Dmr.	40 at abs. 275 mm Dmr.	40 at abs. 300 mm Dmr.
Material . . . M.	7 600	11 500	14 600	17 100	19 300	22 100
Schweißen . . „	175	250	300	350	400	500
Erdarbeiten . „	3 200	3 600	3 800	4 000	4 200	4 425
Wege . . . . „	1 100	1 200	1 250	1 300	1 350	1 400
je km M.	12 075	16 550	19 950	22 750	25 250	28 425
Streckenkosten M.	120 750	827 500	1 995 000	3 412 500	5.050 000	8 527 500
	50 at abs. 150mm Dmr.	50 at abs. 200mm Dmr.	50 at abs. 225 mm Dmr.	50 at abs. 225 mm Dmr.	50 at abs. 250 mm Dmr.	50 at abs. 275 mm Dmr.
Material . . . M.	9 000	15 600	18 600	18 600	21 500	24 100
Schweißen . . „	200	400	450	450	500	550
Erdarbeiten . „	3 200	3 600	3 800	3 800	4 000	4 200
Wege . . . . „	1 100	1 200	1 250	1 250	1 300	1 350
je km M.	13 500	20 800	24 100	24 100	27 300	30 200
Streckenkosten M.	135 000	1 040 000	2 410 000	3 615 000	5 460 000	9 060 000
50 000 m³/h	3 at abs. 525mm Dmr.	3 at abs. 700mm Dmr.	3 at abs. 800 mm Dmr.	3 at abs. 875 mm Dmr.	3 at abs. 900 mm Dmr.	3 at abs. 975 mm Dmr.
Material . . . M.	49 200	79 700	102 700	121 600	131 700	
Schweißen . . „	1 150	1 800	2 500	3 100	3 400	
Erdarbeiten . „	6 575	8 475	9 700	10 600	11 000	
Wege . . . . „	1 850	2 200	2 400	2 550	2 600	
je km M.	58 775	92 175	117 300	137 850	148 700	
Streckenkosten M.	587 750	4 608 750	11 730 000	20 677 500	29 740 000	
	4 at abs. 475mm Dmr.	4 at abs. 625mm Dmr.	4 at abs. 700 mm Dmr.	4 at abs. 775 mm Dmr.	4 at abs. 800 mm Dmr.	4 at abs. 875 mm Dmr.
Material . . . M.	42 900	64 500	79 700	96 600	102 700	121 600
Schweißen . . „	1 000	1 500	1 800	2 300	2 500	3 100
Erdarbeiten . „	6 050	7 650	8 475	9 400	9 700	10 600
Wege . . . . „	1 750	2 050	2 200	2 350	2 400	2 550
je km M.	51 700	75 700	92 175	110 650	117 300	137 850
Streckenkosten M.	517 000	3 785 000	9 217 500	16 597 500	23 460 000	41 355 000
	5 at abs. 425mm Dmr.	5 at abs. 575mm Dmr.	5 at abs. 650 mm Dmr.	5 at abs. 700 mm Dmr.	5 at abs. 750 mm Dmr.	5 at abs. 800 mm Dmr.
Material . . . M.	35 400	56 000	69 500	79 700	90 800	102 700
Schweißen . . „	800	1 400	1 600	1 800	2 100	2 500
Erdarbeiten . „	5 575	7 100	7 900	8 475	9 100	9 700
Wege . . . . „	1 650	1 950	2 100	2 200	2 300	2 400
je km M.	43 425	66 450	81 100	92 175	104 300	117 300
Streckenkosten M.	434 250	3 322 500	8 110 000	13 826 250	20 860 000	35 190 000

I. Teil: Die Technik der Gasfernleitung.

Ansaugeleistung m³/h	10 km	50 km	100 km	150 km	200 km	300 km
50 000 m³/h	10 at abs. 325mm Dmr.	10 at abs. 450mm Dmr.	10 at abs. 500 mm Dmr.	10 at abs. 550 mm Dmr.	10 at abs. 575 mm Dmr.	10 at abs. 625 mm Dm
Material . . . M.	22 500	39 300	47 500	53 400	56 000	64 50
Schweißen . . „	500	950	1 100	1 300	1 400	1 50
Erdarbeiten . „	4 650	5 800	6 300	6 825	7 100	7 65
Wege . . . „	1 450	1 700	1 800	1 900	1 950	2 05
je km M.	29 100	47 750	56 700	63 425	66 450	75 70
Streckenkosten M.	291 000	2 387 500	5 670 000	9 513 750	13 290 000	22 710 00
	15 at abs. 275mm Dmr.	15 at abs. 375mm Dmr.	15 at abs. 425 mm Dmr.	15 at abs. 475mm Dmr.	15 at abs. 500 mm Dmr.	15 at abs. 525 mm Dm
Material . . . M.	15 000	30 000	35 400	42 900	47 500	49 20
Schweißen . . „	300	700	800	1 000	1 100	1 15
Erdarbeiten . „	4 200	5 100	5 575	6 050	6 300	6 57
Wege . . . „	1 350	1 550	1 650	1 750	1 800	1 85
je km M.	20 850	37 350	43 425	51 700	56 700	58 77
Streckenkosten M.	208 500	1 867 500	4 342 500	7 755 000	11 340 000	17 632 50
	20 at abs. 250mm Dmr.	20 at abs. 350mm Dmr.	20 at abs. 400 mm Dmr.	20 at abs. 425 mm Dmr.	20 at abs. 450 mm Dmr.	20 at abs. 475 mm Dm
Material . . . M.	13 200	26 800	33 400	35 400	39 300	42 90
Schweißen . . „	300	600	750	800	950	1 00
Erdarbeiten . „	4 000	4 875	5 325	5 575	5 800	6 05
Wege . . . „	1 300	1 500	1 600	1 650	1 700	1 75
je km M.	18 800	33 775	41 075	43 425	47 750	51 70
Streckenkosten M.	188 000	1 688 750	4 107 500	6 513 750	9 550 000	15 510 00
	25 at abs. 250mm Dmr.	25 at abs. 325mm Dmr.	25 at abs. 350 mm Dmr.	25 at abs. 400 mm Dmr.	25 at abs. 400 mm Dmr.	25 at abs. 450 mm Dm
Material . . . M.	13 200	22 500	26 800	33 400	33 400	51 30
Schweißen . . „	300	500	600	750	750	1 20
Erdarbeiten . „	4 000	4 650	4 875	5 325	5 325	5 80
Wege . . . „	1 300	1 450	1 500	1 600	1 600	1 70
je km M.	18 800	29 100	33 775	41 075	41 075	60 00
Streckenkosten M.	188 000	1 455 000	3 377 500	6 161 250	8 215 000	18 000 00
	30 at abs. 225mm Dmr.	30 at abs. 300mm Dmr.	30 at abs. 350 mm Dmr.	30 at abs. 375 mm Dmr.	30 at abs. 375 mm Dmr.	30 at abs. 425 mm Dm
Material . . . M.	11 100	17 500	31 000	34 400	34 400	45 30
Schweißen . . „	250	350	675	750	750	1 10
Erdarbeiten . „	3 800	4 425	4 875	5 100	5 100	5 57
Wege . . . „	1 250	1 400	1 500	1 550	1 550	1 65
je km M.	16 400	23 675	38 050	41 800	41 800	53 62
Streckenkosten M.	164 000	1 183 750	3 805 000	6 270 000	8 360 000	16 087 50
	40 at abs. 200mm Dmr.	40 at abs. 275mm Dmr.	40 at abs. 300 mm Dmr.	40 at abs. 325 mm Dmr.	40 at abs. 350 mm Dmr.	40 at abs. 375 mm Dm
Material . . . M.	11 500	19 300	22 100	35 400	42 200	48 20
Schweißen . . „	250	400	500	900	1 100	1 20
Erdarbeiten . „	3 600	4 200	4 425	4 650	4 875	5 10
Wege . . . „	1 200	1 350	1 400	1 450	1 500	1 55
je km M.	16 550	25 250	28 425	42 400	49 675	56 05
Streckenkosten M.	165 500	1 262 500	2 845 500	6 360 000	9 935 000	16 815 00

Fernleitungen. 125

Ansaugeleistung m³/h	10 km	50 km	100 km	150 km	200 km	300 km
50 000 m³/h	50 at abs. 200mm Dmr.	50 at abs. 250mm Dmr.	50 at abs. 275 mm Dmr.	50 at abs. 300 mm Dmr.	50 at abs. 325 mm Dmr.	50 at abs. 350 mm Dmr.
Material . . . M.	15 600	21 500	24 100	28 000	46 100	53 400
Schweißen . . „	400	500	550	650	1 250	1 550
Erdarbeiten . „	3 600	4 000	4 200	4 425	4 650	4 875
Wege . . . . „	1 200	1 300	1 350	1 400	1 450	1 500
je km M.	20 800	27 300	30 200	34 475	53 450	61 325
Streckenkosten M.	208 000	1 365 000	3 020 000	5 171 250	10 690 000	18 397 500
75 000 m³/h	3 at abs. 625mm Dmr.	3 at abs. 825mm Dmr.	3 at abs. 925 mm Dmr.	3 at abs. 1000mmDmr.	3 at abs. 1050mmDmr.	3 at abs. 1150mmDmr.
Material . . . M.	64 500	108 700				
Schweißen . . „	1 500	2 600				
Erdarbeiten . „	7 650	10 000				
Wege . . . . „	2 050	2 450				
je km M.	75 700	123 750				
Streckenkosten M.	757 000	6 187 500				
	4 at abs. 550mm Dmr.	4 at abs. 725mm Dmr.	4 at abs. 825 mm Dmr.	4 at abs. 900 mm Dmr.	4 at abs. 950 mm Dmr.	4 at abs. 1000mmDmr.
Material . . . M.	53 400	85 100	108 700			
Schweißen . . „	1 300	1 900	2 600			
Erdarbeiten . „	6 825	8 800	10 000			
Wege . . . . „	1 900	2 250	2 450			
je km M.	63 425	98 050	123 750			
Streckenkosten M.	634 250	4 902 500	12 375 000			
	5 at abs. 500mm Dmr.	5 at abs. 675mm Dmr.	5 at abs. 750 mm Dmr.	5 at abs. 825 mm Dmr.	5 at abs. 875 mm Dmr.	5 at abs. 925 mm Dmr
Material . . . M.	47 500	74 400	90 800	108 700	121 600	
Schweißen . . „	1 100	1 700	2 100	2 600	3 100	
Erdarbeiten . „	6 300	8 200	9 100	10 000	10 600	
Wege . . . . „	1 800	2 150	2 300	2 450	2 550	
je km M.	56 700	86 450	104 300	123 750	137 850	
Streckenkosten M.	567 000	4 322 500	10 430 000	18 562 500	27 570 000	
	10 at abs. 375mm Dmr.	10 at abs. 525mm Dmr.	10 at abs. 600 mm Dmr.	10 at abs. 625 mm Dmr.	10 at abs. 675 mm Dmr.	10 at abs. 725 mm Dmr.
Material . . . M.	30 000	49 200	60 000	64 500	74 400	85 100
Schweißen . . „	700	1 150	1 400	1 500	1 700	1 900
Erdarbeiten . „	5 100	6 575	7 350	7 650	8 200	8 800
Wege . . . . „	1 550	1 850	2 000	2 050	2 150	2 250
je km M.	37 350	58 775	70 750	75 700	86 450	98 050
Streckenkosten M.	373 500	2 938 750	7 075 000	11 355 000	17 290 000	29 415 000
	15 at abs. 325mm Dmr.	15 at abs. 450mm Dmr.	15 at abs. 500 mm Dmr.	15 at abs. 550 mm Dmr.	15 at abs. 575 mm Dmr.	15 at abs. 625 mm Dmr.
Material . . . M.	22 500	39 300	47 500	53 400	56 000	64 500
Schweißen . . „	500	950	1 100	1 300	1 400	1 500
Erdarbeiten . „	4 650	5 800	6 300	6 825	7 100	7 650
Wege . . . . „	1 450	1 700	1 800	1 900	1 950	2 050
je km M.	29 100	47 750	56 700	63 425	66 450	75 700
Streckenkosten M.	291 000	2 387 500	5 670 000	9 513 750	13 290 000	22 710 000

I. Teil: Die Technik der Gasfernleitung.

Ansaugeleistung m³/h	10 km	50 km	100 km	150 km	200 km	300 km
75 000 m³/h	20 at abs. 300mm Dmr.	20 at abs. 400mm Dmr.	20 at abs. 450mm Dmr.	20 at abs. 475 mm Dmr.	20 at abs. 525 mm Dmr.	20 at abs. 550 mm Dm
Material . . . M.	17 500	33 400	39 300	42 900	49 200	53 40
Schweißen . . „	350	750	950	1000	1 150	1 30
Erdarbeiten . „	4 425	5 325	5 800	6 050	6 575	6 82
Wege . . . . „	1 400	1 600	1 700	1 750	1 850	1 90
je km M.	23 675	41 075	47 750	51 700	58 775	63 42
Streckenkosten M.	236 750	2 053 750	4 775 000	7 755 000	11 755 000	19 027 50
	25 at abs. 275mm Dmr.	25 at abs. 375mm Dmr.	25 at abs. 425 mm Dmr.	25 at abs. 450 mm Dmr.	25 at abs. 475 mm Dmr.	25 at abs. 500 mm Dm
Material . . . M.	15 000	30 000	45 300	51 300	53 700	60 40
Schweißen . . „	300	700	1 100	1 200	1 325	1 50
Erdarbeiten . „	4 200	5 100	5 575	5 800	6 050	6 30
Wege . . . . „	1 350	1 550	1 650	1 700	1 750	1 80
je km M.	20 850	37 350	53 625	60 000	64 825	70 00
Streckenkosten M.	208 500	1 867 500	5 362 500	9 000 000	12 965 000	21 000 00
	30 at abs. 250mm Dmr.	30 at abs. 350mm Dmr.	30 at abs. 400 mm Dmr.	30 at abs. 425 mm Dmr.	30 at abs. 450 mm Dmr.	30 at abs. 475 mm Dm
Material . . . M.	13 200	26 800	39 700	45 300	51 300	55 70
Schweißen . . „	300	675	975	1 100	1 200	1 32
Erdarbeiten . „	4 000	4 875	5 325	5 575	5 800	6 05
Wege . . . . „	1 300	1 500	1 600	1 650	1 700	1 75
je km M.	18 800	33 850	47 600	53 625	60 000	64 82
Streckenkosten M.	188 000	1 692 500	4 760 000	8 043 750	12 000 000	19 447 50
	40 at abs. 225mm Dmr.	40 at abs. 300mm Dmr.	40 at abs. 350 mm Dmr.	40 at abs. 375 mm Dmr.	40 at abs. 400 mm Dmr.	40 at abs. 425 mm Dm
Material . . . M.	11 100	22 100	42 200	48 200	53 900	60 40
Schweißen . . „	300	500	1 100	1 200	1 400	1 62
Erdarbeiten . „	3 800	4 425	4 875	5 100	5 325	5 57
Wege . . . . „	1 250	1 400	1 500	1 550	1 600	1 65
je km M.	16 450	28 425	49 675	56 050	62 225	69 25
Streckenkosten M.	164 500	1 421 250	4 967 500	8 407 500	12 445 000	20 775 00
	50 at abs. 225mm Dmr.	50 at abs. 275mm Dmr.	50 at abs. 325 mm Dmr.	50 at abs. 350 mm Dmr.	50 at abs. 375 mm Dmr.	50 at abs. 400 mm Dm
Material . . . M.	11 100	24 100	46 100	53 400	60 100	68 40
Schweißen . „	450	550	1 250	1 550	1 650	1 75
Erdarbeiten . „	3 800	4 200	4 650	4 875	5 100	5 32
Wege . . . . „	1 250	1 350	1 450	1 500	1 550	1 60
je km M.	16 600	30 200	53 450	61 325	68 400	77 07
Streckenkosten M.	166 000	1 510 000	5 345 000	9 198 750	13 680 000	23 122 50
100 000 m³/h	3 at abs. 675mm Dmr.	3 at abs. 925mm Dmr.	3 at abs. 1025mmDmr.	¹ 3 at abs. 1125mmDmr.	3 at abs. 1175mmDmr.	3 at abs. 1275mmDm
Material . . . M.	74 400					
Schweißen . . „	1 700					
Erdarbeiten . „	8 200					
Wege . . . . „	2 150					
je km M.	86 450					
Streckenkosten M.	864 500					

Fernleitungen.

Ansaugeleistung m³/h	10 km	50 km	100 km	150 km	200 km	300 km
100 000 m³/h	4 at abs. 600mm Dmr.	4 at abs. 825mm Dmr.	4 at abs. 925 mm Dmr.	4 at abs. 1000mmDmr.	4 at abs. 1050mmDmr.	4 at abs. 1125mmDmr
Material . . . M.	60 000	108 700				
Schweißen . . „	1 400	2 600				
Erdarbeiten . „	7 350	10 000				
Wege . . . . „	2 000	2 450				
je km M.	70 750	123 750				
Streckenkosten M.	707 500	6 187 500				
	5 at abs. 550mm Dmr.	5 at abs. 750mm Dmr.	5 at abs. 850 mm Dmr.	5 at abs. 925 mm Dmr.	5 at abs. 975 mm Dmr.	5 at abs. 1025mmDmr.
Material . . . M.	53 400	90 800	115 100			
Schweißen . . „	1 300	2 100	2 800			
Erdarbeiten . „	6 825	9 100	10 300			
Wege . . . . „	1 900	2 300	2 500			
je km M.	63 425	104 300	130 700			
Streckenkosten M.	634 250	5 215 000	13 070 000			
	10 at abs. 425mm Dmr.	10 at abs. 575mm Dmr.	10 at abs. 650 mm Dmr.	10 at abs. 700 mm Dmr.	10 at abs. 750 mm Dmr.	10 at abs. 800 mm Dmr.
Material . . . M.	35 400	56 000	69 500	79 700	90 800	102 700
Schweißen . . „	800	1 400	1 600	1 800	1 900	2 500
Erdarbeiten . „	5 575	7 100	7 900	8 475	9 100	9 700
Wege . . . . „	1 650	1 950	2 100	2 200	2 300	2 400
je km M.	43 425	66 450	81 100	92 175	104 100	117 300
Streckenkosten M.	434 250	3 322 500	8 110 000	13 826 250	20 820 000	35 190 000
	15 at abs. 375mm Dmr.	15 at abs. 500mm Dmr.	15 at abs. 550 mm Dmr.	15 at abs. 600 mm Dmr.	15 at abs. 625 mm Dmr.	15 at abs. 700 mm Dmr.
Material . . . M.	30 000	47 500	53 400	60 000	64 500	79 700
Schweißen . . „	700	1 100	1 300	1 400	1 500	1 800
Erdarbeiten . „	5 100	6 300	6 825	7 350	7 650	8 475
Wege . . . . „	1 550	1 800	1 900	2 000	2 050	2 200
je km M.	37 350	56 700	63 425	70 750	75 700	92 175
Streckenkosten M.	373 500	2 835 000	6 342 500	10 612 500	15 140 000	27 652 500
	20 at abs. 325mm Dmr.	20 at abs. 450mm Dmr.	20 at abs. 500 mm Dmr.	20 at abs. 550 mm Dmr.	20 at abs. 575 mm Dmr.	20 at abs. 625 mm Dmr.
Material . . . M.	22 500	39 300	47 500	53 400	56 000	64 500
Schweißen . . „	500	950	1 100	1 300	1 400	1 500
Erdarbeiten . „	4 650	5 800	6 300	6 825	7 100	7 650
Wege . . . . „	1 450	1 700	1 800	1 900	1 950	2 050
je km M.	29 100	47 750	56 700	63 425	66 450	75 700
Streckenkosten M.	291 100	2 387 500	5 670 000	9 513 750	13 290 000	22 710 000
	25 at abs. 300mm Dmr.	25 at abs. 400mm Dmr.	25 at abs. 475 mm Dmr.	25 at abs. 500 mm Dmr.	25 at abs. 525 mm Dmr.	25 at abs. 575 mm Dmr.
Material . . . M.	17 500	33 400	55 700	60 400	67 400	86 800
Schweißen . . „	350	750	1 325	1 500	1 700	2 000
Erdarbeiten . „	4 425	5 325	6 050	6 300	6 575	7 100
Wege . . . . „	1 400	1 600	1 750	1 800	1 850	1 950
je km M.	23 675	41 075	64 825	70 000	77 525	92 850
Streckenkosten M.	236 750	2 053 750	6 842 500	10 500 000	15 505 000	27 855 000

I. Teil: Die Technik der Gasfernleitung.

Ansaugeleistung m³/h	10 km	50 km	100 km	150 km	200 km	300 km
100 000 m³/h	30 at abs. 275mm Dmr.	30 at abs. 375 mm Dmr.	30 at abs. 425 mm Dmr.	30 at abs. 475 mm Dmr.	30 at abs. 500 mm Dmr.	30 at abs. 525 mm Dmr.
Material . . . M.	15 000	34 400	45 300	55 700	60 400	67 400
Schweißen . . „	300	750	1 100	1 325	1 500	1 700
Erdarbeiten . „	4 200	5 100	5 575	6 050	6 300	6 575
Wege . . . . „	1 350	1 550	1 650	1 750	1 800	1 850
je km M.	20 850	41 800	53 625	64 825	70 000	77 525
Streckenkosten M.	208 500	2 090 000	5 362 500	9 723 750	14 000 000	23 257 500
	40 at abs. 250mm Dmr.	40 at abs. 350 mm Dmr.	40 at abs. 400 mm Dmr.	40 at abs. 425 mm Dmr.	40 at abs. 450 mm Dmr.	40 at abs. 475 mm Dmr.
Material . . . M.	17 100	42 200	53 900	60 400	67 200	74 400
Schweißen . . „	350	1 100	1 400	1 625	1 900	2 000
Erdarbeiten . „	4 000	4 875	5 325	5 575	5 800	6 050
Wege . . . . „	1 300	1 500	1 600	1 650	1 700	1 750
je km M.	22 750	49 675	62 225	69 250	76 600	84 200
Streckenkosten M.	227 500	2 483 750	6 222 500	10 387 500	15 320 000	25 260 000
	50 at abs. 250mm Dmr.	50 at abs. 325 mm Dmr.	50 at abs. 350 mm Dmr.	50 at abs. 375 mm Dmr.	50 at abs. 400 mm Dmr.	50 at abs. 450 mm Dmr.
Material . . . M.	21 500	45 100	53 400	60 100	68 400	87 200
Schweißen . . „	500	1 250	1 550	1 650	1 750	2 000
Erdarbeiten . „	4 000	4 650	4 875	5 100	5 325	5 800
Wege . . . . „	1 300	1 450	1 500	1 550	1 600	1 700
je km M.	27 300	53 450	61 325	68 400	77 075	96 700
Streckenkosten M.	273 000	2 672 500	6 132 500	10 260 000	15 415 000	29 010 000
150 000 m³/h	3 at abs. 800mm Dmr.	3 at abs. 1050mmDmr.	3 at abs. 1225mmDmr.	3 at abs. 1300mmDmr.	3 at abs. 1375mmDmr.	3 at abs. 1500mmDmr.
Material . . . M.	102 700					
Schweißen . . „	2 500					
Erdarbeiten . „	9 700					
Wege . . . . „	-2 400					
je km M.	117 300					
Streckenkosten M.	1 173 000					
	4 at abs. 700mm Dmr.	4 at abs. 950 mm Dmr.	4 at abs. 1075mmDmr.	4 at abs. 1175mmDmr.	4 at abs. 1225mmDmr.	4 at abs. 1325mmDmr.
Material . . . M.	79 700					
Schweißen . . „	1 800					
Erdarbeiten . „	8 475					
Wege . . . . „	2 200					
je km M.	92 175					
Streckenkosten M.	921 750					
	5 at abs. 650mm Dmr.	5 at abs. 875 mm Dmr.	5 at abs. 975 mm Dmr.	5 at abs. 1050mmDmr.	5 at abs. 1125mmDmr.	5 at abs. 1225mmDm.
Material . . . M.	69 500	121 600				
Schweißen . . „	1 600	3 100				
Erdarbeiten . „	7 900	10 600				
Wege . . . . „	2 100	2 550				
je km M.	81 100	137 850				
Streckenkosten M.	811 000	6 892 500				

Fernleitungen.

Ansaugeleistung m³/h	10 km	50 km	100 km	150 km	200 km	300 km
150 000 m³/h	10 at abs. 500mm Dmr.	10 at abs. 650mm Dmr.	10 at abs. 750 mm Dmr.	10 at abs. 825 mm Dmr.	10 at abs. 850 mm Dmr.	10 at abs. 925 mm Dmr.
Material . . . M.	47 500	74 400	90 800	108 700	115 100	
Schweißen . . „	1 100	1 700	2 100	2 600	2 800	
Erdarbeiten . „	6 300	8 200	9 100	10 000	10 300	
Wege . . . . „	1 800	2 150	2 300	2 450	2 500	
je km M.	56 700	86 450	104 300	123 750	130 700	
Streckenkosten M.	567 000	4 322 500	10 430 000	18 562 500	26 140 000	
	15 at abs. 425mm Dmr.	15 at abs. 575mm Dmr.	15 at abs. 650 mm Dmr.	15 at abs. 700 mm Dmr.	15 at abs. 750 mm Dmr.	15 at abs. 800 mm Dmr.
Material . . . M.	35 400	56 000	69 500	79 700	90 800	102 700
Schweißen . . „	800	1 400	1 600	1 800	2 100	2 500
Erdarbeiten . „	5 575	7 100	7 900	8 475	9 100	9 700
Wege . . . . „	1 650	1 950	2 100	2 200	2 300	2 400
je km M.	43 425	66 450	81 100	92 175	104 300	117 300
Streckenkosten M.	434 250	3 322 500	8 110 000	13 826 250	20 860 000	35 190 000
	20 at abs. 375mm Dmr.	20 at abs. 525mm Dmr.	20 at abs. 600 mm Dmr.	20 at abs. 625 mm Dmr.	20 at abs. 675 mm Dmr.	20 at abs. 725 mm Dmr.
Material . . . M.	30 000	49 200	60 000	64 500	74 400	85 100
Schweißen . . „	700	1 150	1 400	1 500	1 700	1 900
Erdarbeiten . „	5 100	6 575	7 350	7 650	8 200	8 800
Wege . . . . „	1 550	1 850	2 000	2 050	2 150	2 250
je km M.	37 350	58 775	70 750	75 700	86 450	98 050
Streckenkosten M.	373 500	2 938 750	7 075 000	11 355 000	17 290 000	29 415 000
	25 at abs. 350mm Dmr.	25 at abs. 475mm Dmr.	25 at abs. 550 mm Dmr.	25 at abs. 575 mm Dmr.	25 at abs. 625 mm Dmr.	25 at abs. 650 mm Dmr.
Material . . . M.	26 800	55 700	74 700	81 800	79 100	87 100
Schweißen . . „	600	1 325	1 900	2 100	1 850	2 100
Erdarbeiten . „	4 875	6 050	6 825	7 100	7 650	7 900
Wege . . . . „	1 500	1 750	1 900	1 950	2 050	2 100
je km M.	33 775	64 825	85 325	92 950	90 650	99 200
Streckenkosten M.	337 750	3 241 250	8 532 500	13 942 500	18 130 000	29 760 000
	30 at abs. 325mm Dmr.	30 at abs. 450mm Dmr.	30 at abs. 500 mm Dmr.	30 at abs. 550 mm Dmr.	30 at abs. 575 mm Dmr.	30 at abs. 625 mm Dmr.
Material . . . M.	26 300	51 300	60 400	74 700	81 500	108 000
Schweißen . . „	600	1 200	1 500	1 900	2 100	2 300
Erdarbeiten . „	4 650	5 800	6 300	6 825	7 100	7 650
Wege . . . . „	1 450	1 700	1 800	1 900	1 950	2 050
je km M.	33 000	60 000	70 000	85 325	92 950	120 000
Streckenkosten M.	330 000	3 000 000	7 000 000	12 798 750	18 590 000	36 000 000
	40 at abs. 300mm Dmr.	40 at abs. 400mm Dmr.	40 at abs. 450 mm Dmr.	40 at abs. 500 mm Dmr.	40 at abs. 525 mm Dmr.	40 at abs. 550 mm Dmr.
Material . . . M.	22 100	53 900	67 200	82 000	92 100	100 700
Schweißen . . „	500	1 400	1 900	2 100	2 200	2 300
Erdarbeiten . „	4 425	5 325	5 800	6 300	6 575	6 825
Wege . . . . „	1 400	1 600	1 700	1 800	1 850	1 900
je km M.	28 425	62 225	76 600	92 200	102 725	111 725
Streckenkosten M.	284 250	3 111 250	7 660 000	13 830 000	20 545 000	33 517 500

Starke, Großgasversorgung.

I. Teil: Die Technik der Gasfernleitung.

Ansaugeleistung m³/h	10 km	50 km	100 km	150 km	200 km	300 km
150 000 m³/h	50 at abs. 275mm Dmr.	50 at abs. 375mm Dmr.	50 at abs. 425mm Dmr.	50 at abs. 450mm Dmr.	50 at abs. 475mm Dmr.	50 at abs. 500mm Dmr.
Material . . . M.	24 100	60 100	77 600	87 200	95 500	106 000
Schweißen . . ,,	550	1 650	1 850	2 000	3 100	3 25
Erdarbeiten . ,,	4 200	5 100	5 575	5 800	6 050	6 30
Wege . . . . ,,	1 350	1 550	1 650	1 700	1 750	1 80
je km M.	30 200	68 400	86 675	96 700	106 400	117 35
Streckenkosten M.	302 000	3 420 000	8 667 500	14 505 000	21 280 000	35 205 00
200 000 m³/h	3 at abs. 875mm Dmr.	3 at abs. 1200mm Dmr.	3 at abs. 1350mm Dmr.	3 at abs. 1450mm Dmr.	3 at abs. 1525mm Dmr.	3 at abs. 1700mm Dmr.
Material . . . M.	121 600					
Schweißen . . ,,	3 100					
Erdarbeiten . ,,	10 600					
Wege . . . . ,,	2 550					
je km M.	137 850					
Streckenkosten M.	1 378 500					
	4 at abs. 775mm Dmr.	4 at abs. 1050mm Dmr.	4 at abs. 1200mm Dmr.	4 at abs. 1275mm Dmr.	4 at abs. 1350mm Dmr.	4 at abs. 1475mm Dmr.
Material . . . M.	96 600					
Schweißen . . ,,	2 300					
Erdarbeiten . ,,	9 400					
Wege . . . . ,,	2 350					
je km M.	110 650					
Streckenkosten M.	1 106 500					
	5 at abs. 725mm Dmr.	5 at abs. 975mm Dmr.	5 at abs. 1100mm Dmr.	5 at abs. 1200mm Dmr.	5 at abs. 1250mm Dmr.	5 at abs. 1350mm Dmr.
Material . . . M.	85 100					
Schweißen . . ,,	1 900					
Erdarbeiten . ,,	8 800					
Wege . . . . ,,	2 250					
je km M.	98 050					
Streckenkosten M.	980 500					
	10 at abs. 550mm Dmr.	10 at abs. 750mm Dmr.	10 at abs. 850mm Dmr.	10 at abs. 900mm Dmr.	10 at abs. 950mm Dmr.	10 at abs. 1025mm Dmr.
Material . . . M.	53 400	90 800	115 100	131 700		
Schweißen . . ,,	1 300	2 100	2 800	3 400		
Erdarbeiten . ,,	6 825	9 100	10 300	11 000		
Wege . . . . ,,	1 900	2 300	2 500	2 600		
je km M.	63 425	104 300	130 700	148 700		
Streckenkosten M.	634 250	5 215 000	13 070 000	22 305 000		
	15 at abs. 475mm Dmr.	15 at abs. 625mm Dmr.	15 at abs. 725mm Dmr.	15 at abs. 775mm Dmr.	15 at abs. 825mm Dmr.	15 at abs. 900mm Dmr.
Material . . . M.	42 900	64 500	85 100	96 600	108 700	131 70
Schweißen . . ,,	1 000	1 500	1 900	2 300	2 600	3 40
Erdarbeiten . ,,	6 050	7 650	8 800	9 400	10 000	11 00
Wege . . . . ,,	1 750	2 050	2 250	2 350	2 450	2 60
je km M.	51 700	75 700	98 050	110 650	123 750	148 70
Streckenkosten M.	517 000	3 785 000	9 805 000	16 597 000	24 750 000	44 610 00

Fernleitungen.

nsaugeleistung m³/h	10 km	50 km	100 km	150 km	200 km	300 km
200 000 m³/h	20 at abs. 425mm Dmr.	20 at abs. 575mm Dmr.	20 at abs. 650 mm Dmr.	20 at abs. 700 mm Dmr.	20 at abs. 750 mm Dmr.	20 at abs. 800 mm Dmr.
aterial . . . M.	35 400	56 000	69 500	79 700	90 800	102 700
hweißen . . „	800	1 400	1 600	1 800	2 100	2 500
rdarbeiten . „	5 575	7 100	7 900	8 475	9 100	9 700
ege . . . . „	1 650	1 950	2 100	2 200	2 300	2 400
je km M.	43 425	66 450	81 100	92 175	104 300	117 300
reckenkosten M.	434 250	3 322 500	8 110 000	13 826 250	20 860 000	35 190 000
	25 at abs. 400mm Dmr.	25 at abs. 525mm Dmr.	25 at abs. 600 mm Dmr.	25 at abs. 650 mm Dmr.	25 at abs. 675 mm Dmr.	25 at abs. 725 mm Dmr.
aterial . . . M.	33 400	67 400	74 00	87 100	92 400	107 700
hweißen . . „	750	1 700	1 900	2 100	2 300	2 800
rdarbeiten . „	5 325	6 575	7 350	7 900	8 200	8 800
ege . . . . „	1 600	1 850	2 000	2 100	2 150	2 250
je km M.	41 075	77 525	85 250	99 200	105 550	121 500
reckenkosten M.	410 750	3 876 250	8 525 000	14 880 000	21 100 000	36 465 000
	30 at abs. 375mm Dmr.	30 at abs. 500mm Dmr.	30 at abs. 530 mm Dmr.	30 at abs. 600 mm Dmr.	30 at abs. 625 mm Dmr.	30 at abs. 700 mm Dmr.
aterial . . . M.	34 400	60 400	74 700	92 500	108 000	120 200
hweißen . . „	750	1 500	1 900	2 100	2 300	2 800
darbeiten . „	5 100	6 300	6 825	7 350	7 650	8 475
ege . . . . „	1 550	1 800	1 900	2 000	2 050	2 200
je km M.	41 800	70 000	85 325	103 950	120 000	133 675
reckenkosten M.	418 000	3 500 000	8 532 500	15 592 500	24 000 000	40 102 500
	40 at abs. 325mm Dmr.	40 at abs. 450mm Dmr.	40 at abs. 500 mm Dmr.	40 at abs. 550 mm Dmr.	40 at abs. 575 mm Dmr.	40 at abs. 625 mm Dmr.
aterial . . . M.	35 400	67 200	82 000	100 700	107 500	129 800
hweißen . . „	900	1 900	2 100	2 300	2 400	2 600
darbeiten . „	4 650	5 800	6 300	6 825	7 100	7 650
ege . . . . „	1 450	1 700	1 800	1 900	1 950	2 050
je km M.	42 400	76 600	92 200	111 725	118 950	142 100
reckenkosten M.	424 000	3 830 000	9 220 000	16 758 750	23 790 000	42 630 000
	50 at abs. 300mm Dmr.	50 at abs. 400mm Dmr.	50 at abs. 475 mm Dmr.	50 at abs. 500 mm Dmr.	50 at abs. 525 mm Dmr.	50 at abs. 575 mm Dmr.
terial . . . M.	28 000	68 400	95 500	106 000	119 400	137 600
hweißen . . „	650	1 750	3 100	3 250	3 500	3 700
darbeiten . „	4 425	5 325	6 050	6 300	6 575	7 100
ege . . . . „	1 400	1 600	1 750	1 800	1 850	1 950
je km M.	34 475	77 075	106 400	117 350	131 325	150 350
reckenkosten M.	344 750	3 853 750	10 640 000	17 602 500	26 265 000	45 105 000

6. Betriebskosten der Fernleitungen.

a) Kapitaldienst.

Es wird mit
  5 vH für Verzinsung des Kapitals,
  3 „ für Abschreibungen, zus. 8 vH für Kapitaldienst
und 2 „ für Verwaltung
zus. 10 vH gerechnet werden.

Der Zinsensatz entspricht der Goldbasis; der Abschreibungssatz ist der für Leitungen übliche, die auf der Goldbasis erstellt werden; die Verwaltungskosten sind für den reinen Leitungsbetrieb sehr reichlich bemessen.

Danach beträgt der **Kapitaldienst auf das m^3 angesaugte Gas** bezogen in Goldmark (Pfennigen), wenn mit $24 \cdot 365 = 8760$ Förderstunden im Jahr gerechnet wird (siehe auch Abschnitt C. 4. Stromverbrauch und Stromkosten), für die verschiedenen Mengen, Leitungslängen und Drucke.

Kapitaldienst der Fernleitungen je m^3.

Ansaugeleistung m^3/h	10 km	50 km	100 km	150 km	200 km	300 km
1000 m^3/h	Pf./m^3	Pf./m^3	Pf./m^3	Pf./m^3	Pf./m^3	Pf./m^3
2 at abs.	0,1124	0,7648	2,1461			
3 „ „	0,0908	0,6507	1,5297			
4 „ „	0,0908	0,5622	1,3014			
5 „ „	0,0797	0,5622	1,1244			
10 „ „	0,0654	0,3984	0,9075			
15 „ „	0,0604	0,3764	0,7968			
20 „ „	0,0570	0,3413	0,7529			
25 „ „	0,0570	0,3019	0,6826			
30 „ „	0,0535	0,3019	0,6541			
5000 m^3/h						
2 at abs.	0,0476	0,3856	0,9378	1,6353	2,3607	3,8836
3 „ „	0,0374	0,2703	0,7711	1,2791	1,8756	2,9743
4 „ „	0,0306	0,2380	0,5405			
5 „ „	0,0260	0,2146	0,4760	0,8108	1,3288	2,3134
10 „ „	0,0225	0,1530	0,3744	0,5616	0,8584	1,4349
15 „ „	0,0182	0,1301	0,3059	0,4589	0,7489	1,1233
20 „ „	0,0159	0,1124	0,2603	0,3904	0,6119	0,9178
25 „ „	0,0159	0,1124	0,2249	0,3904	0,5205	0,9178
30 „ „	0,0151	0,0908	0,2249	0,3373	0,5205	0,7808
40 „ „				0,4135	0,5513	0,8271
50 „ „				0,3630	0,6164	0,9247
10 000 m^3/h						
2 at abs.	0,0386	0,2961	0,6709			
3 „ „	0,0270	0,2344	0,5451	0,8853	1,2945	2,1721
4 „ „	0,0215	0,1927	0,4689	0,7436	1,0902	1,7705

Fernleitungen.

Ansaugeleistung m³/h	10 km	50 km	100 km	150 km	200 km	300 km
10 000 m³/h	Pf./m³	Pf./m³	Pf./m³	Pf./m³	Pf./m³	Pf./m³
5 at abs.	0,0187	0,1661	0,3856	0,7033	0,9378	1,6353
10 ,, ,,	0,0130	0,1073	0,2380	0,4054	0,6644	1,1567
15 ,, ,,	0,0112	0,0936	0,2146	0,3219	0,4760	0,8108
20 ,, ,,	0,0112	0,0765	0,1872	0,2808	0,4292	0,7140
25 ,, ,,				0,2808	0,3744	0,6438
30 ,, ,,	0,0091	0,0651	0,1530	0,2295	0,3059	0,5616
40 ,, ,,	0,0109	0,0689	0,1615	0,2423	0,3779	0,5668
50 ,, ,,	0,0091	0,0771	0,1541	0,2800	0,3733	0,7123
25 000 m³/h						
3 at abs.	0,0188	0,1448	0,3457	0,5921	0,8418	1,4288
4 ,, ,,	0,0154	0.1295	0,2896	0,4846	0,6913	1,1842
5 ,, ,,	0,0100	0,1090	0,2589	0,4344	0,6069	1,0370
10 ,, ,,	0,0086	0,0771	0,1876	0,2974	0,4361	0,7082
15 ,, ,,	0,0075	0,0541	0,1542	0,2313	0,3411	0,5948
20 ,, ,,	0,0061	0,0476	0,1081	0,1993	0,3084	0,5116
25 ,, ,,	0,0052	0,0429	0,0952	0,1622	0,2667	0,4637
30 ,, ,,	0,0052	0,0374	0,0952	0,1428	0,2162	0,4507
40 ,, ,,	0,0055	0,0378	0,0911	0,1558	0,2306	0,3894
50 ,, ,,	0,0062	0,0475	0,1100	0,1651	0,2493	0,4137
50 000 m³/h						
3 at abs.	0,0134	0,1052	0,2678	0,4721	0,6790	
4 ,, ,,	0,0118	0,0864	0,2104	0,3789	0,5356	0,9442
5 ,, ,,	0,0099	0,0759	0,1852	0,3157	0,4763	0,8034
10 ,, ,,	0,0066	0,0545	0,1295	0,2172	0,3034	0,5185
15 ,, ,,	0,0048	0,0426	0,0991	0,1771	0,2589	0,4026
20 ,, ,,	0,0043	0,0386	0,0938	0,1487	0,2180	0,3541
25 ,, ,,	0,0043	0,0332	0,0771	0,1407	0,1876	0,4110
30 ,, ,,	0,0037	0,0270	0,0869	0,1432	0,1909	0,3673
40 ,, ,,	0,0038	0,0288	0,0649	0,1452	0,2268	0,3839
50 ,, ,,	0,0047	0,0312	0,0689	0,1181	0,2441	0,4200
75 000 m³/h						
3 at abs.	0,0115	0,0942				
4 ,, ,,	0,0097	0,0746	0,1884			
5 ,, ,,	0,0086	0,0658	0,1588	0,2825	0,4196	
10 ,, ,,	0,0057	0,0447	0,1077	0,1728	0,2632	0,4477
15 ,, ,,	0,0044	0,0363	0,0863	0,1448	0,2023	0,3457
20 ,, ,,	0,0036	0,0313	0,0727	0,1180	0,1789	0,2896
25 ,, ,,	0,0032	0,0284	0,0816	0,1370	0,1973	0,3196
30 ,, ,,	0,0029	0,0258	0,0725	0,1224	0,1826	0,2960
40 ,, ,,	0,0025	0,0216	0,0756	0,1280	0,1894	0,3162
50 ,, ,,	0,0025	0,0230	0,0814	0,1400	0,2082	0,3519
100 000 m³/h						
3 at abs.	0,0099					
4 ,, ,,	0,0081	0,0706				
5 ,, ,,	0,0072	0,0595	0,1492			
10 ,, ,,	0,0050	0,0371	0,0926	0,1578	0,2377	0,4017
15 ,, ,,	0,0043	0,0324	0,0724	0,1211	0,1728	0,3157
20 ,, ,,	0,0033	0,0273	0,0647	0,1086	0,1517	0,2592

Ansaugeleistung m³/h	10 km	50 km	100 km	150 km	200 km	300 km
100 000 m³/h	Pf./m³	Pf./m³	Pf./m³	Pf./m³	Pf./m³	Pf./m³
25 at abs.	0,0027	0,0234	0,0781	0,1199	0,1770	0,3180
30 ,, ,,	0,0024	0,0239	0,0612	0,1110	0,1598	0,2655
40 ,, ,,	0,0026	0,0284	0,0710	0,1186	0,1749	0,2884
50 ,, ,,	0,0031	0,0305	0,0700	0,1171	0,1760	0,3312
150 000 m³/h						
3 at abs.	0,0089					
4 ,, ,,	0,0070					
5 ,, ,,	0,0062	0,0525				
10 ,, ,,	0,0043	0,0329	0,0794	0,1413	0,1989	
15 ,, ,,	0,0033	0,0253	0,0617	0,1052	0,1588	0,2678
20 ,, ,,	0,0028	0,0224	0,0538	0,0864	0,1316	0,2239
25 ,, ,,	0,0026	0,0247	0,0649	0,1061	0,1380	0,2265
30 ,, ,,	0,0025	0,0228	0,0533	0,0974	0,1415	0,2740
40 ,, ,,	0,0022	0,0237	0,0583	0,1053	0,1564	0,2551
50 ,, ,,	0,0023	0,0260	0,0660	0,1104	0,1619	0,2679
200 000 m³/h						
3 at abs.	0,0079					
4 ,, ,,	0,0063					
5 ,, ,,	0,0056					
10 ,, ,,	0,0036	0,0298	0,0746	0,1273		
15 ,, ,,	0,0030	0,0216	0,0560	0,0947	0,1413	0,2546
20 ,, ,,	0,0025	0,0190	0,0463	0,0789	0,1191	0,2009
25 ,, ,,	0,0023	0,0221	0,0487	0,0849	0,1205	0,2081
30 ,, ,,	0,0024	0,0200	0,0487	0,0890	0,1370	0,2289
40 ,, ,,	0,0024	0,0219	0,0526	0,0957	0,1358	0,2433
50 ,, ,,	0,0020	0,0220	0,0607	0,1047	0,1499	0,2574

b) Wartung der Fernleitungen.

Alle Aufgrabungen, zwecks Beseitigung sich bemerkbar machender Undichtigkeiten, sind bei höheren Drucken mit Vorsicht vorzunehmen. Jedenfalls soll nie mehr wie nur eine Aufgrabung hergestellt werden, also keine Reihenaufgrabungen. Bereits früher wurde darauf hingewiesen, daß mit reichlicher Erddeckung gerechnet wird, diese ist auch erforderlich als Belastung für die unter Druck stehenden Leitungen, um ein Hochtreiben und eventuelles Zerreißen der Leitung zu verhindern.

Alle Rohrstrecken erfordern eine Beaufsichtigung durch Streckengänger. Erwünscht ist auch eine Telephonleitung neben der Rohrstrecke mit Sprechstellen in Abständen von 5 bis 10 km und bei allen schwierigeren Kreuzungen von Flüssen, Kanälen und Eisenbahnen, oder mit Steckdosen in rd. 3 km Abstand für Anschluß eines transportablen Telephons.

Fernleitungen.

Die Aufsichtsbezirke sollen so groß gewählt werden, daß der Streckengänger täglich über die ihm unterstellte Strecke kommen kann; man rechnet dafür rd. 30 km.

Die Kosten der Reparaturkolonnen, einschl. der Streckengänger und Weginstandsetzungskosten, betragen im Jahr für die Goldmarkbasis:

für **10 km** Strecke:		bis 250 mm Dmr.:	M.	3 000	(= 2 Mann),	
	von 275 „	500 „	„	„	4 500	(= 3 „),
	„ 525 „	900 „	„	„	6 000	(= 4 „);
für **50 km** Strecke:		„ 250 „	„	„	9 000	(= 6 „),
	von 275 „	500 „	„	„	12 000	(= 8 „),
	„ 525 „	900 „	„	„	15 000	(= 10 „);
für **100 km** Strecke:		„ 250 „	„	„	18 000	(= 12 „),
	von 275 „	500 „	„	„	24 000	(= 16 „),
	„ 525 „	900 „	„	„	30 000	(= 20 „);
für **150 km** Strecke:		„ 250 „	„	„	27 000	(= 20 „),
	von 275 „	500 „	„	„	36 000	(= 26 „),
	„ 525 „	900 „	„	„	45 000	(= 30 „);
für **200 km** Strecke:		„ 250 „	„	„	36 000	(= 24 „),
	von 275 „	500 „	„	„	48 000	(= 36 „),
	„ 525 „	900 „	„	„	60 000	(= 40 „);
für **300 km** Strecke:		„ 250 „	„	„	54 000	(= 36 „),
	von 275 „	500 „	„	„	72 000	(= 48 „),
	„ 525 „	900 „	„	„	90 000	(= 60 „).

Die Baukosten des Betriebstelephons betragen rd.:

für 10 km Strecke:	M.	70 000,	oder 10 vH Kapitaldienst:	M.	7 000,
„ 50 „ „	„	350 000,	„ 10 „	„	„ 35 000,
„ 100 „ „	„	700 000,	„ 10 „	„	„ 70 000,
„ 150 „ „	„	1 050 000,	„ 10 „	„	„ 105 000,
„ 200 „ „	„	1 400 000,	„ 10 „	„	„ 140 000,
„ 300 „ „	„	2 100 000,	„ 10 „	„	„ 210 000.

Die gesamten Wartungskosten betragen danach:

Ansaugeleistung m³/h	10 km	50 km	100 km	150 km	200 km	300 km
1000 m³/h	2 bis 30 at abs. = 150 bis 50 mm Dmr.	2 bis 30 at abs. = 200 bis 70 mm Dmr.	2 bis 30 at abs. =250 bis 75 mm Dmr.			
Löhne . . . Pf./m³	0,0342	0,1027	0,2054			
Telephon . „	0,0799	0,3995	0,7991			
zusammen Pf./m³	0,1141	0,5022	1,0045			
5000 m³/h	2 at abs. = 275 mm Dmr.	2 bis 4 at abs. = 350 bis 275 mm Dmr.	2 bis 5 at abs. = 400 bis 275 mm Dmr.	2 bis 5 at abs. = 450 bis 300 mm Dmr.	2 bis 5 at abs. = 475 bis 325 mm Dmr.	2 bis 10 at abs. = 500 bis 275 mm Dmr.
Löhne . . . Pf./m³	0,0103	0,0274	0,0548	0,0822	0,1096	0,1643
Telephon . „	0,0160	0,0799	0,1598	0,2397	0,3196	0,4795
zusammen Pf./m³	0,0263	0,1073	0,2146	0,3219	0,4292	0,6438

Ansaugeleistung m³/h	10 km	50 km	100 km	150 km	200 km	300 km
5000 m³/h	3 bis 30 at abs. = 225 bis 90 mm Dmr.	5 bis 30 at abs. = 250 bis 125 mm Dmr.	10 bis 30 at abs. = 225 bis 150 mm Dmr.	10 bis 50 at abs. = 225 bis 125 mm Dmr.	10 bis 50 at abs. = 250 bis 150 mm Dmr.	15 bis 50 at abs. = 225 bis 150 mm Dmr.
Löhne ... Pf./m³	0,0068	0,0205	0,0411	0,0616	0,0822	0,1233
Telephon . ,,	0,0160	0,0799	0,1598	0,2397	0,3196	0,4795
zusammen Pf./m³	0,0228	0,1004	0,2009	0,3013	0,4018	0,6028
10 000 m³/h	2 bis 3 at abs. = 350 bis 300 mm Dmr.	2 bis 5 at abs. = 475 bis 325 mm Dmr.	2 at abs. = 525 mm Dmr.	3 bis 10 at abs. = 475 bis 300 mm Dmr.	3 bis 15 at abs. = 500 bis 275 mm Dmr.	3 at abs. = 550 mm Dmr.
Löhne ... Pf./m³	0,0051	0,0137	0,0342	0,0411	0,0548	0,1027
Telephon . ,,	0,0080	0,0340	0,0799	0,1139	0,1598	0,2397
zusammen Pf./m³	0,0131	0,0477	0,1141	0,1550	0,2146	0,3424
	4 bis 50 at abs. = 250 bis 150 mm Dmr.	10 bis 50 at abs. = 250 bis 150 mm Dmr.	3 bis 10 at abs. = 450 bis 275 mm Dmr.	15 bis 50 at abs. = 250 bis 175 mm Dmr.	20 bis 50 at abs. = 250 bis 175 mm Dmr.	4 bis 20 at abs. = 475 bis 275 mm Dmr.
Löhne ... Pf./m³	0,0034	0,0103	0,0274	0,0308	0,0411	0,0822
Telephon . ,,	0,0080	0,0340	0,0799	0,1139	0,1598	0,2397
zusammen Pf./m³	0,0194	0,0443	0,1073	0,1447	0,2009	0,3219
			15 bis 50 at abs. = 250 bis 150 mm Dmr.			25 bis 50 at abs. = 250 bis 200 mm Dmr.
Löhne ... Pf./m³			0,0205			0,0616
Telephon . ,,			0,0799			0,2397
zusammen Pf./m³			0,1004			0,3013
25 000 m³/h	3 bis 5 at abs. = 400 bis 325 mm Dmr.	3 at abs. = 550 mm Dmr.	3 bis 4 at abs. = 625 bis 550 mm Dmr.	3 bis 5 at abs. = 675 bis 550 mm Dmr.	3 bis 5 at abs. = 700 bis 575 mm Dmr.	3 bis 5 at abs. = 750 bis 625 mm Dmr.
Löhne ... Pf./m³	0,0021	0,0068	0,0137	0,0205	0,0274	0,0411
Telephon . ,,	0,0032	0,0160	0,0320	0,0480	0,0640	0,0960
zusammen Pf./m³	0,0053	0,0228	0,0457	0,0685	0,0914	0,1371
	10 bis 50 at abs. = 250 bis 150 mm Dmr.	4 bis 20 at abs. = 500 bis 275 mm Dmr.	5 bis 30 at abs. = 500 bis 275 mm Dmr.	10 bis 30 at abs. = 425 bis 275 mm Dmr.	10 bis 40 at abs. = 450 bis 275 mm Dmr.	10 bis 50 at abs. = 475 bis 275 mm Dmr.
Löhne ... Pf./m³	0,0014	0,0055	0,0110	0,0164	0,0219	0,0329
Telephon . ,,	0,0032	0,0160	0,0320	0,0480	0,0640	0,0960
zusammen Pf./m³	0,0046	0,0215	0,0430	0,0644	0,0859	0,1289

Fernleitungen.

Ansaugeleistung m³/h	10 km	50 km	100 km	150 km	200 km	300 km
25 000 m³/h		25 bis 50 at abs. = 250 bis 200 mm Dmr.	40 bis 50 at abs. = 225 mm Dmr.	40 bis 50 at abs. = 250 bis 225 mm Dmr.	50 at abs. = 250 mm Dmr.	
Löhne . . . Pf./m³		0,0041	0,0082	0,0123	0,0164	
Telephon . „		0,0160	0,0320	0,0480	0,0640	
zusammen Pf./m³		0,0201	0,0402	0,0603	0,0804	
50 000 m³/h	3 at abs. = 525 mm Dmr.	3 bis 5 at abs. = 700 bis 575 mm Dmr.	3 bis 5 at abs. = 800 bis 650 mm Dmr.	3 bis 10 at abs. = 875 bis 550 mm Dmr.	3 bis 10 at abs. = 900 bis 575 mm Dmr.	4 bis 15 at abs. = 875 bis 525 mm Dmr.
Löhne . . . Pf./m³	0,0014	0,0034	0,0068	0,0103	0,0137	0,0205
Telephon . „	0,0016	0,0080	0,0160	0,0240	0,0320	0,0480
zusammen Pf./m³	0,0030	0,0114	0,0228	0,0343	0,0457	0,0685
	4 bis 15 at abs. = 475 bis 275 mm Dmr.	10 bis 40 at abs. = 450 bis 275 mm Dmr.	10 bis 50 at abs. = 500 bis 275 mm Dmr.	15 bis 50 at abs. = 475 bis 300 mm Dmr.	15 bis 50 at abs. = 500 bis 325 mm Dmr.	20 bis 50 at abs. = 475 bis 350 mm Dmr.
Löhne . . . Pf./m³	0,0013	0,0027	0,0055	0,0082	0,0110	0,0164
Telephon . „	0,0016	0,0080	0,0160	0,0240	0,0320	0,0480
zusammen Pf./m³	0,0029	0,0107	0,0215	0,0322	0,0430	0,0644
	20 bis 50 at abs. = 250 bis 200 mm Dmr.	50 at abs. = 250 mm				
Löhne . . . Pf./m³	0,0007	0,0021				
Telephon . „	0,0016	0,0080				
zusammen Pf./m³	0,0023	0,0101				
75 000 m³/h	3 bis 4 at abs. = 625 bis 550 mm Dmr.	3 bis 10 at abs. = 825 bis 525 mm Dmr.	4 bis 10 at abs. = 825 bis 600 mm Dmr.	5 bis 15 at abs. = 825 bis 550 mm Dmr.	5 bis 20 at abs. = 875 bis 525 mm Dmr.	10 bis 20 at abs. = 725 bis 550 mm Dmr.
Löhne . . . Pf./m³	0,0009	0,0023	0,0046	0,0068	0,0091	0,0137
Telephon . „	0,0011	0,0053	0,0107	0,0160	0,0213	0,0320
zusammen Pf./m³	0,0020	0,0076	0,0153	0,0228	0,0304	0,0457
	5 bis 25 at abs. = 500 bis 275 mm Dmr.	15 bis 50 at abs. = 450 bis 275 mm Dmr.	15 bis 50 at abs. = 500 bis 325 mm Dmr.	20 bis 50 at abs. = 475 bis 350 mm Dmr.	25 bis 50 at abs. = 475 bis 375 mm Dmr.	25 bis 50 at abs. = 500 bis 400 mm Dmr.
Löhne . . . Pf./m³	0,0007	0,0018	0,0037	0,0055	0,0073	0,0110
Telephon . „	0,0011	0,0053	0,0107	0,0160	0,0213	0,0320
zusammen Pf./m³	0,0018	0,0071	0,0144	0,0215	0,0286	0,0430

I. Teil: Die Technik der Gasfernleitung.

Ansaugeleistung m³/h	10 km	50 km	100 km	150 km	200 km	300 km
75 000 m³/h	30 bis 50 at abs. = 250 bis 225 mm Dmr.					
Löhne . . . Pf./m³	0,0005					
Telephon . „	0,0011					
zusammen Pf./m³	0,0016					
100 000 m³/h	3 bis 5 at abs. = 675 bis 550 mm Dmr.	4 bis 10 at abs. = 825 bis 575 mm Dmr.	5 bis 15 at abs. = 850 bis 550 mm Dmr.	10 bis 20 at abs. = 700 bis 550 mm Dmr.	10 bis 25 at abs. = 750 bis 525 mm Dmr.	10 bis 30 at abs. = 800 bis 525 mm Dmr.
Löhne . . . Pf./m³	0,0007	0,0171	0,0342	0,0514	0,0685	0,1027
Telephon . „	0,0008	0,0040	0,0080	0,0120	0,0160	0,0240
zusammen Pf./m³	0,0015	0,0211	0,0422	0,0634	0,0845	0,1267
	10 bis 50 at abs. = 425 bis 250 mm Dmr.	15 bis 50 at abs. = 500 bis 325 mm Dmr.	20 bis 50 at abs. = 500 bis 350 mm Dmr.	25 bis 50 at abs. = 500 bis 375 mm Dmr.	30 bis 50 at abs. = 500 bis 400 mm Dmr.	40 bis 50 at abs. = 475 bis 450 mm Dmr.
Löhne . . . Pf./m³	0,0005	0,0137	0,0274	0,0411	0,0548	0,0822
Telephon . „	0,0008	0,0040	0,0080	0,0120	0,0160	0,0240
zusammen Pf./m³	0,0013	0,0177	0,0354	0,0531	0,0708	0,1062
150 000 m³/h	3 bis 5 at abs. = 800 bis 650 mm Dmr.	5 bis 20 at abs. = 875 bis 525 mm Dmr.	10 bis 25 at abs. = 750 bis 550 mm Dmr.	10 bis 30 at abs. = 825 bis 550 mm Dmr.	10 bis 40 at abs. = 850 bis 525 mm Dmr.	15 bis 40 at abs. = 800 bis 550 mm Dmr.
Löhne . . . Pf./m³	0,0005	0,0012	0,0023	0,0035	0,0046	0,0069
Telephon . „	0,0005	0,0027	0,0053	0,0080	0,0107	0,0160
zusammen Pf./m³	0,0010	0,0039	0,0076	0,0115	0,0153	0,0229
	10 bis 50 at abs. = 500 bis 275 mm Dmr.	25 bis 50 at abs. = 475 bis 375 mm Dmr.	30 bis 50 at abs. = 500 bis 425 mm Dmr.	40 bis 50 at abs. = 500 bis 450 mm Dmr.	50 at abs. = 475 mm Dmr.	50 at abs. = 500 mm Dmr.
Löhne . . . Pf./m³	0,0003	0,0009	0,0018	0,0028	0,0037	0,0055
Telephon . „	0,0005	0,0027	0,0053	0,0080	0,0107	0,0160
zusammen Pf./m³	0,0008	0,0036	0,0071	0,0108	0,0144	0,0215
200 000 m³/h	3 bis 10 at abs. = 875 bis 550 mm Dmr.	10 bis 25 at abs. = 750 bis 525 mm Dmr.	10 bis 30 at abs. = 850 bis 550 mm Dmr.	10 bis 40 at abs. = 900 bis 550 mm Dmr.	15 bis 40 at abs. = 825 bis 525 mm Dmr.	15 bis 50 at abs. = 900 bis 575 mm Dmr.
Löhne . . . Pf./m³	0,0003	0,0009	0,0017	0,0026	0,0034	0,0051
Telephon . „	0,0004	0,0020	0,0040	0,0060	0,0080	0,0120
zusammen Pf./m³	0,0007	0,0029	0,0057	0,0086	0,0114	0,0171

Fernleitungen.

Ansaugeleistung m³/h	10 km	50 km	100 km	150 km	200 km	300 km
200 000 m³/h	15 bis 50 at abs. = 475 bis 300 mm Dmr.	30 bis 50 at abs. = 500 bis 400 mm Dmr.	40 bis 50 at abs. = 500 bis 475 mm Dmr.	50 at abs. = 500 mm Dmr.		
Löhne . . . Pf./m³	0,0003	0,0007	0,0014	0,0021		
Telephon . ,,	0,0004	0,0020	0,0040	0,0060		
zusammen Pf./m³	0,0007	0,0027	0,0054	0,0081		

7. Gesamtleitungskosten je m³ angesaugtes Gas.

Auch hier sollen zur Erleichterung des später vorzunehmenden Vergleichs der Kapitaldienst und die Wartung der Fernleitungen zusammengestellt werden.

Ansaugeleistung m³/h	10 km	50 km	100 km	150 km	200 km	300 km
1000 m³/h	Pf./m³	Pf./m³	Pf./m³			
2 at abs.	0,2265	1,2670	3,1506			
3 ,, ,,	0,2049	1,1529	2,5342			
4 ,, ,,	0,2049	1,0644	2,3059			
5 ,, ,,	0,1938	1,0644	2,1289			
10 ,, ,,	0,1795	0,9006	1,9120			
15 ,, ,,	0,1745	0,8786	1,8013			
20 ,, ,,	0,1711	0,8435	1,7574			
25 ,, ,,	0,1711	0,8041	1,6871			
30 ,, ,,	0,1676	0,8041	1,6586			
5000 m³/h				Pf./m³	Pf./m³	Pf./m³
2 at abs.	0,0739	0,4229	1,1524	1,9572	2,7899	4,5274
3 ,, ,,	0,0602	0,3776	0,9857	1,6010	2,3048	3,6181
4 ,, ,,	0,0534	0,3453	0,7551			
5 ,, ,,	0,0488	0,3150	0,6906	1,1327	1,7580	2,9572
10 ,, ,,	0,0453	0,2534	0,5753	0,8629	1,2602	2,0787
15 ,, ,,	0,0410	0,2305	0,5068	0,7602	1,1507	1,7261
20 ,, ,,	0,0387	0,2128	0,4612	0,6917	1,0137	1,5206
25 ,, ,,	0,0387	0,2128	0,4258	0,6917	0,9223	1,5206
30 ,, ,,	0,0379	0,1912	0,4258	0,6386	0,9223	1,3836
40 ,, ,,				0,7148	0,9531	1,4299
50 ,, ,,				0,6643	1,0182	1,5275
10 000 m³/h						
2 at abs.	0,0517	0,3428	0,7850			
3 ,, ,,	0,0401	0,2821	0,6524	1,0403	1,5091	2,5145
4 ,, ,,	0,0409	0,2404	0,5762	0,8986	1,3048	2,0924
5 ,, ,,	0,0381	0,2138	0,4929	0,8583	1,1524	1,9572
10 ,, ,,	0,0324	0,1516	0,3453	0,5604	0,8790	1,4786
15 ,, ,,	0,0306	0,1379	0,3150	0,4666	0,6906	1,1327
20 ,, ,,	0,0306	0,1208	0,2876	0,4255	0,6301	1,0359
25 ,, ,,				0,4255	0,5753	0,9451
30 ,, ,,	0,0285	0,1094	0,2534	0,3742	0,5068	0,8629
40 ,, ,,	0,0303	0,1132	0,2619	0,3870	0,5788	0,8681
50 ,, ,,	0,0285	0,1214	0,2545	0,4247	0,5742	1,0136

I. Teil: Die Technik der Gasfernleitung.

Ansaugeleistung m³/h	10 km	50 km	100 km	150 km	200 km	300 km
25 000 m³/h	Pf./m³	Pf./m³	Pf./m³	Pf./m³	Pf./m³	Pf./m³
3 at abs.	0,0241	0,1676	0,3914	0,6606	0,9332	1,5659
4 ,, ,,	0,0207	0,1510	0,3353	0,5531	0,7827	1,3213
5 ,, ,,	0,0153	0,1305	0,3019	0,5029	0,6983	1,1741
10 ,, ,,	0,0132	0,0986	0,2306	0,3618	0,5220	0,8371
15 ,, ,,	0,0121	0,0756	0,1972	0,2957	0,4270	0,7237
20 ,, ,,	0,0107	0,0691	0,1511	0,2637	0,3943	0,6405
25 ,, ,,	0,0098	0,0630	0,1382	0,2266	0,3526	0,5926
30 ,, ,,	0,0098	0,0575	0,1382	0,2072	0,3021	0,5796
40 ,, ,,	0,0101	0,0579	0,1313	0,2161	0,3165	0,5183
50 ,, ,,	0,0108	0,0676	0,1502	0,2254	0,3297	0,5426
50 000 m³/h						
3 at abs.	0,0164	0,1166	0,2906	0,5064	0,7247	
4 ,, ,,	0,0147	0,0978	0,2332	0,4132	0,5813	1,0127
5 ,, ,,	0,0128	0,0873	0,2080	0,3500	0,5220	0,8719
10 ,, ,,	0,0095	0,0652	0,1510	0,2515	0,3491	0,5870
15 ,, ,,	0,0077	0,0533	0,1206	0,2093	0,3019	0,4711
20 ,, ,,	0,0066	0,0493	0,1153	0,1809	0,2610	0,4185
25 ,, ,,	0,0066	0,0439	0,0986	0,1729	0,2306	0,4754
30 ,, ,,	0,0060	0,0377	0,1084	0,1754	0,2339	0,4317
40 ,, ,,	0,0061	0,0395	0,0864	0,1774	0,2698	0,4483
50 ,, ,,	0,0070	0,0413	0,0904	0,1503	0,2871	0,4844
75 000 m³/h						
3 at abs.	0,0135	0,1018				
4 ,, ,,	0,0117	0,0822	0,2037			
5 ,, ,,	0,0104	0,0734	0,1741	0,3053	0,4500	
10 ,, ,,	0,0075	0,0523	0,1230	0,1956	0,2936	0,4934
15 ,, ,,	0,0062	0,0434	0,1007	0,1676	0,2327	0,3914
20 ,, ,,	0,0054	0,0384	0,0871	0,1395	0,2093	0,3353
25 ,, ,,	0,0050	0,0355	0,0960	0,1585	0,2259	0,3626
30 ,, ,,	0,0045	0,0329	0,0869	0,1439	0,2112	0,3390
40 ,, ,,	0,0044	0,0287	0,0900	0,1495	0,2180	0,3592
50 ,, ,,	0,0041	0,0301	0,0958	0,1615	0,2368	0,3949
100 000 m³/h						
3 at abs.	0,0114					
4 ,, ,,	0,0096	0,0917				
5 ,, ,,	0,0087	0,0806	0,1914			
10 ,, ,,	0,0063	0,0582	0,1348	0,2212	0,3222	0,5284
15 ,, ,,	0,0056	0,0501	0,1146	0,1845	0,2573	0,4424
20 ,, ,,	0,0046	0,0450	0,1001	0,1720	0,2362	0,3859
25 ,, ,,	0,0040	0,0411	0,1135	0,1730	0,2615	0,4447
30 ,, ,,	0,0037	0,0416	0,0966	0,1641	0,2306	0,3922
40 ,, ,,	0,0039	0,0461	0,1064	0,1717	0,2457	0,3946
50 ,, ,,	0,0044	0,0482	0,1054	0,1702	0,2468	0,4374
150 000 m³/h						
3 at abs.	0,0099					
4 ,, ,,	0,0080					
5 ,, ,,	0,0072	0,0564				
10 ,, ,,	0,0051	0,0368	0,0870	0,1528	0,2142	
15 ,, ,,	0,0041	0,0292	0,0693	0,1167	0,1741	0,2907

Ansaugeleistung m³/h	10 km	50 km	100 km	150 km	200 km	300 km
150 000 m³/h	Pf./m³	Pf./m³	Pf./m³	Pf./m³	Pf./m³	Pf./m³
20 ,, ,,	0,0036	0,0263	0,0614	0,0979	0,1469	0,2468
25 ,, ,,	0,0034	0,0283	0,0725	0,1176	0,1533	0,2494
30 ,, ,,	0,0033	0,0264	0,0604	0,1089	0,1568	0,2969
40 ,, ,,	0,0030	0,0273	0,0654	0,1161	0,1717	0,2780
50 ,, ,,	0,0031	0,0296	0,0731	0,1212	0,1763	0,2894
200 000 m³/h						
3 at abs.	0,0086					
4 ,, ,,	0,0070					
5 ,, ,,	0,0063					
10 ,, ,,	0,0043	0,0327	0,0803	0,1359		
15 ,, ,,	0,0037	0,0245	0,0617	0,1033	0,1527	0,2717
20 ,, ,,	0,0032	0,0219	0,0520	0,0875	0,1305	0,2180
25 ,, ,,	0,0030	0,0250	0,0544	0,0935	0,1319	0,2252
30 ,, ,,	0,0031	0,0227	0,0544	0,0976	0,1484	0,2460
40 ,, ,,	0,0031	0,0246	0,0580	0,1043	0,1472	0,2604
50 ,, ,,	0,0027	0,0247	0,0661	0,1128	0,1613	0,2745

E. Leitungsverlust.

1. Der feste Verlust.

Jedes Gastransportunternehmen hat selbst dann mit einem gewissen Verlust zu rechnen, wenn die Leitungen absolut dicht wären, denn die Gasmesser der Erzeugungsanlagen und die Gasmesser der Verbraucher liefern Meßfehler, die auch durch die Eichgrenzen, ± 2 vH, festgelegt werden, also recht gut zusammen 2 bis 3 vH, im Mittel 2,5 vH, betragen können und im wirklichen Betriebe auch soviel betragen. Von Wichtigkeit sind auch die Temperaturunterschiede an den Meßstellen, denn eine Messung bei höheren Temperaturen auf den Gaserzeugungsstellen gibt in den Messern eine Sättigung des Gases mit Wasser, entsprechend diesen Temperaturen, das später in der Leitung zum Ausfall kommt. Ebenso sättigt sich das Gas wieder mit Wasser in den Messern der Lieferstellen. Da aber die Meßtemperaturen am Anfang und Ende der Leitung meist stark verschieden sind, treten dadurch Verluste auf. Auch der Gasbehälterdruck vor den Messern der Kompressoren der Erzeugungsstellen und der Gasbehälterdruck vor den Messern der Lieferstellen ist von Einfluß, wie auch der Unterschied des Barometerstandes an beiden Stellen. Es ist also nach den Mariotteschen und Gay-Lussacschen Gesetzen die Reduktionsformel:

$$V_0 = \frac{b+p-\tau}{760} \cdot \frac{273}{273+t} \cdot V,$$

zu beachten, mit:

V = Gasvolumen bei einer bestimmten Temperatur $t°$ C,
V_0 = Gasvolumen bei $0°$ C und 760 mm Q.-S., Barometerstand, auf trockenen Zustand berechnet,
τ = Tension (Druck) des Wasserdampfes bei $t°$ C in Millimeter Quecksilber,
p = Gasdruck in Millimeter Quecksilber, und
b = Barometerstand in Millimeter Quecksilber.

Bezieht man die an den Lieferstellen gemessene Menge auf die an der Erzeugungsstelle gemessene Gasmenge, so erhält die Reduktionsformel den sinngemäßen Ausdruck:

$$V_{\text{Lief.}} = \frac{(b+p-\tau)_{\text{Erz.}}}{(b+p-\tau)_{\text{Lief.}}} \cdot \frac{(273+t)_{\text{Lief.}}}{(273+t)_{\text{Erz.}}} \cdot V_{\text{Erz.}}$$

Für westdeutsche Verhältnisse und eine Gaslieferung in der Ebene kommen dann ungefähr folgende Zahlen in Betracht:

Erzeugungsstelle: Lieferstelle:

$t = 20°$ C $12°$ C = Meßtemperatur im Jahresmittel

$p = 160$ mmW.-S. = 11,8 mm Q.-S.   260 mm W.-S. = 29,23 mm Q.-S. Gasbehälterdruck

$\tau = 17{,}53$ mm Q.-S.   10,52 mm Q.-S. = Tension
$b = 760$ mm Q.-S.   760 mm Q.-S. = Barometer-Jahresmittel

also

$$V_{\text{Lief.}} = \frac{(760 + 11{,}8 - 17{,}53)}{(760 + 29{,}23 - 10{,}52)} \cdot \frac{(273 + 12)}{(273 + 20)} \cdot V_{\text{Erz.}}$$
$$= 0{,}97 \cdot 0{,}97 \cdot V_{\text{Erz.}}$$
$$= 0{,}941 \, V_{\text{Erz.}}$$

Es besteht daher ein Verlust von $1 - 0{,}941 = 0{,}059$ rd. **5,9** vH, der auf die Unterschiede in Temperatur und Druck zurückzuführen ist.

Danach hat man im Fernleitungsbetrieb mit
     rd. **2,5** vH   Verlust, herrührend aus den Meßdifferenzen der Gasmesser
und „ **5,9** „   Verlust, hervorgerufen durch Differenzen in Meßtemperaturen und Drucken,
zus. rd. **8,4** vH festem Verlust zu rechnen, welcher in seiner

Höhe unabhängig ist von den Leitungsdrucken. Deshalb sind auch Verlustzahlen, die unter dieser Grenze liegen, unmöglich, und wenn sie stellenweise gebracht werden, nur so zu verstehen, daß die festen, unabänderlichen Verluste bereits abgesetzt worden sind.

Dieser feste Verlust von **8,4 vH** kommt also unter allen Umständen in Anrechnung.

2. Der wirkliche Verlust.

Zu bestimmen ist jetzt nur noch der Verlustsatz, hervorgerufen durch Ausströmung an undichten Rohrstellen, der sog. wirkliche Verlust, der vom Leitungsdruck und Rohrlänge abhängt. Der Rohrdurchmesser ist dabei weniger ausschlaggebend. Dünnere Rohre neigen sogar, wegen der Federung, mehr zu Verlusten, wenn es sich um Muffenrohre handelt. Es sollen hier nicht Garantiezahlen zugrunde gelegt werden, z. B. je 1 km und Stunde, bei 1 m WS Gasdruck, 200 l Verlust, denn solche Zahlen werden wohl bei Abnahmeversuchen bis 25 m WS erreicht, decken sich aber nicht mit den Betriebszahlen. Für Muffenleitungen, die mit Strick und Blei gedichtet worden sind, und mit einem mittleren Betriebsdruck von $\frac{25+2}{2} = 13,5$ m WS betrieben werden, kann man dafür rd. **4 bis 5 vH** wirklichen Verlust rechnen; also je km und Stunde rd. **1500 l**. Geschweißte Leitungen werden als praktisch dicht bezeichnet, da aber die kleinste Fehlerstelle — von Nadelspitzengröße — einen merkbaren Verlust bringt, so soll der Sicherheit wegen auch für diese Ausführungsform ein wirklicher Verlust in Rechnung gestellt werden. Für die vorstehend genannten Betriebsbedingungen braucht man aber dafür nur rd. $\frac{1}{3}$, also $\frac{1500}{3} = $ **500 l** je km und Stunde, als Grundlage nehmen. Die Ausrechnung des Verlustes erfolgt dann für andere Leitungsdrucke wie folgt.

Für die Ausströmung aus undichten Rohrstellen kommt die Düsenformel für adiabatische Expansion in Betracht, die für das Volumen des ausströmenden Gases lautet[1]):

$$V_a = F \cdot w = F \cdot \sqrt{\frac{2g \cdot R_l \cdot T_e}{s} \cdot \frac{\varkappa}{\varkappa - 1}\left[1 - \left(\frac{p_a}{p_e}\right)^{\frac{\varkappa-1}{\varkappa}}\right]} \; m^3/s,$$

---

[1]) F. Hinz, Thermodynamische Grundlagen. S. 44 bis 46. Berlin 1914.

$$V_a = F \cdot \sqrt{\frac{2 \cdot 9{,}81 \cdot 29{,}2 \cdot (273+12)}{0{,}6}} \cdot 3{,}7 \left[1 - \left(\frac{1{,}0333}{p_e}\right)^{0{,}27}\right] \text{m}^3/\text{s},$$

$$V_a = F \cdot 1003{,}43 \cdot \sqrt{1 - \left(\frac{1{,}0333}{p_e}\right)^{0{,}27}} \text{ m}^3/\text{s}. \text{ —}$$

Da nur der Leitungsdruck für die verschiedenen Förderbeispiele verschieden ist, so ist die Geschwindigkeit der Faktor des wirklichen Verlustes bis **zum kritischen Druckverhältnis**:

$$w = 1003{,}43 \sqrt{1 - \left(\frac{1{,}0333}{p_e}\right)^{0{,}27}}$$

mit p_e in kg/m² = mm WS oder at abs. = dem mittleren Leitungsdruck.

Bei der Ausströmung durch Düsen ist aber auch das „**kritische Druckverhältnis**" zu beachten, d. i. dasjenige Druckverhältnis, bei dem die Ausflußmenge ihren Höchstdruck erreicht. Ist der Druck p_a beim Austritt aus der Düse, für die vorliegenden Verhältnisse, größer als 10 333 mm WS, so breitet sich der Gasstrom sofort beim Austritt aus, eine gesetzmäßige adiabatische Umsetzung der Druckenergie in Strömungsenergie kann nicht mehr stattfinden. Das kritische Druckverhältnis ist

$$\beta = \frac{p_e}{p_a};$$

Der Wert β errechnet sich aus der Gleichung für die Temperaturabnahme und der Gewichtsgleichung, die für den Düsenquerschnitt am Mündungsende aufgelöst wird, zu

$$\beta = \left(\frac{\varkappa + 1}{2}\right)^{\frac{\varkappa}{\varkappa - 1}};$$

also für **Koksofengas**, dessen Transport den Förderbeispielen zugrunde liegt (siehe S. 69),

$$\beta = \left(\frac{1{,}37 + 1}{2}\right)^{\frac{1{,}37}{1{,}37 - 1}} = 1{,}185^{3{,}7} = 1{,}8739$$

und

$$\frac{1}{\beta} = \frac{1}{1{,}8739} = 0{,}5336 \text{ rd. } 0{,}534.$$

Ganz allgemein ist für Rohrleitungen der Höchstdruck für die Ausströmung bis zum kritischen Druckverhältnis:

$p_e = \beta \cdot 1{,}0333 = 1{,}8739 \cdot 1{,}0333 = 1{,}9363$ at abs.
$= 9363$ mm WS. —

Da in einer sich nicht erweiternden Düse der Druck nur auf den Druck $\frac{p_e}{\beta}$ abnimmt, so kann auch die Austrittsgeschwindigkeit einen Höchstwert nicht überschreiten. Diese „kritische Geschwindigkeit" ist für Koksofengas von der Leitungstemperatur $+12°$ C:

$$w_{kr} = \sqrt{\frac{2g\,R_l \cdot T_e}{s} \cdot \frac{\varkappa}{\varkappa+1}}\text{ m/s}$$

$$w_{kr} = \sqrt{\frac{2 \cdot 9{,}81 \cdot 29{,}2 \cdot (273+12)}{0{,}6} \cdot \frac{1{,}37}{1{,}37+1}}$$

$w_{kr} = 396{,}6$ m/s.

Diese Geschwindigkeit ist nur noch von der Temperatur abhängig; je $\pm 6°$ Leitungstemperaturänderung bedingen für Luft ($s = 1$) bei ca. $300°$ C abs. Temperatur ca. $\pm 1{,}034$ vH Geschwindigkeitsänderung, das sind $\pm$ ca. 4,1 m/s. Deshalb steigen in den heißen Monaten, auch bei gleich hoher Liefermenge, die Verlustziffern und fallen in den Wintermonaten.

Die ausströmende Gasmenge ist abhängig von der Ausströmgeschwindigkeit. Ist das Druckverhältnis das kritische, so ist die ausströmende kritische Menge

$$V_{a_{kr}} = F \cdot w_{kr} = F \cdot \sqrt{\frac{2g \cdot R_l \cdot T_e}{s} \cdot \frac{\varkappa}{\varkappa+1}}\text{ m}^3/\text{s}.$$

Für Koksofengas ist $V_{a_{kr}} = F \cdot 396{,}6$ m³/s und $w_{kr} = 396{,}6$ m/s ist danach der Faktor des wirklichen Verlustes. Nur die Temperatur ändert die Ausströmmenge.

Ist das Druckverhältnis dagegen größer als das kritische, so expandiert das Gas in einer sich nicht erweiternden Düse vom Druck $\frac{p_e}{\beta}$ im engsten Düsenquerschnitt, dem Endquerschnitt F, ohne Temperaturabnahme auf den Druck p_a. Es ist also:

$$V_a = \left(\frac{2}{\varkappa+1}\right)^{\frac{\varkappa}{\varkappa-1}} \cdot \frac{p_e}{p_a} \cdot F \cdot \sqrt{\frac{2g \cdot R_l \cdot T_e}{s} \cdot \frac{\varkappa}{\varkappa+1}}\text{ m}^3/\text{s}.$$

Für **Koksofengas** ist

$$V_a = \left(\frac{2}{1{,}37+1}\right)^{\frac{1{,}37}{1{,}37-1}} \cdot \frac{p_e}{1{,}0333} \cdot F \cdot \sqrt{\frac{2 \cdot 9{,}81 \cdot 29{,}2 \cdot (273+12)}{0{,}6} \cdot \frac{1{,}37}{1{,}37+1}}$$

$$V_a = 0{,}534 \cdot \frac{p_e}{1{,}0333} \cdot F \cdot 396{,}6 \qquad V_a = F \cdot 205 \cdot p_e \, \text{m}^3/\text{s}.$$

Über das kritische Druckverhältnis hinaus wächst also bei sich nicht erweiternder Düse die ausströmende Menge proportional mit dem Druckverhältnis; außerdem bedingen bei ca. 300° C abs. ± 6 vH Leitungstemperaturänderung ca. ± 1,034 vH Mengenänderung für Luft ($s = 1$). Diese Bedingungen gelten für Leitungsdrucke über rd. 9,4 m WS.

Dies vorausgeschickt, kann jetzt zunächst untersucht werden, wie die Verhältnisse für Muffenleitungen liegen, für die erfahrungsgemäß mit rd. 1500 l Verlust je km und Stunde bei 13,5 m WS mittlerem Leitungsdruck zu rechnen ist. Zunächst wird die Geschwindigkeit w bestimmt nach

$$w = 1003{,}43 \sqrt{1 - \left(\frac{1{,}0333}{2{,}35}\right)^{0{,}27}} = 446{,}25 \, \text{m/s}.$$

Da $V_a = \dfrac{1{,}5 \, \text{m}^3/\text{h}}{3600} = 0{,}0004167 \, \text{m}^3/\text{s}$ ist, kann man für diese überkritischen Verhältnisse F bestimmen zu:

$$F = \frac{V_a}{205 \cdot p_e} = \frac{0{,}0004167}{205 \cdot 2{,}35} = 0{,}0000008649 \, \text{m}^2$$

$$= \mathbf{0{,}8649 \, \text{m/m}^2} \text{ Ausströmfläche \textbf{(je km)}}.$$

Auch daraus ist der außerordentliche Einfluß kleinster Fehlerstellen in Leitungen ersichtlich.

Für die Förderbeispiele und geschweißte Leitungen, mit 500 Liter Verlust je km und Stunde, ist die Ausströmfläche je km:

aus $\qquad V_a = \dfrac{0{,}5}{3600} = 0{,}0001389 \, \text{m}^3/\text{s}$

mit $\qquad F = \dfrac{V_a}{205 \cdot p_e} = \dfrac{0{,}0001389}{205 \cdot 2{,}35} = 0{,}0000002883 \, \text{m}^2$

$\qquad = \mathbf{0{,}2883 \, \text{m/m}^2 \text{ je km}}$ angenommen.

Auf Grund der vorstehenden Feststellungen soll nun der **wirkliche Verlust** für die verschiedenen Leitungsdrucke

Leitungsverlust. 147

der Förderbeispiele, welche überkritische Verhältnisse betreffen, bestimmt werden nach:

$$V_a = 0{,}0000002883 \cdot 205 \cdot p_e = 0{,}0000591015\, p_e\ \text{m}^3/\text{s je km},$$

oder

$$V_a = 3600 \cdot 0{,}0000591015\, p_e = 0{,}21277\, p_e\ \text{m}^3/\text{h}$$

oder

$$212{,}77 \cdot p_e\ \text{Liter/h}.$$

Leitungsdrucke in at abs.			Wirklicher Verlust $V_a = 212{,}77\, p_e$ Liter je km und Stunde
Kompressor-Druck p_2	Leitungs-Enddruck p_1	Mittlerer Leitungsdruck $p_e = \dfrac{p_2 + p_1}{2}$	
2	1,2	1,6	340,432 rd. 350
3	1,2	2,1	446,817 ,, 450
4	1,2	2,6	553,202 ,, 575
5	1,2	3,1	659,587 ,, 675
10	1,2	5,6	1191,512 ,, 1200
15	1,2	8,1	1723,437 ,, 1725
20	1,2	10,6	2255,362 ,, 2275
25	1,2	13,1	2787,287 ,, 2800
30	1,2	15,6	3319,212 ,, 3325
40	1,2	20,6	4383,062 ,, 4400
50	1,2	25,6	5446,912 ,, 5450

3. Der Gesamtverlust.

Es sollen jetzt die Verlustzahlen für die Förderbeispiele gebracht werden. Da die Förderbeispiele sich auf die bestimmten Stundenmengen beziehen, werden diese Verlustzahlen auch auf diese Stundenmengen bezogen, gelten also, wie schon erwähnt, für eine Lieferung, die Tag für Tag das Jahr hindurch gleich groß ist. Solche Verhältnisse sind naturgemäß nicht überall vorhanden, kommen aber bei einer stärkeren Belieferung der Industrie auch für die Versorgung aus städtischen Gaswerken in Betracht. Wechseln die Tagesförderungen stark, z. B. so, daß die Lieferung am Maximaltag etwa $1/225$ bis $1/275$ der Jahresmenge beträgt, so wird der wirkliche Verlust entsprechend größer. Die dominierende Stellung des festen Verlustes mit 8,4%, herrührend aus Differenzen in den Zählern und infolge der Unterschiede in Barometerstand, Druck und Temperatur an den Meßstellen, wird aber dadurch nicht beeinflußt.

Wirklicher Verlust, fester Verlust und Gesamtverlust.

2 at abs.

	Leitung	Wirklicher Verlust						Gesamtverlust	
1 000 m³/h;	10 km	3,5	m³/h =	0,35	vH	+ 8,4 vH	=	8,75	vH
	50 ,,	17,5	,, =	1,75	,,	+ 8,4 ,,	=	10,15	,,
	100 ,,	35,0	,, =	3,5	,,	+ 8,4 ,,	=	11,9	,,
5 000 m³/h;	10 ,,	3,5	,, =	0,07	,,	+ 8,4 ,,	=	8,47	,,
	50 ,,	17,5	,, =	0,35	,,	+ 8,4 ,,	=	8,75	,,
	100 ,,	35,0	,, =	0,70	,,	+ 8,4 ,,	=	9,1	,,
	150 ,,	52,5	,, =	1,05	,,	+ 8,4 ,,	=	9,45	,,
	200 ,,	70,0	,, =	1,4	,,	+ 8,4 ,,	=	9,8	,,
	300 ,,	105,0	,, =	2,1	,,	+ 8,4 ,,	=	10,5	,,
10 000 m³/h;	10 ,,	3,5	,, =	0,035	,,	+ 8,4 ,,	=	8,435	,,
	50 ,,	17,5	,, =	0,175	,,	+ 8,4 ,,	=	8,575	,,
	100 ,,	35,0	,, =	0,35	,,	+ 8,4 ,,	=	8,75	,,

3 at abs.

1 000 m³/h;	10 km	4,5	m³/h =	0,45	vH	+ 8,4 vH	=	8,85	vH
	50 ,,	22,5	,, =	2,25	,,	+ 8,4 ,,	=	10,65	,,
	100 ,,	45,0	,, =	4,50	,,	+ 8,4 ,,	=	12,90	,,
5 000 m³/h;	10 ,,	4,5	,, =	0,09	,,	+ 8,4 ,,	=	8,49	,,
	50 ,,	22,5	,, =	0,45	,,	+ 8,4 ,,	=	8,85	,,
	100 ,,	45,0	,, =	0,90	,,	+ 8,4 ,,	=	9,30	,,
	150 ,,	67,5	,, =	1,35	,,	+ 8,4 ,,	=	9,75	,,
	200 ,,	90,0	,, =	1,80	,,	+ 8,4 ,,	=	10,20	,,
	300 ,,	135,0	,, =	2,70	,,	+ 8,4 ,,	=	11,10	,,
10 000 m³/h;	10 ,,	4,5	,, =	0,045	,,	+ 8,4 ,,	=	8,445	,,
	50 ,,	22,5	,, =	0,225	,,	+ 8,4 ,,	=	8,625	,,
	100 ,,	45,0	,, =	0,45	,,	+ 8,4 ,,	=	8,85	,,
	150 ,,	67,5	,, =	0,675	,,	+ 8,4 ,,	=	9,075	,,
	200 ,,	90,0	,, =	0,90	,,	+ 8,4 ,,	=	9,30	,,
	300 ,,	135,0	,, =	1,35	,,	+ 8,4 ,,	=	9,75	,,
25 000 m³/h;	10 ,,	4,5	,, =	0,018	,,	+ 8,4 ,,	=	8,418	,,
	50 ,,	22,5	,, =	0,09	,,	+ 8,4 ,,	=	8,49	,,
	100 ,,	45,0	,, =	0,18	,,	+ 8,4 ,,	=	8,58	,,
	150 ,,	67,5	,, =	0,27	,,	+ 8,4 ,,	=	8,67	,,
	200 ,,	90,0	,, =	0,36	,,	+ 8,4 ,,	=	8,76	,,
	300 ,,	135,0	,, =	0,54	,,	+ 8,4 ,,	=	8,94	,,
50 000 m³/h;	10 ,,	4,5	,, =	0,009	,,	+ 8,4 ,,	=	8,409	,,
	50 ,,	22,5	,, =	0,045	,,	+ 8,4 ,,	=	8,445	,,
	100 ,,	45,0	,, =	0,090	,,	+ 8,4 ,,	=	8,49	,,
	150 ,,	67,5	,, =	0,135	,,	+ 8,4 ,,	=	8,535	,,
	200 ,,	90,0	,, =	0,18	,,	+ 8,4 ,,	=	8,58	,,
75 000 m³/h;	10 ,,	4,5	,, =	0,006	,,	+ 8,4 ,,	=	8,406	,,
	50 ,,	22,5	,, =	0,03	,,	+ 8,4 ,,	=	8,43	,,
100 000 m³/h;	10 ,,	4,5	,, =	0,005	,,	+ 8,4 ,,	=	8,405	,,
150 000 ,,	10 ,,	4,5	,, =	0,003	,,	+ 8,4 ,,	=	8,403	,,
200 000 ,,	10 ,,	4,5	,, =	0,002	,,	+ 8,4 ,,	=	8,402	,,

Leitungsverlust. 149

4 at abs.

Leitung		Wirklicher Verlust					Gesamtverlust	
1000 m³/h;	10 km	5,75 m³/h	=	0,575 vH	+ 8,4 vH	=	8,975	,,
	50 ,,	28,75 ,,	=	2,875 ,,	+ 8,4 ,,	=	11,275	,,
	100 ,,	57,5 ,,	=	5,75 ,,	+ 8,4 ,,	=	14,15	,,
5000 m³/h;	10 ,,	5,75 ,,	=	0,115 ,,	+ 8,4 ,,	=	8,515	,,
	50 ,,	28,75 ,,	=	0,575 ,,	+ 8,4 ,,	=	8,975	,,
	100 ,,	57,5 ,,	=	1,15 ,,	+ 8,4 ,,	=	9,55	,,
10 000 m³/h;	10 ,,	5,75 ,,	=	0,058 ,,	+ 8,4 ,,	=	8,458	,,
	50 ,,	28,75 ,,	=	0,288 ,,	+ 8,4 ,,	=	8,688	,,
	100 ,,	57,5 ,,	=	0,575 ,,	+ 8,4 ,,	=	8,975	,,
	150 ,,	86,25 ,,	=	0,863 ,,	+ 8,4 ,,	=	9,263	,,
	200 ,,	115,0 ,,	=	1,15 ,,	+ 8,4 ,,	=	9,55	,,
	300 ,,	172,5 ,,	=	1,725 ,,	+ 8,4 ,,	=	10,125	,,
25 000 m³/h;	10 ,,	5,75 ,,	=	0,023 ,,	+ 8,4 ,,	=	8,423	,,
	50 ,,	28,75 ,,	=	0,115 ,,	+ 8,4 ,,	=	8,515	,,
	100 ,,	57,5 ,,	=	0,23 ,,	+ 8,4 ,,	=	8,63	,,
	150 ,,	86,25 ,,	=	0,345 ,,	+ 8,4 ,,	=	8,745	,,
	200 ,,	115,0 ,,	=	0,46 ,,	+ 8,4 ,,	=	8,86	,,
	300 ,,	172,5 ,,	=	0,69 ,,	+ 8,4 ,,	=	9,09	,,
50 000 m³/h;	10 ,,	5,75 ,,	=	0,012 ,,	+ 8,4 ,,	=	8,412	,,
	50 ,,	28,75 ,,	=	0,058 ,,	+ 8,4 ,,	=	8,458	,,
	100 ,,	57,5 ,,	=	0,115 ,,	+ 8,4 ,,	=	8,515	,,
	150 ,,	86,25 ,,	=	0,173 ,,	+ 8,4 ,,	=	8,573	,,
	200 ,,	115,0 ,,	=	0,23 ,,	+ 8,4 ,,	=	8,63	,,
	300 ,,	172,5 ,,	=	0,345 ,,	+ 8,4 ,,	=	8,745	,,
75 000 m³/h;	10 ,,	5,75 ,,	=	0,008 ,,	+ 8,4 ,,	=	8,408	,,
	50 ,,	28,75 ,,	=	0,038 ,,	+ 8,4 ,,	=	8,438	,,
	100 ,,	57,5 ,,	=	0,077 ,,	+ 8,4 ,,	=	8,477	,,
100 000 m³/h;	10 ,,	5,75 ,,	=	0,006 ,,	+ 8,4 ,,	=	8,406	,,
	50 ,,	28,75 ,,	=	0,029 ,,	+ 8,4 ,,	=	8,429	,,
150 000 m³/h;	10 ,,	5,75 ,,	=	0,004 ,,	+ 8,4 ,,	=	8,404	,,
200 000 ,,	10 ,,	5,75 ,,	=	0,003 ,,	+ 8,4 ,,	=	8,403	,,

5 at abs.

1 000 m³/h;	10 km	6,75 m³/h	=	0,675 vH	+ 8,4 vH	=	9,075	vH
	50 ,,	33,75 ,,	=	3,375 ,,	+ 8,4 ,,	=	11,775	,,
	100 ,,	67,5 ,,	=	6,75 ,,	+ 8,4 ,,	=	15,15	,,
5 000 m³/h;	10 ,,	6,75 ,,	=	0,135 ,,	+ 8,4 ,,	=	8,535	,,
	50 ,,	33,75 ,,	=	0,675 ,,	+ 8,4 ,,	=	9,075	,,
	100 ,,	67,5 ,,	=	1,35 ,,	+ 8,4 ,,	=	9,75	,,
	150 ,,	101,25 ,,	=	2,025 ,,	+ 8,4 ,,	=	10,425	,,
	200 ,,	135,0 ,,	=	2,7 ,,	+ 8,4 ,,	=	11,1	,,
	300 ,,	202,5 ,,	=	4,05 ,,	+ 8,4 ,,	=	12,45	,,
10 000 m³/h;	10 ,,	6,75 ,,	=	0,068 ,,	+ 8,4 ,,	=	8,468	,,
	50 ,,	33,75 ,,	=	0,338 ,,	+ 8,4 ,,	=	8,738	,,
	100 ,,	67,5 ,,	=	0,675 ,,	+ 8,4 ,,	=	9,075	,,
	150 ,,	101,25 ,,	=	1,013 ,,	+ 8,4 ,,	=	9,413	,,
	200 ,,	135,0 ,,	=	1,35 ,,	+ 8,4 ,,	=	9,75	,,
	300 ,,	202,5 ,,	=	2,025 ,,	+ 8,4 ,,	=	10,425	,,
25 000 m³/h;	10 ,,	6,75 ,,	=	0,027 ,,	+ 8,4 ,,	=	8,427	,,
	50 ,,	33,75 ,,	=	0,135 ,,	+ 8,4 ,,	=	8,535	,,
	100 ,,	67,5 ,,	=	0,27 ,,	+ 8,4 ,,	=	8,67	,,

I. Teil: Die Technik der Gasfernleitung.

	Leitung	Wirklicher Verlust					Gesamtverlust	
25 000 m³/h;	150 km	101,25 m³/h	=	0,405 vH	+ 8,4 vH	=	8,805	vH
	200 „	135,0 „	=	0,54 „	+ 8,4 „	=	8,94	„
	300 „	202,5 „	=	0,81 „	+ 8,4 „	=	9,21	„
50 000 m³/h;	10 „	6,75 „	=	0,014 „	+ 8,4 „	=	8,414	„
	50 „	33,75 „	=	0,068 „	+ 8,4 „	=	8,468	„
	100 „	67,5 „	=	0,135 „	+ 8,4 „	=	8,535	„
	150 „	101,25 „	=	0,203 „	+ 8,4 „	=	8,603	„
	200 „	135,0 „	=	0,27 „	+ 8,4 „	=	8,67	„
	300 „	202,5 „	=	0,405 „	+ 8,4 „	=	8,805	„
75 000 m³/h;	10 „	6,75 „	=	0,009 „	+ 8,4 „	=	8,409	„
	50 „	33,75 „	=	0,045 „	+ 8,4 „	=	8,445	„
	100 „	67,5 „	=	0,09 „	+ 8,4 „	=	8,49	„
	150 „	101,25 „	=	0,135 „	+ 8,4 „	=	8,535	„
	200 „	135,0 „	=	0,18 „	+ 8,4 „	=	8,58	„
100 000 m³/h;	10 „	6,75 „	=	0,007 „	+ 8,4 „	=	8,407	„
	50 „	33,75 „	=	0,034 „	+ 8,4 „	=	8,434	„
	100 „	67,5 „	=	0,068 „	+ 8,4 „	=	8,468	„
150 000 m³/h;	10 „	6,75 „	=	0,005 „	+ 8,4 „	=	8,405	„
	50 „	33,75 „	=	0,023 „	+ 8,4 „	=	8,423	„
200 000 m³/h;	10 „	6,75 „	=	0,003 „	+ 8,4 „	=	8,403	„

10 at abs.

	Leitung	Wirklicher Verlust					Gesamtverlust	
1 000 m³/h;	10 km	12,0 m³/h	=	1,2 vH	+ 8,4 vH	=	9,6	vH
	50 „	60,0 „	=	6,0 „	+ 8,4 „	=	14,4	„
	100 „	120,0 „	=	12,0 „	+ 8,4 „	=	20,4	„
5 000 m³/h;	10 „	12,0 „	=	0,24 „	+ 8,4 „	=	8,64	„
	50 „	60,0 „	=	1,2 „	+ 8,4 „	=	9,6	„
	100 „	120,0 „	=	2,4 „	+ 8,4 „	=	10,8	„
	150 „	180,0 „	=	3,6 „	+ 8,4 „	=	12,0	„
	200 „	240,0 „	=	4,8 „	+ 8,4 „	=	13,2	„
	300 „	360,0 „	=	7,2 „	+ 8,4 „	=	15,6	„
10 000 m³/h;	10 „	12,0 „	=	0,12 „	+ 8,4 „	=	8,52	„
	50 „	60,0 „	=	0,6 „	+ 8,4 „	=	9,0	„
	100 „	120,0 „	=	1,2 „	+ 8,4 „	=	9,6	„
	150 „	180,0 „	=	1,8 „	+ 8,4 „	=	10,2	„
	200 „	240,0 „	=	2,4 „	+ 8,4 „	=	10,8	„
	300 „	360,0 „	=	3,6 „	+ 8,4 „	=	12,0	„
25 000 m³/h;	10 „	12,0 „	=	0,048 „	+ 8,4 „	=	8,448	„
	50 „	60,0 „	=	0,24 „	+ 8,4 „	=	8,64	„
	100 „	120,0 „	=	0,48 „	+ 8,4 „	=	8,88	„
	150 „	180,0 „	=	0,702 „	+ 8,4 „	=	9,102	„
	200 „	240,0 „	=	0,96 „	+ 8,4 „	=	9,36	„
	300 „	360,0 „	=	1,44 „	+ 8,4 „	=	9,84	„
50 000 m³/h;	10 „	12,0 „	=	0,024 „	+ 8,4 „	=	8,424	„
	50 „	60,0 „	=	0,12 „	+ 8,4 „	=	8,52	„
	100 „	120,0 „	=	0,24 „	+ 8,4 „	=	8,64	„
	150 „	180,0 „	=	0,36 „	+ 8,4 „	=	8,76	„
	200 „	240,0 „	=	0,48 „	+ 8,4 „	=	8,88	„
	300 „	360,0 „	=	0,72 „	+ 8,4 „	=	9,12	„
75 000 m³/h;	10 „	12,0 „	=	0,015 „	+ 8,4 „	=	8,415	„
	50 „	60,0 „	=	0,08 „	+ 8,4 „	=	8,48	„
	100 „	120,0 „	=	0,105 „	+ 8,4 „	=	8,505	„
	150 „	180,0 „	=	0,24 „	+ 8,4 „	=	8,64	„

Leitungsverlust. 151

Leitung			Wirklicher Verlust					Gesamtverlust	
75 000 m³/h;	200	km	240,0	m³/h	=	0,32	vH + 8,4 vH	=	8,72 vH
	300	„	360,0	„	=	0,48	„ + 8,4 „	=	8,88 „
100 000 m³/h;	10	„	12,0	„	=	0,012	„ + 8,4 „	=	8,412 „
	50	„	60,0	„	=	0,06	„ + 8,4 „	=	8,46 „
	100	„	120,0	„	=	0,12	„ + 8,4 „	=	8,52 „
	150	„	180,0	„	=	0,18	„ + 8,4 „	=	8,58 „
	200	„	240,0	„	=	0,24	„ + 8,4 „	=	8,64 „
	300	„	360,0	„	=	0,36	„ + 8,4 „	=	8,76 „
150 000 m³/h;	10	„	12,0	„	=	0,008	„ + 8,4 „	=	8,408 „
	50	„	60,0	„	=	0,04	„ + 8,4 „	=	8,44 „
	100	„	120,0	„	=	0,08	„ + 8,4 „	=	8,48 „
	150	„	180,0	„	=	0,12	„ + 8,4 „	=	8,52 „
	200	„	240,0	„	=	0,16	„ + 8,4 „	=	8,56 „
200 000 m³/h;	10	„	12,0	„	=	0,006	„ + 8,4 „	=	8,406 „
	50	„	60,0	„	=	0,03	„ + 8,4 „	=	8,43 „
	100	„	120,0	„	=	0,06	„ + 8,4 „	=	8,46 „
	150	„	180,0	„	=	0,09	„ + 8,4 „	=	8,49 „

15 at abs.

Leitung			Wirklicher Verlust					Gesamtverlust	
1 000 m³/h;	10	km	17,25	m³/h	=	1,725	vH + 8,4 vH	=	10,125 vH
	50	„	86,25	„	=	8,625	„ + 8,4 „	=	17,025 „
	100	„	172,5	„	=	17,25	„ + 8,4 „	=	25,65 „
5 000 m³/h;	10	„	17,25	„	=	0,345	„ + 8,4 vH	=	8,745 „
	50	„	86,25	„	=	1,725	„ + 8,4 „	=	10,125 „
	100	„	172,5	„	=	3,45	„ + 8,4 „	=	11,85 „
	150	„	258,75	„	=	5,175	„ + 8,4 „	=	13,575 „
	200	„	345,0	„	=	6,9	„ + 8,4 „	=	15,3 „
	300	„	517,5	„	=	10,35	„ + 8,4 „	=	18,75 „
10 000 m³/h;	10	„	17,25	„	=	0,173	„ + 8,4 „	=	8,573 „
	50	„	86,25	„	=	0,863	„ + 8,4 „	=	9,263 „
	100	„	172,5	„	=	1,725	„ + 8,4 „	=	10,125 „
	150	„	258,75	„	=	2,588	„ + 8,4 „	=	10,988 „
	220	„	345,0	„	=	3,45	„ + 8,4 „	=	11,85 „
	300	„	517,5	„	=	5,175	„ + 8,4 „	=	13,575 „
25 000 m³/h;	10	„	17,25	„	=	0,07	„ + 8,4 „	=	8,47 „
	50	„	86,25	„	=	0,345	„ + 8,4 „	=	8,745 „
	100	„	172,5	„	=	0,69	„ + 8,4 „	=	9,09 „
	150	„	258,75	„	=	1,035	„ + 8,4 „	=	9,435 „
	200	„	345,0	„	=	1,38	„ + 8,4 „	=	9,78 „
	300	„	517,5	„	=	2,07	„ + 8,4 „	=	10,47 „
50 000 m³/h;	10	„	17,25	„	=	0,035	„ + 8,4 „	=	8,435 „
	50	„	86,25	„	=	0,173	„ + 8,4 „	=	8,573 „
	100	„	172,5	„	=	0,345	„ + 8,4 „	=	8,745 „
	150	„	258,75	„	=	0,518	„ + 8,4 „	=	8,918 „
	200	„	345,0	„	=	0,69	„ + 8,4 „	=	9,09 „
	300	„	517,5	„	=	1,035	„ + 8,4 „	=	9,435 „
75 000 m³/h;	10	„	17,25	„	=	0,023	„ + 8,4 „	=	8,423 „
	50	„	86,25	„	=	0,115	„ + 8,4 „	=	8,515 „
	100	„	172,5	„	=	0,23	„ + 8,4 „	=	8,63 „
	150	„	258,75	„	=	0,345	„ + 8,4 „	=	8,745 „
	200	„	345,0	„	=	0,46	„ + 8,4 „	=	8,86 „
	300	„	517,5	„	=	0,69	„ + 8,4 „	=	9,09 „

Leitung		Wirklicher Verlust						Gesamtverlust
100 000 m³/h;	10 km	17,25 m³/h	=	0,017 vH	+ 8,4 vH	=	8,417 vH
	50 „	86,25 „	=	0,086 „	+ 8,4 „	=	8,486 „
	100 „	172,5 „	=	0,173 „	+ 8,4 „	=	8,573 „
	150 „	258,75 „	=	0,259 „	+ 8,4 „	=	8,659 „
	200 „	345,0 „	=	0,345 „	+ 8,4 „	=	8,745 „
	300 „	517,5 „	=	0,518 „	+ 8,4 „	=	8,918 „
150 000 m³/h;	10 „	17,25 „	=	0,012 „	+ 8,4 „	=	8,412 „
	50 „	86,25 „	=	0,058 „	+ 8,4 „	=	8,458 „
	100 „	172,5 „	=	0,115 „	+ 8,4 „	=	8,515 „
	150 „	258,75 „	=	0,173 „	+ 8,4 „	=	8,573 „
	200 „	345,0 „	=	0,23 „	+ 8,4 „	=	8,63 „
	300 „	517,5 „	=	0,345 „	+ 8,4 „	=	8,745 „
200 000 m³/h;	10 „	17,25 „	=	0,009 „	+ 8,4 „	=	8,409 „
	50 „	86,25 „	=	0,043 „	+ 8,4 „	=	8,443 „
	100 „	172,5 „	=	0,086 „	+ 8,4 „	=	8,486 „
	150 „	258,75 „	=	0,129 „	+ 8,4 „	=	8,529 „
	200 „	345,0 „	=	0,173 „	+ 8,4 „	=	8,573 „
	300 „	517,5 „	=	0,259 „	+ 8,4 „	=	8,659 „

20 at abs.

1 000 m³/h;	10 km	22,75 m³/h	=	2,275 vH	+ 8,4 vH	=	10,675 vH
	50 „	113,75 „	=	11,375 „	+ 8,4 „	=	19,775 „
	100 „	227,5 „	=	22,75 „	+ 8,4 „	=	31,15 „
5 000 m³/h;	10 „	22,75 „	=	0,455 „	+ 8,4 „	=	8,855 „
	50 „	113,75 „	=	2,275 „	+ 8,4 „	=	10,675 „
	100 „	227,5 „	=	4,55 „	+ 8,4 „	=	12,95 „
	150 „	341,25 „	=	6,825 „	+ 8,4 „	=	15,225 „
	200 „	455,0 „	=	9,1 „	+ 8,4 „	=	17,5 „
	300 „	682,5 „	=	13,74 „	+ 8,4 „	=	22,14 „
10 000 m³/h;	10 „	22,75 „	=	0,228 „	+ 8,4 „	=	8,628 „
	50 „	113,75 „	=	1,138 „	+ 8,4 „	=	9,538 „
	100 „	227,5 „	=	2,275 „	+ 8,4 „	=	10,675 „
	150 „	341,25 „	=	3,413 „	+ 8,4 „	=	11,813 „
	200 „	455,0 „	=	4,55 „	+ 8,4 „	=	12,95 „
	300 „	682,5 „	=	6,825 „	+ 8,4 „	=	15,225 „
25 000 m³/h;	10 „	22,75 „	=	0,091 „	+ 8,4 „	=	8,491 „
	50 „	113,75 „	=	0,455 „	+ 8,4 „	=	8,855 „
	100 „	227,5 „	=	0,91 „	+ 8,4 „	=	9,31 „
	150 „	341,25 „	=	1,365 „	+ 8,4 „	=	9,765 „
	200 „	455,0 „	=	1,82 „	+ 8,4 „	=	10,22 „
	300 „	682,5 „	=	2,73 „	+ 8,4 „	=	11,13 „
50 000 m³/h;	10 „	22,75 „	=	0,046 „	+ 8,4 „	=	8,446 „
	50 „	113,75 „	=	0,228 „	+ 8,4 „	=	8,628 „
	100 „	227,5 „	=	0,455 „	+ 8,4 „	=	8,855 „
	150 „	341,25 „	=	0,683 „	+ 8,4 „	=	9,083 „
	200 „	455,0 „	=	0,91 „	+ 8,4 „	=	9,31 „
	300 „	682,5 „	=	1,374 „	+ 8,4 „	=	9,774 „
75 000 m³/h;	10 „	22,75 „	=	0,030 „	+ 8,4 „	=	8,43 „
	50 „	113,75 „	=	0,152 „	+ 8,4 „	=	8,552 „
	100 „	227,5 „	=	0,303 „	+ 8,4 „	=	8,703 „
	150 „	341,25 „	=	0,455 „	+ 8,4 „	=	8,855 „
	200 „	455,0 „	=	0,607 „	+ 8,4 „	=	9,007 „
	300 „	682,5 „	=	0,91 „	+ 8,4 „	=	9,31 „

Leitungsverlust. 153

Leitung		Wirklicher Verlust					Gesamtverlust	
100 000 m³/h;	10 km	22,75 m³/h	=	0,023 vH	+ 8,4 vH	=	8,423	vH
	50 „	113,75 „	=	0,114 „	+ 8,4 „	=	8,514	„
	100 „	227,5 „	=	0,228 „	+ 8,4 „	=	8,628	„
	150 „	341,25 „	=	0,341 „	+ 8,4 „	=	8,741	„
	200 „	455,0 „	=	0,455 „	+ 8,4 „	=	8,855	„
	300 „	682,5 „	=	0,683 „	+ 8,4 „	=	9,083	„
150 000 m³/h;	10 „	22,75 „	=	0,015 „	+ 8,1 „	=	8,415	„
	50 „	113,75 „	=	0,076 „	+ 8,4 „	=	8,476	„
	100 „	227,5 „	=	0,152 „	+ 8,4 „	=	8,552	„
	150 „	341,25 „	=	0,228 „	+ 8,4 „	=	8,628	„
	200 „	455,0 „	=	0,303 „	+ 8,4 „	=	8,703	„
	300 „	682,50 „	=	0,455 „	+ 8,4 „	=	8,855	„
200 000 m³/h;	10 „	22,75 „	=	0,011 „	+ 8,4 „	=	8,411	„
	50 „	113,75 „	=	0,057 „	+ 8,4 „	=	8,457	„
	100 „	227,5 „	=	0,114 „	+ 8,4 „	=	8,514	„
	150 „	341,25 „	=	0,171 „	+ 8,4 „	=	8,751	„
	200 „	455,0 „	=	0,228 „	+ 8,4 „	=	8,628	„
	300 „	682,5 „	=	0,341 „	+ 8,4 „	=	8,741	„

25 at abs.

Leitung		Wirklicher Verlust					Gesamtverlust	
1 000 m³/h;	10 km	28,0 m³/h	=	2,8 vH	+ 8,4 vH	=	11,2	vH
	50 „	140,0 „	=	14,0 „	+ 8,4 „	=	22,4	„
	100 „	280,0 „	=	28,0 „	+ 8,4 „	=	36,4	„
5 000 m³/h;	10 „	28,0 „	=	0,56 „	+ 8,4 „	=	8,96	„
	50 „	140,0 „	=	2,8 „	+ 8,4 „	=	11,2	„
	100 „	280,0 „	=	5,6 „	+ 8,4 „	=	14,0	„
	150 „	420,0 „	=	8,4 „	+ 8,4 „	=	16,8	„
	200 „	560,0 „	=	11,2 „	+ 8,4 „	=	19,6	„
	300 „	840,0 „	=	16,8 „	+ 8,4 „	=	25,2	„
10 000 m³/h;	150 „	420,0 „	=	4,2 „	+ 8,4 „	=	12,6	„
	200 „	560,0 „	=	5,6 „	+ 8,4 „	=	14,0	„
	300 „	840,0 „	=	8,4 „	+ 8,4 „	=	16,8	„
25 000 m³/h;	10 „	28,0 „	=	0,112 „	+ 8,4 „	=	8,512	„
	50 „	140,0 „	=	0,56 „	+ 8,4 „	=	8,96	„
	100 „	280,0 „	=	1,12 „	+ 8,4 „	=	9,52	„
	150 „	420,0 „	=	1,68 „	+ 8,4 „	=	10,08	„
	200 „	560,0 „	=	2,24 „	+ 8,4 „	=	10,64	„
	300 „	840,0 „	=	3,36 „	+ 8,4 „	=	11,76	„
50 000 m³/h;	10 „	28,0 „	=	0,056 „	+ 8,4 „	=	8,456	„
	50 „	140,0 „	=	0,28 „	+ 8,4 „	=	8,68	„
	100 „	280,0 „	=	0,56 „	+ 8,4 „	=	8,96	„
	150 „	420,0 „	=	0,84 „	+ 8,4 „	=	9,24	„
	200 „	560,0 „	=	1,12 „	+ 8,4 „	=	9,52	„
	300 „	840,0 „	=	1,68 „	+ 8,4 „	=	10,08	„
75 000 m³/h;	10 „	28,0 „	=	0,037 „	+ 8,4 „	=	8,437	„
	50 „	140,0 „	=	0,187 „	+ 8,4 „	=	8,587	„
	100 „	280,0 „	=	0,373 „	+ 8,4 „	=	8,773	„
	150 „	420,0 „	=	0,56 „	+ 8,4 „	=	8,96	„
	200 „	560,0 „	=	0,747 „	+ 8,4 „	=	9,147	„
	300 „	840,0 „	=	1,12 „	+ 8,4 „	=	9,52	„
100 000 m³/h;	10 „	28,0 „	=	0,028 „	+ 8,4 „	=	8,428	„
	50 „	140,0 „	=	0,14 „	+ 8,4 „	=	8,54	„

I. Teil: Die Technik der Gasfernleitung.

	Leitung	Wirklicher Verlust						Gesamtverlust	
100 000 m³/h;	100 km	280,0	m³/h	=	0,28	vH	+ 8,4 vH	= 8,68	vH
	150 ,,	420,0	,,	=	0,42	,,	+ 8,4 ,,	= 8,82	,,
	200 ,,	560,0	,,	=	0,56	,,	+ 8,4 ,,	= 8,96	,,
	300 ,,	840,0	,,	=	0,84	,,	+ 8,4 ,,	= 9,24	,,
150 000 m³/h;	10 ,,	28,0	,,	=	0,019	,,	+ 8,4 ,,	= 8,419	,,
	50 ,,	140,0	,,	=	0,093	,,	+ 8,4 ,,	= 8,493	,,
	100 ,,	280,0	,,	=	0,187	,,	+ 8,4 ,,	= 8,587	,,
	150 ,,	420,0	,,	=	0,28	,,	+ 8,4 ,,	= 8,68	,,
	200 ,,	560,0	,,	=	0,373	,,	+ 8,4 ,,	= 8,773	,,
	300 ,,	840,0	,,	=	0,56	,,	+ 8,4 ,,	= 8,96	,,
200 000 m³/h;	10 ,,	28,0	,,	=	0,014	,,	+ 8,4 ,,	= 8,414	,,
	50 ,,	140,0	,,	=	0,07	,,	+ 8,4 ,,	= 8,47	,,
	100 ,,	280,0	,,	=	0,14	,,	+ 8,4 ,,	= 8,54	,,
	150 ,,	420,0	,,	=	0,21	,,	+ 8,4 ,,	= 8,61	,,
	200 ,,	560,0	,,	=	0,28	,,	+ 8,4 ,,	= 8,68	,,
	300 ,,	840,0	,,	=	0,42	,,	+ 8,4 ,,	= 8,82	,,

30 at abs.

1 000 m³/h;	10 km	33,25	m³/h	=	3,325	vH	+ 8,4 vH	= 11,725	vH
	50 ,,	166,25	,,	=	16,625	,,	+ 8,4 ,,	= 25,025	,,
	100 ,,	332,5	,,	=	33,25	,,	+ 8,4 ,,	= 41,65	,,
5 000 m³/h;	10 ,,	33,25	,,	=	0,665	,,	+ 8,4 ,,	= 9,065	,,
	50 ,,	166,25	,,	=	3,325	,,	+ 8,4 ,,	= 11,725	,,
	100 ,,	332,5	,,	=	6,65	,,	+ 8,4 ,,	= 15,05	,,
	150 ,,	498,75	,,	=	9,975	,,	+ 8,4 ,,	= 18,375	,,
	200 ,,	665,0	,,	=	13,3	,,	+ 8,4 ,,	= 21,7	,,
	300 ,,	997,5	,,	=	19,95	,,	+ 8,4 ,,	= 28,35	,,
10 000 m³/h;	10 ,,	33,25	,,	=	0,333	,,	+ 8,4 ,,	= 8,733	,,
	50 ,,	166,25	,,	=	1,663	,,	+ 8,4 ,,	= 10,063	,,
	100 ,,	332,5	,,	=	3,325	,,	+ 8,4 ,,	= 11,725	,,
	150 ,,	498,75	,,	=	4,988	,,	+ 8,4 ,,	= 13,388	,,
	200 ,,	665,0	,,	=	6,65	,,	+ 8,4 ,,	= 15,05	,,
	300 ,,	997,5	,,	=	9,975	,,	+ 8,4 ,,	= 18,375	,,
25 000 m³/h;	10 ,,	33,25	,,	=	0,133	,,	+ 8,4 ,,	= 8,533	,,
	50 ,,	166,25	,,	=	0,665	,,	+ 8,4 ,,	= 9,065	,,
	100 ,,	332,5	,,	=	1,33	,,	+ 8,4 ,,	= 9,73	,,
	150 ,,	498,75	,,	=	1,995	,,	+ 8,4 ,,	= 10,395	,,
	200 ,,	665,0	,,	=	2,66	,,	+ 8,4 ,,	= 11,06	,,
	300 ,,	997,5	,,	=	3,988	,,	+ 8,4 ,,	= 12,388	,,
50 000 m³/h;	10 ,,	33,25	,,	=	0,067	,,	+ 8,4 ,,	= 8,467	,,
	50 ,,	166,25	,,	=	0,333	,,	+ 8,4 ,,	= 8,733	,,
	100 ,,	332,5	,,	=	0,665	,,	+ 8,4 ,,	= 9,065	,,
	150 ,,	498,75	,,	=	0,998	,,	+ 8,4 ,,	= 9,398	,,
	200 ,,	665,0	,,	=	1,33	,,	+ 8,4 ,,	= 9,73	,,
	300 ,,	997,5	,,	=	1,995	,,	+ 8,4 ,,	= 10,395	,,
75 000 m³/h;	10 ,,	33,25	,,	=	0,044	,,	+ 8,4 ,,	= 8,444	,,
	50 ,,	166,25	,,	=	0,222	,,	+ 8,4 ,,	= 8,622	,,
	100 ,,	332,5	,,	=	0,443	,,	+ 8,4 ,,	= 8,843	,,
	150 ,,	498,75	,,	=	0,665	,,	+ 8,4 ,,	= 9,065	,,
	200 ,,	665,0	,,	=	0,887	,,	+ 8,4 ,,	= 9,287	,,
	300 ,,	997,5	,,	=	1,329	,,	+ 8,4 ,,	= 9,729	,,

Leitungsverlust. 155

	Leitung	Wirklicher Verlust			Gesamtverlust
100 000 m³/h:	10 km	33,25 m³/h	= 0,033 vH	+ 8,4 vH	= 8,433 vH
	50 „	166,25 „	= 0,166 „	+ 8,4 „	= 8,566 „
	100 „	332,5 „	= 0,333 „	+ 8,4 „	= 8,735 „
	150 „	498,75 „	= 0,499 „	+ 8,4 „	= 8,899 „
	200 „	665,0 „	= 0,665 „	+ 8,4 „	= 9,065 „
	300 „	997,5 „	= 0,998 „	+ 8,4 „	= 9,398 „
150 000 m³/h;	10 „	33,25 „	= 0,022 „	+ 8,4 „	= 8,422 „
	50 „	166,25 „	= 0,111 „	+ 8,4 „	= 8,511 „
	100 „	332,5 „	= 0,222 „	+ 8,4 „	= 8,622 „
	150 „	498,75 „	= 0,332 „	+ 8,4 „	= 8,732 „
	200 „	665,0 „	= 0,443 „	+ 8,4 „	= 8,843 „
	300 „	997,5 „	= 0,665 „	+ 8,4 „	= 9,065 „
200 000 m³/h;	10 „	33,25 „	= 0,017 „	+ 8,4 „	= 8,417 „
	50 „	166,25 „	= 0,083 „	+ 8,4 „	= 8,483 „
	100 „	332,5 „	= 0,166 „	+ 8,4 „	= 8,566 „
	150 „	498,75 „	= 0,249 „	+ 8,4 „	= 8,649 „
	200 „	665,0 „	= 0,333 „	+ 8,4 „	= 8,733 „
	300 „	997,5 „	= 0,499 „	+ 8,4 „	= 8,899 „

40 at abs.

	Leitung	Wirklicher Verlust			Gesamtverlust
5 000 m³/h;	150 km	660,0 m³/h	= 13,2 vH	+ 8,4 vH	= 21,6 vH
	200 „	880,0 „	= 17,6 „	+ 8,4 „	= 26,0 „
	300 „	1320,0 „	= 26,4 „	+ 8,4 „	= 34,8 „
10 000 m³/h;	10 „	44,0 „	= 0,44 „	+ 8,4 „	= 8,84 „
	50 „	220,0 „	= 2,20 „	+ 8,4 „	= 10,6 „
	100 „	440,0 „	= 4,40 „	+ 8,4 „	= 12,8 „
	150 „	660,0 „	= 6,60 „	+ 8,4 „	= 15,0 „
	200 „	880,0 „	= 8,80 „	+ 8,4 „	= 17,2 „
	300 „	1320,0 „	= 13,20 „	+ 8,4 „	= 21,6 „
25 000 m³/h;	10 „	44,0 „	= 0,176 „	+ 8,4 „	= 8,576 „
	50 „	220,0 „	= 0,88 „	+ 8,4 „	= 9,28 „
	100 „	440,0 „	= 1,76 „	+ 8,4 „	= 10,16 „
	150 „	660,0 „	= 2,64 „	+ 8,4 „	= 11,04 „
	200 „	880,0 „	= 3,52 „	+ 8,4 „	= 11,92 „
	300 „	1320,0 „	= 4,14 „	+ 8,4 „	= 12,54 „
50 000 m³/h;	10 „	44,0 „	= 0,088 „	+ 8,4 „	= 8,488 „
	50 „	220,0 „	= 0,44 „	+ 8,4 „	= 8,84 „
	100 „	440,0 „	= 0,88 „	+ 8,4 „	= 9,28 „
	150 „	660,0 „	= 1,32 „	+ 8,4 „	= 9,72 „
	200 „	880,0 „	= 1,76 „	+ 8,4 „	= 10,16 „
	300 „	1320,0 „	= 2,64 „	+ 8,4 „	= 11,04 „
75 000 m³/h;	10 „	44,0 „	= 0,059 „	+ 8,4 „	= 8,459 „
	50 „	220,0 „	= 0,281 „	+ 8,4 „	= 8,681 „
	100 „	440,0 „	= 0,587 „	+ 8,4 „	= 8,987 „
	150 „	660,0 „	= 0,88 „	+ 8,4 „	= 9,28 „
	200 „	880,0 „	= 1,173 „	+ 8,4 „	= 9,573 „
	300 „	1320,0 „	= 1,76 „	+ 8,4 „	= 10,16 „
100 000 m³/h;	10 „	44,0 „	= 0,044 „	+ 8,4 „	= 8,444 „
	50 „	220,0 „	= 0,22 „	+ 8,4 „	= 8,62 „
	100 „	440,0 „	= 0,44 „	+ 8,4 „	= 8,84 „
	150 „	660,0 „	= 0,66 „	+ 8,4 „	= 9,06 „
	200 „	880,0 „	= 0,88 „	+ 8,4 „	= 9,28 „
	300 „	1320,0 „	= 1,32 „	+ 8,4 „	= 9,72 „

Leitung		Wirklicher Verlust						Gesamtverlust	
150 000 m³/h;	10 km	44,0	m³/h =	0,029	vH +	8,4	vH =	8,429	vH
	50 ,,	220,0	,, =	0,147	,, +	8,4	,, =	8,547	,,
	100 ,,	440,0	,, =	0,293	,, +	8,4	,, =	8,693	,,
	150 ,,	660,0	,, =	0,44	,, +	8,4	,, =	8,84	,,
	200 ,,	880,0	,, =	0,587	,, +	8,4	,, =	8,987	,,
	300 ,,	1320,0	,, =	0,88	,, +	8,4	,, =	9,28	,,
200 000 m³/h;	10 ,,	44,0	,, =	0,022	,, +	8,4	,, =	8,422	,,
	50 ,,	220,0	,, =	0,11	,, +	8,4	,, =	8,51	,,
	100 ,,	440,0	,, =	0,22	,, +	8,4	,, =	8,62	,,
	150 ,,	660,0	,, =	0,33	,, +	8,4	,, =	8,73	,,
	200 ,,	880,0	,, =	0,44	,, +	8,4	,, =	8,84	,,
	300 ,,	1320,0	,, =	0,66	,, +	8,4	,, =	9,06	,,

50 at abs.

5 000 m³/h;	150 km	817,5	m³/h =	16,35	vH +	8,4	vH =	24,75	vH
	200 ,,	1090,0	,, =	21,8	,, +	8,4	,, =	30,2	,,
	300 ,,	1635,0	,, =	32,7	,, +	8,4	,, =	41,1	,,
10 000 m³/h;	10 ,,	54,5	,, =	0,545	,, +	8,4	,, =	8,945	,,
	50 ,,	272,5	,, =	2,725	,, +	8,4	,, =	11,125	,,
	100 ,,	545,0	,, =	5,45	,, +	8,4	,, =	13,85	,,
	150 ,,	817,5	,, =	8,175	,, +	8,4	,, =	16,575	,,
	200 ,,	1090,0	,, =	10,9	,, +	8,4	,, =	19,3	,,
	300 ,,	1635,0	,, =	16,35	,, +	8,4	,, =	24,75	,,
25 000 m³/h;	10 ,,	54,5	,, =	0,218	,, +	8,4	,, =	8,618	,,
	50 ,,	272,5	,, =	1,09	,, +	8,4	,, =	9,49	,,
	100 ,,	545,0	,, =	2,18	,, +	8,4	,, =	10,58	,,
	150 ,,	817,5	,, =	3,27	,, +	8,4	,, =	11,67	,,
	200 ,,	1090,0	,, =	4,36	,, +	8,4	,, =	12,76	,,
	300 ,,	1635,0	,, =	6,54	,, +	8,4	,, =	14,94	,,
50 000 m³/h;	10 ,,	54,5	,, =	0,109	,, +	8,4	,, =	8,509	,,
	50 ,,	272,5	,, =	0,545	,, +	8,4	,, =	8,945	,,
	100 ,,	545,0	,, =	1,09	,, +	8,4	,, =	9,49	,,
	150 ,,	817,5	,, =	1,635	,, +	8,4	,, =	10,035	,,
	200 ,,	1090,0	,, =	2,18	,, +	8,4	,, =	10,58	,,
	300 ,,	1635,0	,, =	3,27	,, +	8,4	,, =	11,67	,,
75 000 m³/h;	10 ,,	54,5	,, =	0,073	,, +	8,4	,, =	8,473	,,
	50 ,,	272,5	,, =	0,363	,, +	8,4	,, =	8,763	,,
	100 ,,	545,0	,, =	0,727	,, +	8,4	,, =	9,127	,,
	150 ,,	817,5	,, =	1,09	,, +	8,4	,, =	9,49	,,
	200 ,,	1090,0	,, =	1,453	,, +	8,4	,, =	9,853	,,
	300 ,,	1635,0	,, =	2,18	,, +	8,4	,, =	10,58	,,
100 000 m³/h;	10 ,,	54,5	,, =	0,055	,, +	8,4	,, =	8,455	,,
	50 ,,	272,5	,, =	0,273	,, +	8,4	,, =	8,673	,,
	100 ,,	545,0	,, =	0,545	,, +	8,4	,, =	8,945	,,
	150 ,,	817,5	,, =	0,818	,, +	8,4	,, =	9,218	,,
	200 ,,	1090,0	,, =	1,09	,, +	8,4	,, =	9,49	,,
	300 ,,	1635,0	,, =	1,635	,, +	8,4	,, =	10,035	,,
150 000 m³/h;	10 ,,	54,5	,, =	0,036	,, +	8,4	,, =	8,436	,,
	50 ,,	272,5	,, =	0,182	,, +	8,4	,, =	8,582	,,
	100 ,,	545,0	,, =	0,363	,, +	8,4	,, =	8,763	,,
	150 ,,	817,5	,, =	0,545	,, +	8,4	,, =	8,945	,,
	200 ,,	1090,0	,, =	0,727	,, +	8,4	,, =	9,127	,,
	300 ,,	1635,0	,, =	1,09	,, +	8,4	,, =	9,49	,,

Leitungsverlust.

Leitung		Wirklicher Verlust				Gesamtverlust	
200 000 m³/h;	10 km	54,5	m³/h =	0,027 vH	+ 8,4 vH =	8,427	vH
	50 ,,	272,5	,, =	0,136 ,,	+ 8,4 ,, =	8,536	,,
	100 ,,	545,0	,, =	0,273 ,,	+ 8,4 ,, =	8,673	,,
	150 ,,	817,5	,, =	0,409 ,,	+ 8,4 ,, =	8,809	,,
	200 ,,	1090,0	,, =	0,545 ,,	+ 8,4 ,, =	8,945	,,
	300 ,,	1635,0	,, =	0,818 ,,	+ 8,4 ,, =	9,218	,,

Die vorstehenden Verlustzahlen zeigen die verhältnismäßige Unabhängigkeit des Gesamtverlustes von der Länge der Förderstrecke. Allerdings müssen Fördermenge und Förderlänge in angemessenem Verhältnis stehen. Die Verlustzahlen zeigen aber direkt, welche Förderfälle schon mit Rücksicht auf den Verlust nicht in Rechnung zu ziehen sind, wenn es sich um eine praktische Ausführung handeln soll. Im allgemeinen kann mit **10 bis 12 vH Gesamtverlust** gerechnet werden.

Die ermittelten Verlustzahlen beziehen sich auf die Menge des erzeugten Gases, gemessen bei der mittleren Jahrestemperatur, die im Stationsgasmesser herrscht, dem Gasbehälterdruck der Erzeugungsanlage und dem Barometerstand im Jahresmittel. Diese Mengen wurden schon früher mit V_{Erz} bezeichnet; für westdeutsche Verhältnisse ist $t = 20°$ C, $b = 760$ mm Q.-S. anzunehmen.

Die Ansaugeleistungen m³/h für die Leitungs- und Kraftrechnungen beziehen sich aber auf V_0, das sind die Mengen bezogen auf Normalumstände (0° C und 760 mm Q.-S.). Deshalb ist das zu berücksichtigen bei der Bewertung des Verlustgases. Z. B., weil

$$V_0 = \frac{b + p - \tau}{760} \cdot \frac{273}{273 + t} \cdot V_{Erz},$$

oder hier

$$V_0 = \frac{(760 + 11,8 - 17,53)}{760} \cdot \frac{273}{(273 + 20)} V_{Erz} = 0,93 \, V_{Erz}$$

ist, muß für 1 vH Gesamtverlust = 1 vH von V_{Erz} (warm) = auf der Erzeugungsstelle gemessenes Gas, jetzt 1 vH von $\frac{V_0}{0,93}$ oder 1 vH von 1,07 V_0, gesetzt werden; also **1 vH Gesamtverlust = 0,0107 V_0**.

In dieser Höhe müssen die früher errechneten Verlustzahlen in die Wirtschaftlichkeitsrechnungen eingestellt werden, denn die Gasmengen derselben beziehen sich auf 0° C und 760 mm Q.-S.

4. Kosten des Gasverlustes.

Es ist jetzt noch die **Bewertung des Verlustgases**, also der Wert des Koksofengases auf der Erzeugungsstelle, zuzüglich der Transportkosten, festzulegen. Der Wert des erzeugten Gases ist eine Festzahl, während die Transportkosten vom einzelnen Förderfall abhängen.

Groß-Gaserzeugungsanlagen können entweder direkt das Gas liefern oder auch elektrischen Strom durch Verwendung des Gases zum Betriebe von Gaskolbenmaschinen oder Gasturbinen. Dieser Kombination von Gas- und Stromlieferung, vielleicht auch in Verbindung mit der Drehofenentgasung oder ähnlicher Betriebe, auch für Braunkohlenverwertung, ist gewiß eine Zukunft beschieden. Da für die Stromerzeugung die Selbstkosten ziemlich genau festliegen, können diese Zahlen zur Grundlage genommen werden für die Bewertung des erzeugten Gases. Für Groß-Gaskolbenmaschinen kann mit 3700 WE je kW und für Gasturbodynamos mit 4000 WE je kW gerechnet werden. Für Koksofengasbelieferung (1 m³ = 4000 WE, unterer Heizwert, 0° C und 760 mm Q.-S.) kommen danach folgende Werte in Betracht:

je 1 m³ Koksofengas liefern Gaskolbenmaschinen $\frac{4000\ \text{WE}}{3700\ \text{WE}} = 1{,}0812$ kWh,

„ 1 „   „   „   Gasturbodynamos $\frac{4000\ \text{WE}}{4000\ \text{WE}} = 1{,}0$ „

im Mittel rd. **1 m³ = 1,1 kWh**, oder **1 kWh = 0,91 m³ Gas**. Würde der Strom aus Kohle erzeugt werden, so sind auf der Goldmarkbasis für die Steinkohlenkosten rd. 1 Pf. je 1 kWh zu rechnen[1]); es ist also dafür **1 m³** mit **1,1 Pf.** zu bewerten.

Die Transportkosten des Verlustgases sind im Einzelfall zu bestimmen aus den Kosten für die Kompression des Gases (Kraftkosten), dem Kapitaldienst der Kompressorenanlage, den Bedienungskosten der Kompressoren und der Wartung derselben, den Kapitaldienst der Leitungsanlage und der Wartung der Leitungen. Nachstehend werden diese Kosten des Verlustgases für die einzelnen behandelten Förderfälle gegeben; z. B. für 1000 m³/h, 2 at abs., 10 km:

für Gas: 8,75 vH · 0,0107 = 0,09363 m³ Verlustgas je m³ Ansaugeleistung;
         0,09363 m³ · 1,1   Pf. = 0,1030 Pf./m³   „
„ Kompression: 0,09363 m³ · 0,3468 „ = 0,0325 „   „
„ Leitung: 0,09363 m³ · 0,2265 „ = 0,0212 „   „
                         Gasverlust 0,1567 Pf./m³ Ansaugeleistung.

---

[1]) Dr. Sieben, Die Wirtschaftlichkeit einer Großkraftverwertung der Kohlenenergie in Deutschland. S. 33. Düsseldorf 1921.

Leitungsverlust.

Gesamtkosten des Verlustgases je m³ angesaugtes Gas:

Ansaugeleistung m³/h	10 km	50 km	100 km	150 km	200 km	300 km
1000 m³/h	2 at abs. 150 mm Dmr.	2 at abs. 200 mm Dmr.	2 at abs. 250 mm Dmr,			
	Pf./m³	Pf./m³	Pf./m³			
für Gas	0,1030	0,1195	0,1401			
„ Kompression .	0,0325	0,0377	0,0442			
„ Leitung . . .	0,0212	0,1376	0,4012			
Gasverlust	0,1567	0,2948	0,5855			
	3 at abs. 125 mm Dmr.	3 at abs. 175 mm Dmr.	3 at abs. 200 mm Dmr.			
	Pf./m³	Pf./m³	Pf./m³			
für Gas	0,1042	0,1254	0,1518			
„ Kompression .	0,0379	0,0456	0,0552			
„ Leitung . . .	0,0194	0,1314	0,3497			
Gasverlust	0,1615	0,3024	0,5567			
	4 at abs. 125 mm Dmr.	4 at abs. 150 mm Dmr.	4 at abs. 175 mm Dmr.			
	Pf./m³	Pf./m³	Pf./m³			
für Gas	0,1056	0,1327	0,1665			
„ Kompression .	0,0424	0,0534	0,0668			
„ Leitung . . .	0,0197	0,1288	0,3491			
Gasverlust	0,1677	0,3149	0,5824			
	5 at abs. 100 mm Dmr.	5 at abs. 150 mm Dmr.	5 at abs. 150 mm Dmr.			
	Pf./m³	Pf./m³	Pf./m³			
für Gas	0,1068	0,1386	0,1783			
„ Kompression .	0,0459	0,0595	0,0766			
„ Leitung . . .	0,0188	0,1341	0,3449			
Gasverlust	0,1715	0,3322	0,5998			
	10 at abs. 75 mm Dmr.	10 at abs. 100 mm Dmr.	10 at abs. 125 mm Dmr.			
	Pf./m³	Pf./m³	Pf./m³			
für Gas	0,1130	0,1695	0,2401			
„ Kompression .	0,0696	0,1040	0,1486			
„ Leitung . . .	0,0185	0,1387	0,4206			
Gasverlust	0,2011	0,4122	0,8093			
	15 at abs. 70 mm Dmr.	15 at abs. 90 mm Dmr.	14 at abs. 100 mm Dmr.			
	Pf./m³	Pf./m³	Pf./m³			
für Gas	0,1192	0,2004	0,3019			
„ Kompression .	0,0793	0,1334	0,2010			
„ Leitung . . .	0,0189	0,1601	0,4945			
Gasverlust	0,2174	0,4939	0,9974			

Ansaugeleistung m³/h	10 km	50 km	100 km	150 km	200 km	300 km
1000 m³/h	20 at abs. 60 mm Dmr.	20 at abs 80 mm Dmr.	20 at abs. 90 mm Dmr.			
	Pf./m³	Pf./m³	Pf./m³			
für Gas	0,1256	0,2328	0,3666			
„ Kompression .	0,0880	0,1630	0,2568			
„ Leitung . . .	0,0195	0,1785	0,5857			
Gasverlust	0,2331	0,5743	1,2091			
	25 at abs. 60 mm Dmr.	25 at abs. 70 mm Dmr.	25 at abs. 80 mm Dmr.			
	Pf./m³	Pf./m³	Pf./m³			
für Gas	0,1318	0,2636	0,4284			
„ Kompression .	0,0964	0,1927	0,3132			
„ Leitung . . .	0,0205	0,1930	0,6580			
Gasverlust	0,2487	0,6493	1,3996			
	30 at abs. 50 mm Dmr.	30 at abs. 70 mm Dmr.	30 at abs. 75 mm Dmr.			
	Pf./m³	Pf./m³	Pf./m³			
für Gas	0,1380	0,2945	0,4902			
„ Kompression .	0,1104	0,2357	0,3922			
„ Leitung . . .	0,0210	0,2155	0,7397			
Gasverlust	0,2694	0,7457	1,6221			
5000 m³/h	2 at abs. 275 mm Dmr.	2 at abs. 350 mm Dmr.	2 at abs. 400 mm Dmr.	2 at abs. 450 mm Dmr.	2 at abs. 475 mm Dmr.	2 at abs. 500 mm Dmr.
	Pf./m³	Pf./m³	Pf./m³	Pf./m³	Pf./m³	Pf./m³
für Gas	0,0997	0,1030	0,1071	0,1112	0,1153	0,1236
„ Kompression .	0,0142	0,0147	0,0152	0,0158	0,0164	0,0176
„ Leitung . . .	0,0067	0,0461	0,1122	0,1979	0,2925	0,5087
Gasverlust	0,1206	0,1638	0,2345	0,3249	0,4242	0,6499
	3 at abs. 225 mm Dmr.	3 at abs. 300 mm Dmr.	3 at abs. 350 mm Dmr.	3 at abs. 375 mm Dmr.	3 at abs. 400 mm Dmr.	2 at abs. 425 mm Dmr.
	Pf./m³	Pf./m³	Pf./m³	Pf./m³	Pf./m³	Pf./m³
für Gas	0,0999	0,1042	0,1095	0,1148	0,1201	0,1306
„ Kompression .	0,0192	0,0200	0,0211	0,0221	0,0231	0,0252
„ Leitung . . .	0,0055	0,0358	0,0981	0,1670	0,2512	0,4306
Gasverlust	0,1246	0,1600	0,2287	0,3039	0,3944	0,5864
	4 at abs. 200 mm Dmr.	4 at abs. 275 mm Dmr.	4 at abs. 300 mm Dmr.	5 at abs. 300 mm Dmr.	5 at abs. 325 mm Dmr.	5 at abs. 350 mm Dmr.
	Pf./m³	Pf./m³	Pf./m³	Pf./m³	Pf./m³	Pf./m³
für Gas	0,1002	0,1056	0,1124	0,1227	0,1306	0,1465
„ Kompression .	0,0229	0,0241	0,0257	0,0314	0,0335	0,0375
„ Leitung . . .	0,0049	0,0331	0,0772	0,1263	0,2092	0,3939
Gasverlust	0,1280	0,1628	0,2153	0,2804	0,3733	0,5779

Leitungsverlust.

Ansaugeleistung m³/h	10 km	50 km	100 km	150 km	200 km	300 km
5000 m³/h	5 at abs. 175 mm Dmr.	5 at abs. 250 mm Dmr.	5 at abs. 275 mm Dmr.	10 at abs. 225 mm Dmr.	10 at abs. 250 mm Dmr.	10 at abs. 275 mm Dmr.
	Pf./m³	Pf./m³	Pf./m³	Pf./m³	Pf./m³	Pf./m³
für Gas	0,1005	0,1068	0,1148	0,1412	0,1554	0,1836
,, Kompression .	0,0257	0,0273	0,0294	0,0521	0,0565	0,0669
,, Leitung . . .	0,0045	0,0306	0,0720	0,1122	0,1777	0,3471
Gasverlust	0,1307	0,1647	0,2162	0,3055	0,3896	0,5976
	10 at abs. 150 mm Dmr.	10 at abs. 200 mm Dmr.	10 at abs. 225 mm Dmr.	15 at abs. 200 mm Dmr.	15 at abs. 225 mm Dmr.	15 at abs. 225 mm Dmr.
	Pf./m³	Pf./m³	Pf./m³	Pf./m³	Pf./m³	Pf./m³
für Gas	0,1017	0,1130	0,1271	0,1598	0,1801	0,2207
,, Kompression .	0,0370	0,0413	0,0465	0,0661	0,0746	0,0914
,, Leitung . . .	0,0042	0,0261	0,0667	0,1105	0,1887	0,3469
Gasverlust	0,1429	0,1804	0,2403	0,3364	0,4434	0,6590
	15 at abs. 125 mm Dmr.	15 at abs. 175 mm Dmr.	15 at abs. 200 mm Dmr.	20 at abs. 175 mm Dmr.	20 at abs. 200 mm Dmr.	20 at abs. 200 mm Dmr.
	Pf./m³	Pf./m³	Pf./m³	Pf./m³	Pf./m³	Pf./m³
für Gas	0,1029	0,1192	0,1395	0,1792	0,2060	0,2606
,, Kompression .	0,0428	0,0500	0,0578	0,0800	0,0917	0,1163
,, Leitung . . .	0,0039	0,0254	0,0644	0,1127	0,1896	0,3604
Gasverlust	0,1496	0,1946	0,2617	0,3719	0,4873	0,7373
	20 at abs. 100 mm Dmr.	20 at abs. 150 mm Dmr.	20 at abs. 175 mm Dmr.	25 at abs. 175 mm Dmr.	25 at abs. 175 mm Dmr.	25 at abs. 200 mm Dmr.
	Pf./m³	Pf./m³	Pf./m³	Pf./m³	Pf./m³	Pf./m³
für Gas	0,1042	0,1256	0,1524	0,1977	0,2307	0,2966
,, Kompression .	0,0465	0,0560	0,0682	0,0937	0,1093	0,1406
,, Leitung . . .	0,0037	0,0243	0,0641	0,1245	0,1937	0,4106
Gasverlust	0,1544	0,2059	0,2847	0,4159	0,5337	0,8478
	25 at abs. 100 mm Dmr.	25 at abs. 150 mm Dmr.	25 at abs. 150 mm Dmr.	30 at abs. 150 mm Dmr.	30 at abs. 175 mm Dmr.	30 at abs. 175 mm Dmr.
	Pf./m³	Pf./m³	Pf./m³	Pf./m³	Pf./m³	Pf./m³
für Gas	0,1054	0,1318	0,1648	0,2163	0,2554	0,3337
,, Kompression .	0,0500	0,0625	0,0781	0,1124	0,1305	0,1704
,, Leitung . . .	0,0037	0,0255	0,0639	0,1277	0,2142	0,4196
Gasverlust	0,1591	0,2198	0,3068	0,4564	0,6001	0,9237
	30 at abs. 90 mm Dmr.	30 at abs. 125 mm Dmr.	30 at abs. 150 mm Dmr.	40 at abs. 150 mm Dmr.	40 at abs. 150 mm Dmr.	40 at abs. 150 mm Dmr.
	Pf./m³	Pf./m³	Pf./m³	Pf./m³	Pf./m³	Pf./m³
für Gas	0,1067	0,1380	0,1771	0,2542	0,3060	0,4096
,, Kompression .	0,0545	0,0705	0,0905	0,1376	0,1668	0,2216
,, Leitung . . .	0,0037	0,0240	0,0686	0,1651	0,2669	0,5319
Gasverlust	0,1649	0,2325	0,3362	0,5569	0,7397	1,1631

Starke, Großgasversorgung.

I. Teil: Die Technik der Gasfernleitung.

Ansaugeleistung m³/h	10 km	50 km	100 km	150 km	200 km	300 km
5000 m³/h				50 at abs. 125 mm Dmr.	50 at abs. 150 mm Dmr.	50 at abs. 150 mm Dmr.
				Pf./m³	Pf./m³	Pf./m³
für Gas				0,2913	0,3555	0,4837
„ Kompression				0,1663	0,2027	0,2761
„ Leitung				0,1760	0,3289	0,6721
Gasverlust				0,6336	0,8871	1,4319
10 000 m³/h	2 at abs. 350 mm Dmr.	2 at abs. 475 mm Dmr.	2 at abs. 525 mm Dmr.	3 at abs. 475 mm Dmr.	3 at abs. 500 mm Dmr.	3 at abs. 550 mm Dmr.
	Pf./m³	Pf./m³	Pf./m³	Pf./m³	Pf./m³	Pf./m³
für Gas	0,0993	0,1009	0,1030	0,1068	0,1095	0,1148
„ Kompression	0,0119	0,0121	0,0123	0,0177	0,0182	0,0190
„ Leitung	0,0047	0,0315	0,0735	0,1009	0,1509	0,2623
Gasverlust	0,1159	0,1445	0,1888	0,2254	0,2786	0,3961
	3 at abs. 300 mm Dmr.	3 at abs. 400 mm Dmr.	3 at abs. 450 mm Dmr.	4 at abs. 425 mm Dmr.	4 at abs. 450 mm Dmr.	4 at abs. 475 mm Dmr.
	Pf./m³	Pf./m³	Pf./m³	Pf./m³	Pf./m³	Pf./m³
für Gas	0,0994	0,1015	0,1042	0,1090	0,1124	0,1192
„ Kompression	0,0165	0,0168	0,0173	0,0218	0,0224	0,0242
„ Leitung	0,0036	0,0260	0,0618	0,0890	0,1331	0,2302
Gasverlust	0,1195	0,1443	0,1833	0,2198	0,2679	0,3736
	4 at abs. 250 mm Dmr.	4 at abs. 350 mm Dmr.	4 at abs. 400 mm Dmr.	5 at abs. 400 mm Dmr.	5 at abs. 400 mm Dmr.	5 at abs. 450 mm Dmr.
	Pf./m³	Pf./m³	Pf./m³	Pf./m³	Pf./m³	Pf./m³
für Gas	0,0996	0,1023	0,1056	0,1108	0,1148	0,1227
„ Kompression	0,0200	0,0205	0,0211	0,0261	0,0270	0,0289
„ Leitung	0,0037	0,0224	0,0553	0,0864	0,1202	0,2182
Gasverlust	0,1233	0,1452	0,1820	0,2233	0,2620	0,3698
	5 at abs. 225 mm Dmr.	5 at abs. 325 mm Dmr.	5 at abs. 350 mm Dmr.	10 at abs. 300 mm Dmr.	10 at abs. 325 mm Dmr.	10 at abs. 350 mm Dmr.
	Pf./m³	Pf./m³	Pf./m³	Pf./m³	Pf./m³	Pf./m³
für Gas	0,0997	0,1028	0,1068	0,1201	0,1271	0,1412
„ Kompression	0,0235	0,0242	0,0251	0,0393	0,0415	0,0465
„ Leitung	0,0035	0,0200	0,0479	0,0513	0,1020	0,1922
Gasverlust	0,1267	0,1470	0,1798	0,2107	0,2706	0,3799
	10 at abs. 175 mm Dmr.	10 at abs. 250 mm Dmr.	10 at abs. 275 mm Dmr.	15 at abs. 250 mm Dmr.	15 at abs. 275 mm Dmr.	15 at abs. 300 mm Dmr.
	Pf./m³	Pf./m³	Pf./m³	Pf./m³	Pf./m³	Pf./m³
für Gas	0,1003	0,1059	0,1130	0,1293	0,1395	0,1598
„ Kompression	0,0326	0,0358	0,0368	0,0485	0,0521	0,0597
„ Leitung	0,0030	0,0152	0,0356	0,0551	0,0877	0,1646
Gasverlust	0,1359	0,1569	0,1854	0,2329	0,2793	0,3841

Leitungsverlust.

Ansaugeleistung m³/h	10 km	50 km	100 km	150 km	200 km	300 km
10 000 m³/h	15 at abs. 150 mm Dmr.	15 at abs. 225 mm Dmr.	15 at abs. 250 mm Dmr.	20 at abs. 225 mm Dmr.	20 at abs. 250 mm Dmr.	20 at abs. 275 mm Dmr.
	Pf./m³	Pf./m³	Pf./m³	Pf./m³	Pf./m³	Pf./m³
für Gas	0,1009	0,1090	0,1192	0,1390	0,1524	0,1792
„ Kompression .	0,0378	0,0411	0,0452	0,0559	0,0613	0,0721
„ Leitung . . .	0,0028	0,0138	0,0347	0,0538	0,0873	0,1689
Gasverlust	0,1415	0,1639	0,1991	0,2487	0,3010	0,4202
	20 at abs. 150 mm Dmr.	20 at abs. 200 mm Dmr.	20 at abs. 225 mm Dmr.	25 at abs. 225 mm Dmr.	25 at abs. 225 mm Dmr.	25 at abs. 250 mm Dmr.
	Pf./m³	Pf./m³	Pf./m³	Pf./m³	Pf./m³	Pf./m³
für Gas	0,1016	0,1123	0,1256	0,1483	0,1648	0,1977
„ Kompression .	0,0408	0,0451	0,0505	0,0637	0,0708	0,0850
„ Leitung . . .	0,0028	0,0123	0,0328	0,0574	0,0863	0,1701
Gasverlust	0,1452	0,1697	0,2089	0,2694	0,3219	0,4528
	30 at abs. 125 mm Dmr.	30 at abs. 175 mm Dmr.	30 at abs. 200 mm Dmr.	30 at abs. 200 mm Dmr.	30 at abs. 200 mm Dmr.	30 at abs. 225 mm Dmr.
	Pf./m³	Pf./m³	Pf./m³	Pf./m³	Pf./m³	Pf./m³
für Gas	0,1028	0,1184	0,1380	0,1576	0,1771	0,2163
„ Kompression .	0,0478	0,0551	0,0642	0,0733	0,0824	0,1023
„ Leitung . . .	0,0027	0,0118	0,0318	0,0536	0,0816	0,1726
Gasverlust	0,1533	0,1853	0,2340	0,2845	0,3411	0,4912
	40 at abs. 125 mm Dmr.	40 at abs. 150 mm Dmr.	40 at abs. 175 mm Dmr.	40 at abs. 175 mm Dmr.	40 at abs. 200 mm Dmr.	40 at abs. 200 mm Dmr.
	Pf./m³	Pf./m³	Pf./m³	Pf./m³	Pf./m³	Pf./m³
für Gas	0,1040	0,1248	0,1507	0,1766	0,2024	0,2542
„ Kompression .	0,0514	0,0617	0,0745	0,0876	0,1001	0,1256
„ Leitung . . .	0,0029	0,0128	0,0359	0,0623	0,1065	0,2005
Gasverlust	0,1583	0,1993	0,2611	0,3265	0,4090	0,5803
	50 at abs. 100 mm Dmr.	50 at abs. 150 mm Dmr.	50 at abs. 150 mm Dmr.	50 at abs. 175 mm Dmr.	50 at abs. 175 mm Dmr.	50 at abs. 200 mm Dmr.
	Pf./m³	Pf./m³	Pf./m³	Pf./m³	Pf./m³	Pf./m³
für Gas	0,1053	0,1309	0,1630	0,1951	0,2272	0,2913
„ Kompression .	0,0550	0,0687	0,0859	0,1016	0,1185	0,1517
„ Leitung . . .	0,0027	0,0146	0,0382	0,0753	0,1189	0,2686
Gasverlust	0,1630	0,2142	0,2871	0,3720	0,4646	0,7116
25 000 m³/h	3 at abs. 400 mm Dmr.	3 at abs. 550 mm Dmr.	3 at abs. 625 mm Dmr.	3 at abs. 675 mm Dmr.	3 at abs. 700 mm Dmr.	3 at abs. 750 mm Dmr.
	Pf./m³	Pf./m³	Pf./m³	Pf./m³	Pf./m³	Pf./m³
für Gas	0,0991	0,0999	0,1010	0,1020	0,1031	0,1052
„ Kompression .	0,0142	0,0143	0,0145	0,0146	0,0148	0,0151
„ Leitung . . .	0,0022	0,0153	0,0360	0,0614	0,0877	0,1503
Gasverlust	0,1155	0,1295	0,1515	0,1780	0,2056	0,2706

I. Teil: Die Technik der Gasfernleitung.

Ansaugeleistung m³/h	10 km	50 km	100 km	150 km	200 km	300 km
25 000 m³/h	4 at abs. 350 mm Dmr.	4 at abs. 500 mm Dmr.	4 at abs. 550 mm Dmr.	4 at abs. 600 mm Dmr.	4 at abs. 625 mm Dmr.	4 at abs. 675 mm Dmr.
	Pf./m³	Pf./m³	Pf./m³	Pf./m³	Pf./m³	Pf./m³
für Gas	0,0991	0,1002	0,1016	0,1029	0,1043	0,1070
„ Kompression	0,0175	0,0177	0,0179	0,0182	0,0184	0,0194
„ Leitung	0,0019	0,0137	0,0308	0,0520	0,0744	0,1321
Gasverlust	0,1185	0,1316	0,1503	0,1731	0,1971	0,2585
	5 at abs. 325 mm Dmr.	5 at abs. 450 mm Dmr.	5 at abs. 500 mm Dmr.	5 at abs. 550 mm Dmr.	5 at abs. 575 mm Dmr.	5 at abs. 625 mm Dmr.
	Pf./m³	Pf./m³	Pf./m³	Pf./m³	Pf./m³	Pf./m³
für Gas	0,0992	0,1005	0,1020	0,1036	0,1052	0,1084
„ Kompression	0,0204	0,0206	0,0209	0,0213	0,0216	0,0222
„ Leitung	0,0014	0,0119	0,0280	0,0474	0,0668	0,1156
Gasverlust	0,1210	0,1330	0,1509	0,1723	0,1936	0,2462
	10 at abs. 250 mm Dmr.	10 at abs. 350 mm Dmr.	10 at abs. 400 mm Dmr.	10 at abs. 425 mm Dmr.	10 at abs. 450 mm Dmr.	10 at abs. 475 mm Dmr.
	Pf./m³	Pf./m³	Pf./m³	Pf./m³	Pf./m³	Pf./m³
für Gas	0,0994	0,1017	0,1045	0,1071	0,1102	0,1158
„ Kompression	0,0294	0,0300	0,0308	0,0316	0,0325	0,0342
„ Leitung	0,0012	0,0091	0,0219	0,0352	0,0523	0,0881
Gasverlust	0,1300	0,1408	0,1572	0,1739	0,1950	0,2381
	15 at abs. 225 mm Dmr.	15 at abs. 300 mm Dmr.	15 at abs. 350 mm Dmr.	15 at abs. 350 mm Dmr.	15 at abs. 375 mm Dmr.	15 at abs. 425 mm Dmr.
	Pf./m³	Pf./m³	Pf./m³	Pf./m³	Pf./m³	Pf./m³
für Gas	0,0997	0,1029	0,1070	0,1110	0,1151	0,1232
„ Kompression	0,0342	0,0354	0,0368	0,0381	0,0397	0,0423
„ Leitung	0,0011	0,0071	0,0192	0,0299	0,0448	0,0811
Gasverlust	0,1350	0,1454	0,1630	0,1790	0,1996	0,2466
	20 at abs. 200 mm Dmr.	20 at abs. 275 mm Dmr.	20 at abs. 300 mm Dmr.	20 at abs. 325 mm Dmr.	20 at abs. 350 mm Dmr.	20 at abs. 375 mm Dmr.
	Pf./m³	Pf./m³	Pf./m³	Pf./m³	Pf./m³	Pf./m³
für Gas	0,0999	0,1042	0,1096	0,1149	0,1203	0,1310
„ Kompression	0,0375	0,0391	0,0413	0,0431	0,0454	0,0495
„ Leitung	0,0009	0,0065	0,0151	0,0276	0,0434	0,0769
Gasverlust	0,1383	0,1498	0,1660	0,1856	0,2091	0,2574
	25 at abs. 175 mm Dmr.	25 at abs. 250 mm Dmr.	25 at abs. 275 mm Dmr.	25 at abs. 300 mm Dmr.	25 at abs. 325 mm Dmr.	25 at abs. 350 mm Dmr.
	Pf./m³	Pf./m³	Pf./m³	Pf./m³	Pf./m³	Pf./m³
für Gas	0,1002	0,1055	0,1121	0,1186	0,1252	0,1384
„ Kompression	0,0403	0,0425	0,0451	0,0478	0,0504	0,0557
„ Leitung	0,0009	0,0060	0,0141	0,0245	0,0402	0,0747
Gasverlust	0,1414	0,1540	0,1713	0,1909	0,2158	0,2688

Leitungsverlust.

Ansaugeleistung m³/h	10 km	50 km	100 km	150 km	200 km	300 km
25 000 m³/h	30 at abs. 175 mm Dmr.	30 at abs. 225 mm Dmr.	30 at abs. 275 mm Dmr.	30 at abs. 275 mm Dmr.	30 at abs. 300 mm Dmr.	30 at abs. 325 mm Dmr.
	Pf./m³	Pf./m³	Pf./m³	Pf./m³	Pf./m³	Pf./m³
für Gas	0,1004	0,1067	0,1145	0,1223	0,1302	0,1458
„ Kompression .	0,0439	0,0467	0,0501	0,0535	0,0569	0,0640
„ Leitung . . .	0,0009	0,0056	0,0144	0,0230	0,0357	0,0771
Gasverlust	0,1452	0,1590	0,1790	0,1988	0,2228	0,2869
	40 at abs. 150 mm Dmr.	40 at abs. 200 mm Dmr.	40 at abs. 225 mm Dmr.	40 at abs. 250 mm Dmr.	40 at abs. 275 mm Dmr.	40 at abs. 300 mm Dmr.
	Pf./m³	Pf./m³	Pf./m³	Pf./m³	Pf./m³	Pf./m³
für Gas	0,1009	0,1092	0,1196	0,1299	0,1403	0,1476
„ Kompression .	0,0471	0,0513	0,0559	0,0605	0,0657	0,0688
„ Leitung . . .	0,0009	0,0058	0,0143	0,0255	0,0405	0,0696
Gasverlust	0,1489	0,1663	0,1898	0,2159	0,2465	0,2860
	50 at abs. 150 mm Dmr.	50 at abs. 200 mm Dmr.	50 at abs. 225 mm Dmr.	50 at abs. 225 mm Dmr.	50 at abs. 250 mm Dmr.	50 at abs. 275 mm Dmr.
	Pf./m³	Pf./m³	Pf./m³	Pf./m³	Pf./m³	Pf./m³
für Gas	0,1014	0,1117	0,1245	0,1374	0,1502	0,1758
„ Kompression .	0,0498	0,0552	0,0611	0,0676	0,0741	0,0865
„ Leitung . . .	0,0010	0,0069	0,0170	0,0282	0,0452	0,0868
Gasverlust	0,1522	0,1738	0,2026	0,2332	0,2695	0,3491
50 000 m³/h	3 at abs. 525 mm Dmr.	3 at abs. 700 mm Dmr.	3 at abs. 800 mm Dmr.	3 at abs. 875 mm Dmr.	3 at abs. 900 mm Dmr.	3 at abs. 975 mm Dmr.
	Pf./m³	Pf./m³	Pf./m³	Pf./m³	Pf./m³	Pf./m³
für Gas	0,0990	0,0994	0,0999	0,1005	0,1010	
„ Kompression .	0,0133	0,0134	0,0134	0,0135	0,0136	
„ Leitung . . .	0,0015	0,0105	0,0264	0,0552	0,0667	
Gasverlust	0,1138	0,1233	0,1397	0,1692	0,1813	
	4 at abs. 475 mm Dmr.	4 at abs. 625 mm Dmr.	4 at abs. 700 mm Dmr.	4 at abs. 775 mm Dmr.	4 at abs. 800 mm Dmr.	4 at abs. 875 mm Dmr.
	Pf./m³	Pf./m³	Pf./m³	Pf./m³	Pf./m³	Pf./m³
für Gas	0,0990	0,0996	0,1002	0,1009	0,1016	0,1029
„ Kompression .	0,0166	0,0167	0,0167	0,0169	0,0170	0,0172
„ Leitung . . .	0,0013	0,0089	0,0212	0,0380	0,0537	0,0948
Gasverlust	0,1169	0,1252	0,1381	0,1558	0,1723	0,2149
	5 at abs. 425 mm Dmr.	5 at abs. 575 mm Dmr.	5 at abs. 650 mm Dmr.	5 at abs. 700 mm Dmr.	5 at abs. 750 mm Dmr.	5 at abs. 800 mm Dmr.
	Pf./m³	Pf./m³	Pf./m³	Pf./m³	Pf./m³	Pf./m³
für Gas	0,0990	0,0997	0,1005	0,1013	0,1020	0,1036
„ Kompression .	0,0193	0,0194	0,0195	0,0197	0,0198	0,0201
„ Leitung . . .	0,0012	0,0079	0,0190	0,0322	0,0484	0,0821
Gasverlust	0,1195	0,1270	0,1390	0,1532	0,1702	0,2058

Ansaugeleistung m³/h	10 km	50 km	100 km	150 km	200 km	300 km
50 000 m³/h	10 at abs. 325 mm Dmr.	10 at abs. 450 mm Dmr.	10 at abs. 500 mm Dmr.	10 at abs. 550 mm Dmr.	10 at abs. 575 mm Dmr.	10 at abs. 625 mm Dmr.
	Pf./m³	Pf./m³	Pf./m³	Pf./m³	Pf./m³	Pf./m³
für Gas	0,0992	0,1003	0,1017	0,1031	0,1045	0,1073
„ Kompression .	0,0291	0,0295	0,0299	0,0304	0,0307	0,0317
„ Leitung . . .	0,0009	0,0059	0,0140	0,0236	0,0332	0,0575
Gasverlust	0,1292	0,1357	0,1456	0,1571	0,1684	0,1965
	15 at abs. 275 mm Dmr.	15 at abs. 375 mm Dmr.	15 at abs. 425 mm Dmr.	15 at abs. 475 mm Dmr.	15 at abs. 500 mm Dmr.	15 at abs. 525 mm Dmr.
	Pf./m³	Pf./m³	Pf./m³	Pf./m₂	Pf./m³	Pf./m³
für Gas	0,0993	0,1009	0,1029	0,1050	0,1070	0,1110
„ Kompression .	0,0340	0,0345	0,0352	0,0359	0,0366	0,0380
„ Leitung . . .	0,0007	0,0049	0,0113	0,0200	0,1294	0,0476
Gasverlust	0,1340	0,1403	0,1494	0,1609	0,1730	0,1966
	20 at abs. 250 mm Dmr.	20 at abs. 350 mm Dmr.	20 at abs. 400 mm Dmr.	20 at abs. 425 mm Dmr.	20 at abs. 450 mm Dmr.	20 at abs. 475 mm Dmr.
	Pf./m³	Pf./m³	Pf./m³	Pf./m³	Pf./m³	Pf./m³
für Gas	0,0994	0,1016	0,1042	0,1069	0,1096	0,1150
„ Kompression .	0,0372	0,0379	0,0390	0,0399	0,0411	0,0432
„ Leitung . . .	0,0006	0,0046	0,0110	0,0176	0,0261	0,0439
Gasverlust	0,1372	0,1441	0,1542	0,1644	0,1768	0,2021
	25 at abs. 250 mm Dmr.	25 at abs. 325 mm Dmr.	25 at abs. 350 mm Dmr.	25 at abs. 400 mm Dmr.	25 at abs. 400 mm Dmr.	25 at abs. 450 mm Dmr.
	Pf./m³	Pf./m³	Pf./m³	Pf./m³	Pf./m²	Pf./m³
für Gas	0,0995	0,1022	0,1055	0,1088	0,1121	0,1186
„ Kompression .	0,0399	0,0410	0,0423	0,0441	0,0450	0,0476
„ Leitung . . .	0,0006	0,0041	0,0095	0,0173	0,0235	0,0513
Gasverlust	0,1400	0,1473	0,1573	0,1702	0,1806	0,2175
	30 at abs. 225 mm Dmr.	30 at abs. 300 mm Dmr.	30 at abs. 350 mm Dmr.	30 at abs. 375 mm Dmr.	30 at abs. 375 mm Dmr.	30 at abs. 425 mm Dmr.
	Pf./m³	Pf./m³	Pf./m³	Pf./m³	Pf./m³	Pf./m³
für Gas	0,0997	0,1028	0,1067	0,1106	0,1145	0,1223
„ Kompression .	0,0435	0,0448	0,0465	0,0483	0,0499	0,0533
„ Leitung . . .	0,0005	0,0035	0,0105	0,0176	0,0243	0,0480
Gasverlust	0,1437	0,1511	0,1637	0,1765	0,1887	0,2236
	40 at abs. 200 mm Dmr.	40 at abs. 275 mm Dmr.	40 at abs. 300 mm Dmr.	40 at abs. 325 mm Dmr.	40 at abs. 350 mm Dmr.	40 at abs. 375 mm Dmr.
	Pf./m³	Pf./m³	Pf./m³	Pf./m³	Pf./m³	Pf./m³
für Gas	0,0999	0,1040	0,1092	0,1144	0,1196	0,1299
„ Kompression .	0,0465	0,0484	0,0512	0,0531	0,0558	0,0604
„ Leitung . . .	0,0006	0,0037	0,0086	0,0184	0,0294	0,0529
Gasverlust	0,1470	0,1561	0,1690	0,1859	0,2048	0,2432

Leitungsverlust.

Ansaugeleistung m³/h	10 km	50 km	100 km	150 km	200 km	300 km
50 000 m³/h	50 at abs. 200 mm Dmr.	50 at abs. 250 mm Dmr.	50 at abs. 275 mm Dmr.	50 at abs. 300 mm Dmr.	50 at abs. 325 mm Dmr.	50 at abs. 350 mm Dmr.
	Pf./m³	Pf./m³	Pf./m³	Pf./m³	Pf./m³	Pf./m³
für Gas	0,1002	0,1053	0,1117	0,1181	0,1245	0,1374
„ Kompression .	0,0491	0,0518	0,0550	0,0579	0,0611	0,0674
„ Leitung . . .	0,0006	0,0040	0,0092	0,0161	0,0325	0,0606
Gasverlust	0,1499	0,1611	0,1759	0,1921	0,2181	0,2654
75 000 m³/h	3 at abs. 625 mm Dmr.	3 at abs. 825 mm Dmr.	3 at abs. 925 mm Dmr.	3 at abs. 1000 mm Dmr.	3 at abs. 1050 mm Dmr.	3 at abs. 1150 mm Dmr.
	Pf./m³	Pf./m³				
für Gas	0,0989	0,0992				
„ Kompression .	0,0131	0,0131				
„ Leitung . . .	0,0012	0,0092				
Gasverlust	0,1132	0,1215				
	4 at abs. 550 mm Dmr.	4 at abs. 725 mm Dmr.	4 at abs. 825 mm Dmr.	4 at abs. 900 mm Dmr.	4 at abs. 950 mm Dmr.	4 at abs. 1025 mm Dmr.
	Pf./m³	Pf./m³	Pf./m³			
für Gas	0,0990	0,0993	0,0998			
„ Kompression .	0,0163	0,0164	0,0165			
„ Leitung . . .	0,0011	0,0074	0,0185			
Gasverlust	0,1164	0,1231	0,1348			
	5 at abs. 500 mm Dmr.	5 at abs. 675 mm Dmr.	5 at abs. 750 mm Dmr.	5 at abs. 825 mm Dmr.	5 at abs. 875 mm Dmr.	5 at abs. 925 mm Dmr.
	Pf./m³	Pf./m³	Pf./m³	Pf./m³	Pf./m³	
für Gas	0,0990	0,0994	0,0999	0,1005	0,1010	
„ Kompression .	0,0190	0,0191	0,0192	0,0192	0,0194	
„ Leitung . . .	0,0009	0,0066	0,0158	0,0279	0,0413	
Gasverlust	0,1189	0,1251	0,1349	0,1476	0,1617	
	10 at abs. 375 mm Dmr.	10 at abs. 525 mm Dmr.	10 at abs. 600 mm Dmr.	10 at abs. 625 mm Dmr.	10 at abs. 675 mm Dmr.	10 at abs. 725 mm Dmr.
	Pf./m³	Pf./m³	Pf./m³	Pf./m³	Pf./m³	Pf./m³
für Gas	0,0990	0,0998	0,1001	0,1017	0,1026	0,1045
„ Kompression .	0,0287	0,0290	0,0290	0,0295	0,0298	0,0303
„ Leitung . . .	0,0007	0,0048	0,0112	0,0181	0,0274	0,0469
Gasverlust	0,1284	0,1336	0,1403	0,1493	0,1598	0,1817
	15 at abs. 325 mm Dmr.	15 at abs. 450 mm Dmr.	15 at abs. 500 mm Dmr.	15 at abs. 550 mm Dmr.	15 at abs. 575 mm Dmr.	15 at abs. 625 mm Dmr.
	Pf./m³	Pf./m³	Pf./m³	Pf./m³	Pf./m³	Pf./m³
für Gas	0,0991	0,1002	0,1016	0,1029	0,1043	0,1070
„ Kompression .	0,0335	0,0339	0,0343	0,0348	0,0353	0,0362
„ Leitung . . .	0,0006	0,0040	0,0093	0,0157	0,0221	0,0381
Gasverlust	0,1332	0,1381	0,1452	0,1534	0,1617	0,1813

I. Teil: Die Technik der Gasfernleitung.

Ansaugeleistung m³/h	10 km	50 km	100 km	150 km	200 km	300 km
75 000 m³/h	20 at abs. 300 mm Dmr.	20 at abs. 400 mm Dmr.	20 at abs. 450 mm Dmr.	20 at abs. 475 mm Dmr.	20 at abs. 525 mm Dmr.	20 at abs. 550 mm Dmr.
	Pf./m³	Pf./m³	Pf./m³	Pf./m³	Pf./m³	Pf./m³
für Gas	0,0992	0,1007	0,1024	0,1042	0,1060	0,1096
„ Kompression	0,0366	0,0372	0,0378	0,0386	0,0392	0,0406
„ Leitung	0,0005	0,0035	0,0081	0,0133	0,0202	0,0335
Gasverlust	0,1363	0,1414	0,1483	0,1561	0,1654	0,1837
	25 at abs. 275 mm Dmr.	25 at abs. 375 mm Dmr.	25 at abs. 425 mm Dmr.	25 at abs. 450 mm Dmr.	25 at abs. 475 mm Dmr.	25 at abs. 500 mm Dmr.
	Pf./m³	Pf./m³	Pf./m³	Pf./m³	Pf./m³	Pf./m³
für Gas	0,0993	0,1011	0,1033	0,1055	0,1077	0,1121
„ Kompression	0,0394	0,0401	0,0410	0,0418	0,0427	0,0445
„ Leitung	0,0005	0,0033	0,0090	0,0152	0,0221	0,0370
Gasverlust	0,1392	0,1445	0,1533	0,1625	0,1725	0,1936
	30 at abs. 250 mm Dmr.	30 at abs. 350 mm Dmr.	30 at abs. 400 mm Dmr.	30 at abs. 425 mm Dmr.	30 at abs. 450 mm Dmr.	30 at abs. 475 mm Dmr.
	Pf./m³	Pf./m³	Pf./m³	Pf./m³	Pf./m³	Pf./m³
für Gas	0,0994	0,1015	0,1041	0,1067	0,1093	0,1145
„ Kompression	0,0428	0,0438	0,0450	0,0460	0,0474	0,0493
„ Leitung	0,0004	0,0030	0,0083	0,0140	0,0211	0,0353
Gasverlust	0,1426	0,1483	0,1574	0,1667	0,1778	0,1991
	40 at abs. 225 mm Dmr.	40 at abs. 300 mm Dmr.	40 at abs. 350 mm Dmr.	40 at abs. 375 mm Dmr.	40 at abs. 400 mm Dmr.	40 at abs. 425 mm Dmr.
	Pf./m³	Pf./m³	Pf./m³	Pf./m³	Pf./m³	Pf./m³
für Gas	0,0996	0,1022	0,1058	0,1092	0,1127	0,1196
„ Kompression	0,0458	0,0472	0,0486	0,0506	0,0518	0,0551
„ Leitung	0,0004	0,0027	0,0087	0,0150	0,0223	0,0392
Gasverlust	0,1458	0,1521	0,1631	0,1748	0,1868	0,2139
	50 at abs. 225 mm Dmr.	50 at abs. 275 mm Dmr.	50 at abs. 325 mm Dmr.	50 at abs. 350 mm Dmr.	50 at abs. 375 mm Dmr.	50 at abs. 400 mm Dmr.
	Pf./m³	Pf./m³	Pf./m³	Pf./m³	Pf./m³	Pf./m³
für Gas	0,0997	0,1031	0,1074	0,1117	0,1160	0,1245
„ Kompression	0,0484	0,0501	0,0521	0,0541	0,0562	0,0603
„ Leitung	0,0004	0,0028	0,0094	0,0164	0,0250	0,0446
Gasverlust	0,1485	0,1560	0,1689	0,1822	0,1972	0,2294
100 000 m³/h	3 at abs. 675 mm Dmr.	3 at abs. 925 mm Dmr.	3 at abs. 1025 mm Dmr.	3 at abs. 1125 mm Dmr.	3 at abs. 1175 mm Dmr.	3 at abs. 1275 mm Dmr.
	Pf./m³					
für Gas	0,0989					
„ Kompression	0,0129					
„ Leitung	0,0103					
Gasverlust	0,1221					

Leitungsverlust.

Ansaugeleistung m³/h	10 km	50 km	100 km	150 km	200 km	300 km
100 000 m³/h	4 at abs. 600 mm Dmr.	4 at abs. 825 mm Dmr.	4 at abs. 925 mm Dmr.	4 at abs. 1000 mm Dmr.	4 at abs. 1050 mm Dmr.	4 at abs. 1125 mm Dmr.
	Pf./m³	Pf./m³	Pf./m³	Pf./m³	Pf./m³	Pf./m³
für Gas	0,0989	0,0992				
„ Kompression	0,0162	0,0162				
„ Leitung	0,0009	0,0083				
Gasverlust	0,1160	0,1237				
	5 at abs. 550 mm Dmr.	5 at abs. 750 mm Dmr.	5 at abs. 850 mm Dmr.	5 at abs. 925 mm Dmr.	5 at abs. 975 mm Dmr.	5 at abs. 1025 mm Dmr.
	Pf./m³	Pf./m³	Pf./m³	Pf./m³	Pf./m³	Pf./m³
für Gas	0,0990	0,0993	0,0997			
„ Kompression	0,0188	0,0188	0,0189			
„ Leitung	0,0008	0,0073	0,0173			
Gasverlust	0,1186	0,1254	0,1359			
	10 at abs. 425 mm Dmr.	10 at abs. 575 mm Dmr.	10 at abs. 650 mm Dmr.	10 at abs. 700 mm Dmr.	10 at abs. 750 mm Dmr.	10 at abs. 800 mm Dmr.
	Pf./m³	Pf./m³	Pf./m³	Pf./m³	Pf./m³	Pf./m³
für Gas	0,0990	0,0996	0,1003	0,1010	0,1017	0,1031
„ Kompression	0,0285	0,0287	0,0289	0,0291	0,0293	0,0298
„ Leitung	0,0006	0,0053	0,0123	0,0204	0,0298	0,0497
Gasverlust	0,1281	0,1336	0,1415	0,1505	0,1608	0,1826
	15 at abs. 375 mm Dmr.	15 at abs. 500 mm Dmr.	15 at abs. 550 mm Dmr.	15 at abs. 600 mm Dmr.	15 at abs. 625 mm Dmr.	15 at abs. 700 mm Dmr.
	Pf./m³	Pf./m³	Pf./m³	Pf./m³	Pf./m³	Pf./m³
für Gas	0,0991	0,0999	0,1009	0,1019	0,1029	0,1050
„ Kompression	0,0333	0,0335	0,0339	0,0342	0,0346	0,0352
„ Leitung	0,0005	0,0045	0,0105	0,0171	0,0241	0,0422
Gasverlust	0,1329	0,1379	0,1453	0,1532	0,1616	0,1824
	20 at abs. 325 mm Dmr.	20 at abs. 450 mm Dmr.	20 at abs. 500 mm Dmr.	20 at abs. 550 mm Dmr.	20 at abs. 575 mm Dmr.	20 at abs. 625 mm Dmr.
	Pf./m³	Pf./m³	Pf./m³	Pf./m³	Pf./m³	Pf./m³
für Gas	0,0991	0,1002	0,1016	0,1029	0,1042	0,1069
„ Kompression	0,0364	0,0368	0,0373	0,0378	0,0383	0,0393
„ Leitung	0,0004	0,0041	0,0092	0,0161	0,0224	0,0375
Gasverlust	0,1359	0,1411	0,1481	0,1568	0,1649	0,1837
	25 at abs. 300 mm Dmr.	25 at abs. 400 mm Dmr.	25 at abs. 475 mm Dmr.	25 at abs. 500 mm Dmr.	25 at abs. 525 mm Dmr.	25 at abs. 575 mm Dmr.
	Pf./m³	Pf./m³	Pf./m³	Pf./m³	Pf./m³	Pf./m³
für Gas	0,0992	0,1005	0,1022	0,1038	0,1055	0,1088
„ Kompression	0,0391	0,0396	0,0403	0,0409	0,0416	0,0429
„ Leitung	0,0004	0,0038	0,0106	0,0163	0,0251	0,0440
Gasverlust	0,1387	0,1439	0,1531	0,1610	0,1722	0,1957

170 I. Teil: Die Technik der Gasfernleitung.

Ansaugeleistung m³/h	10 km	50 km	100 km	150 km	200 km	300 km
100 000 m³/h	30 at abs. 275 mm Dmr.	30 at abs. 375 mm Dmr.	30 at abs. 425 mm Dmr.	30 at abs. 475 mm Dmr.	30 at abs. 500 mm Dmr.	30 at abs. 525 mm Dmr.
	Pf./m³	Pf./m³	Pf./m³	Pf./m³	Pf./m³	Pf./m³
für Gas	0,0993	0,1008	0,1028	0,1042	0,1067	0,1206
„ Kompression .	0,0425	0,0432	0,0440	0,0446	0,0457	0,0474
„ Leitung . . .	0,0003	0,0038	0,0090	0,0155	0,0224	0,0395
Gasverlust	0,1421	0,1478	0,1558	0,1643	0,1748	0,2075
	40 at abs. 250 mm Dmr.	40 at abs. 350 mm Dmr.	40 at abs. 400 mm Dmr.	40 at abs. 425 mm Dmr.	40 at abs. 450 mm Dmr.	40 at abs. 475 mm Dmr.
	Pf./m³	Pf./m³	Pf./m³	Pf./m³	Pf./m³	Pf./m³
für Gas	0,0994	0,1015	0,1040	0,1066	0,1092	0,1127
„ Kompression .	0,0455	0,0463	0,0478	0,0488	0,0503	0,0515
„ Leitung . . .	0,0004	0,0042	0,0101	0,0167	0,0246	0,0404
Gasverlust	0,1453	0,1520	0,1619	0,1721	0,1841	0,1046
	50 at abs. 250 mm Dmr.	50 at abs. 325 mm Dmr.	50 at abs. 350 mm Dmr.	50 at abs. 375 mm Dmr.	50 at abs. 400 mm Dmr.	50 at abs. 450 mm Dmr.
	Pf./m³	Pf./m³	Pf./m³	Pf./m³	Pf./m³	Pf./m³
für Gas	0,0995	0,1021	0,1053	0,1085	0,1117	0,1181
„ Kompression .	0,0480	0,0493	0,0509	0,0530	0,0541	0,0570
„ Leitung . . .	0,0004	0,0045	0,0101	0,0170	0,0252	0,0470
Gasverlust	0,1479	0,1559	0,1663	0,1785	0,1910	0,2221
150 000 m³/h	3 at abs. 800 mm Dmr.	3 at abs. 1050 mm Dmr.	3 at abs. 1225 mm Dmr.	3 at abs. 1300 mm Dmr.	3 at abs. 1375 mm Dmr.	3 at abs. 1500 mm Dmr.
	Pf./m³	Pf./m³	Pf./m³	Pf./m³	Pf./m³	Pf./m³
für Gas	0,0989					
„ Kompression .	0,0128					
„ Leitung . . .	0,0009					
Gasverlust	0,1126					
	4 at abs. 700 mm Dmr.	4 at abs. 950 mm Dmr.	4 at abs. 1075 mm Dmr.	4 at abs. 1175 mm Dmr.	4 at abs. 1225 mm Dmr.	4 at abs. 1325 mm Dmr.
	Pf./m³	Pf./m³	Pf./m³	Pf./m³	Pf./m³	Pf./m³
für Gas	0,0989					
„ Kompression .	0,0160					
„ Leitung . . .	0,0001					
Gasverlust	0,1150					
	5 at abs. 650 mm Dmr.	5 at abs. 875 mm Dmr.	5 at abs. 975 mm Dmr.	5 at abs. 1050 mm Dmr.	5 at abs. 1125 mm Dmr.	5 at abs. 1225 mm Dmr.
	Pf./m³	Pf./m³	Pf./m³	Pf./m³	Pf./m³	Pf./m³
für Gas	0,0989	0,0991				
„ Kompression .	0,0187	0,0187				
„ Leitung . . .	0,0006	0,0051				
Gasverlust	0,1182	0,1229				

Leitungsverlust. 171

Ansaugeleistung m³/h	10 km	50 km	100 km	150 km	200 km	300 km
150 000 m³/h	10 at abs. 500 mm Dmr.	10 at abs. 675 mm Dmr.	10 at abs. 750 mm Dmr.	10 at abs. 825 mm Dmr.	10 at abs. 850 mm Dmr.	10 at abs. 925 mm Dmr.
	Pf./m³	Pf./m³	Pf./m³	Pf./m³	Pf./m³	Pf./m³
für Gas	0,0990	0,0993	0,0998	0,1003	0,1008	
„ Kompression .	0,0285	0,0286	0,0287	0,0288	0,0290	
„ Leitung . . .	0,0005	0,0033	0,0079	0,0139	0,0196	
Gasverlust	0,1280	0,1312	0,1364	0,1430	0,1494	
	15 at abs. 425 mm Dmr.	15 at abs. 575 mm Dmr.	15 at abs. 650 mm Dmr.	15 at abs. 700 mm Dmr.	15 at abs. 750 mm Dmr.	15 at abs. 800 mm Dmr.
	Pf./m³	Pf./m³	Pf./m³	Pf./m³	Pf./m³	Pf./m³
für Gas	0,0990	0,0996	0,1002	0,1009	0,1016	0,1029
„ Kompression .	0,0332	0,0334	0,0336	0,0338	0,0340	0,0345
„ Leitung . . .	0,0004	0,0026	0,0063	0,0107	0,0161	0,0272
Gasverlust	0,1326	0,1356	0,1401	0,1454	0,1517	0,1646
	20 at abs. 375 mm Dmr.	20 at abs. 525 mm Dmr.	20 at abs. 600 mm Dmr.	20 at abs. 625 mm Dmr.	20 at abs. 675 mm Dmr.	20 at abs. 725 mm Dmr.
	Pf./m³	Pf./m³	Pf./m³	Pf./m³	Pf./m³	Pf./m³
für Gas	0,0991	0,0998	0,1007	0,1016	0,1024	0,1042
„ Kompression .	0,0363	0,0366	0,0369	0,0372	0,0375	0,0383
„ Leitung . . .	0,0003	0,0024	0,0056	0,0090	0,0137	0,0234
Gasverlust	0,1357	0,1388	0,1432	0,1478	0,1536	0,1659
	25 at abs. 350 mm Dmr.	25 at abs. 475 mm Dmr.	25 at abs. 550 mm Dmr.	25 at abs. 575 mm Dmr.	25 at abs. 625 mm Dmr.	25 at abs. 650 mm Dmr.
	Pf./m³	Pf./m³	Pf./m³	Pf./m³	Pf./m³	Pf./m³
für Gas	0,0991	0,1000	0,1011	0,1022	0,1033	0,1055
„ Kompression .	0,0390	0,0394	0,0398	0,0403	0,0407	0,0416
„ Leitung . . .	0,0003	0,0026	0,0067	0,0109	0,0144	0,0239
Gasverlust	0,1384	0,1420	0,1476	0,1534	0,1584	0,1710
	30 at abs. 325 mm Dmr.	30 at abs. 450 mm Dmr.	30 at abs. 500 mm Dmr.	30 at abs. 550 mm Dmr.	30 at abs. 575 mm Dmr.	30 at abs. 625 mm Dmr.
	Pf./m³	Pf./m³	Pf./m³	Pf./m³	Pf./m³	Pf. m³
für Gas	0,0991	0,1002	0,1015	0,1028	0,1041	0,1067
„ Kompression .	0,0424	0,0429	0,0434	0,0440	0,0447	0,0457
„ Leitung . . .	0,0003	0,0024	0,0056	0,0102	0,0149	0,0288
Gasverlust	0,1418	0,1455	0,1505	0,1570	0,1637	0,1812
	40 at abs. 300 mm Dmr.	40 at abs. 400 mm Dmr.	40 at abs. 450 mm Dmr.	40 at abs. 500 mm Dmr.	40 at abs. 525 mm Dmr.	40 at abs. 550 mm Dmr.
	Pf./m²	Pf./m³	Pf./m³	Pf./m³	Pf./m³	Pf./m³
für Gas	0,0992	0,1006	0,1023	0,1040	0,1058	0,1092
„ Kompression .	0,0453	0,0460	0,0467	0,0477	0,0483	0,0503
„ Leitung . . .	0,0003	0,0025	0,0061	0,0110	0,0165	0,0278
Gasverlust	0,1448	0,1491	0,1551	0,1627	0,1706	0,1873

I. Teil: Die Technik der Gasfernleitung.

Ansaugeleistung m³/h	10 km	50 km	100 km	150 km	200 km	300 km
150 000 m³/h	50 at abs. 275 mm Dmr.	50 at abs. 375 mm Dmr.	50 at abs. 425 mm Dmr.	50 at abs. 450 mm Dmr.	50 at abs. 475 mm Dmr.	50 at abs. 500 mm Dmr.
	Pf./m³	Pf./m³	Pf./m³	Pf./m³	Pf./m³	Pf./m³
für Gas	0,0993	0,1010	0,1031	0,1053	0,1074	0,1117
„ Kompression	0,0478	0,0488	0,0498	0,0509	0,0519	0,0540
„ Leitung	0,0003	0,0027	0,0069	0,0116	0,0173	0,0295
Gasverlust	0,1474	0,1525	0,1598	0,1678	0,1766	0,1952
200 000 m³/h	3 at abs. 875 mm Dmr.	3 at abs. 1200 mm Dmr.	3 at abs. 1350 mm Dmr.	3 at abs. 1450 mm Dmr.	3 at abs. 1525 mm Dmr.	3 at abs. 1700 mm Dmr.
	Pf./m³	Pf./m³	Pf./m³	Pf./m³	Pf./m³	Pf./m³
für Gas	0,0989					
„ Kompression	0,0128					
„ Leitung	0,0008					
Gasverlust	0,1125					
	4 at abs. 775 mm Dmr.	4 at abs. 1050 mm Dmr.	4 at abs. 1200 mm Dmr.	4 at abs. 1275 mm Dmr.	4 at abs. 1350 mm Dmr.	4 at abs. 1475 mm Dmr.
	Pf./m³	Pf./m³	Pf./m³	Pf./m³	Pf./m³	Pf./m³
für Gas	0,0989					
„ Kompression	0,0160					
„ Leitung	0,0001					
Gasverlust	0,1150					
	5 at abs. 725 mm Dmr.	5 at abs. 975 mm Dmr.	5 at abs. 1100 mm Dmr.	5 at abs. 1200 mm Dmr.	5 at abs. 1250 mm Dmr.	5 at abs. 1350 mm Dmr.
	Pf./m³	Pf./m³	Pf./m³	Pf./m³	Pf./m³	Pf./m³
für Gas	0,0989					
„ Kompression	0,0186					
„ Leitung	0,0006					
Gasverlust	0,1181					
	10 at abs. 550 mm Dmr.	10 at abs. 750 mm Dmr.	10 at abs. 850 mm Dmr.	10 at abs. 900 mm Dmr.	10 at abs. 950 mm Dmr.	10 at abs. 1025 mm Dmr.
	Pf./m³	Pf./m³	Pf./m³	Pf./m³	Pf./m³	Pf./m³
für Gas	0,0989	0,0992	0,0996	0,0999		
„ Kompression	0,0284	0,0285	0,0286	0,0287		
„ Leitung	0,0004	0,0029	0,0073	0,0123		
Gasverlust	0,1277	0,1306	0,1355	0,1409		

Leitungsverlust.

Ansaugeleistung m³/h	10 km	50 km	100 km	150 km	200 km	300 km
200 000 m³/h	15 at abs. 475 mm Dmr.	15 at abs. 625 mm Dmr.	15 at abs. 725 mm Dmr.	15 at abs. 775 mm Dmr.	15 at abs. 825 mm Dmr.	15 at abs. 900 mm Dmr.
	Pf./m³	Pf./m³	Pf./m³	Pf./m³	Pf./m³	Pf./m³
für Gas	0,0990	0,0994	0,0999	0,1004	0,1009	0,1019
„ Kompression .	0,0332	0,0333	0,0335	0,0337	0,0338	0,0342
„ Leitung . . .	0,0003	0,0022	0,0056	0,0094	0,0140	0,0252
Gasverlust	0,1325	0,1349	0,1390	0,1435	0,1487	0,1613
	20 at abs. 425 mm Dmr.	20 at abs. 575 mm Dmr.	20 at abs. 650 mm Dmr.	20 at abs. 700 mm Dmr.	20 at abs. 750 mm Dmr.	20 at abs. 800 mm Dmr.
	Pf./m³	Pf./m³	Pf./m³	Pf./m³	Pf./m³	Pf./m³
für Gas	0,0990	0,0995	0,1002	0,1009	0,1016	0,1029
„ Kompression .	0,0363	0,0365	0,0367	0,0370	0,0372	0,0377
„ Leitung . . .	0,0003	0,0020	0,0047	0,0080	0,0120	0,0204
Gasverlust	0,1356	0,1380	0,1416	0,1459	0,1508	0,1610
	25 at abs. 400 mm Dmr.	25 at abs. 525 mm Dmr.	25 at abs. 600 mm Dmr.	25 at abs. 650 mm Dmr.	25 at abs. 675 mm Dmr.	25 at abs. 725 mm Dmr.
	Pf./m³	Pf./m³	Pf./m³	Pf./m³	Pf./m³	Pf./m³
für Gas	0,0990	0,0997	0,1005	0,1013	0,1022	0,1038
„ Kompression .	0,0390	0,0392	0,0396	0,0399	0,0403	0,0409
„ Leitung . . .	0,0003	0,0023	0,0050	0,0086	0,0123	0,0213
Gasverlust	0,1383	0,1412	0,1451	0,1498	0,1548	0,1660
	30 at abs. 375 mm Dmr.	30 at abs. 500 mm Dmr.	30 at abs. 550 mm Dmr.	30 at abs. 600 mm Dmr.	30 at abs. 625 mm Dmr.	30 at abs. 700 mm Dmr.
	Pf./m³	Pf./m³	Pf./m³	Pf./m³	Pf./m³	Pf./m³
für Gas	0,0991	0,0998	0,1008	0,1018	0,1028	0,1047
„ Kompression .	0,0424	0,0427	0,0431	0,0435	0,0439	0,0448
„ Leitung . . .	0,0003	0,0021	0,0050	0,0090	0,0139	0,0243
Gasverlust	0,1418	0,1446	0,1489	0,1543	0,1606	0,1729
	40 at abs. 325 mm Dmr.	40 at abs. 450 mm Dmr.	40 at abs. 500 mm Dmr.	40 at abs. 550 mm Dmr.	40 at abs. 575 mm Dmr.	40 at abs. 625 mm Dmr.
	Pf./m³	Pf./m³	Pf./m³	Pf./m³	Pf./m³	Pf./m³
für Gas	0,0991	0,1002	0,1015	0,1028	0,1040	0,1066
„ Kompression .	0,0452	0,0457	0,0462	0,0469	0,0475	0,0487
„ Leitung . . .	0,0003	0,0022	0,1053	0,0097	0,0139	0,0253
Gasverlust	0,1446	0,1481	0,1530	0,1594	0,1654	0,1806

Ansaugeleistung m³/h	10 km	50 km	100 km	150 km	200 km	300 km
200 000 m³/h	50 at abs. 300 mm Dmr.	50 at abs. 400 mm Dmr.	50 at abs. 475 mm Dmr.	50 at abs. 500 mm Dmr.	50 at abs. 525 mm Dmr.	50 at abs. 575 mm Dmr.
	Pf./m³	Pf./m³	Pf./m³	Pf./m³	Pf./m³	Pf./m³
für Gas	0,0992	0,1005	0,1021	0,1037	0,1053	0,1085
„ Kompression .	0,0478	0,0484	0,0493	0,0500	0,0509	0,0530
„ Leitung . . .	0,0002	0,0023	0,0061	0,0106	0,1155	0,0275
Gasverlust	0,1472	0,1512	0,1575	0,1643	0,1717	0,1890

F. Gasförderkosten

für Koksofengas, Mischgas (Destillationsgas + Wassergas) und Naturgas.

Für die Förderung wurde mit dem spezifischen Gewicht **0,6** (Luft = 1) gerechnet.

Den Förderrechnungen liegt der Transport von Koksofengas zugrunde, also je m³ 4000 WE (u., 0° C, 760 mm); das spezifische Gewicht des Koksofengases ist mit rd. 0,52 (Luft = 1) anzusetzen, doch wurde in die Förderrechnungen das spezifische Gewicht mit 0,6 eingesetzt, damit die Ergebnisse (je m³) auch für Naturgas und hohe Wassergaszusätze noch Geltung besitzen. Abweichend ist also nur der Transport von Generatorgas, Mondgas (oder anderer Schwachgase) und von Schwelgas.

Nachdem für die hier behandelten Förderfälle alle Förderkosten ermittelt wurden, ist es jetzt möglich, den Vergleich zu ziehen, um festzustellen, welcher Leitungsdruck und Rohrdurchmesser im einzelnen Fall die wirtschaftlichsten Verhältnisse bietet. In allen Fällen werden die Gesamtkosten für Kompression, für Leitung und Gasverlust gegenübergestellt. Würde man, wie dieses meist geschieht, nur Kompression und Leitungskosten berücksichtigen, so könnte der berechtigte Einwand erhoben werden, daß die Förderkosten wohl einen beschränkten Vergleich bieten, aber nicht die zu erwartenden wirklichen Förderkosten geben.

Die Rohrdurchmesser über 900 mm Dmr. werden nicht berücksichtigt, weil sie für lange Erdleitungen doch nicht in Frage kommen können; dadurch tritt eine gewisse Einschränkung in der Wahl des Förderdruckes in Kraft, in der Richtung der niederen Drucke. Es wird nur mit Drucken von 2 at abs. bis 50 at abs. gerechnet; schon jetzt läßt sich dazu sagen, daß der Wahl höherer Drucke Grenzen gesetzt, die nicht auf Bau und Betrieb der Rohrleitungen zurückzuführen sind; übermäßig hohe Drucke zu verwenden, liegt gar keine wirtschaftlich begründete Veranlassung vor, jedenfalls ist mit 25 bis 30 at abs. diese obere Druckgrenze gegeben, die aber meist nur für große Mengen und 300 km durchlaufende Förderstrecke (ohne Umpumpen) in Rechnung zu stellen ist. Es bietet Interesse, daß der mit 400 Pfund Quadratzoll anzusetzende Druck der Naturgasleitungen, d. i. $400 \cdot 14{,}233 = 28{,}1$ at abs., danach von Natur aus den wirtschaftlich richtigen Druck gegeben hat. Für die Strecken bis 10 km könnte auch mit einem Druck unter 2 at abs. gerechnet werden, der Gewinn ist aber nicht erheblich. Wenn aber die Rücksicht auf eine Herabminderung der Baukosten ausschlaggebend wird, so kann ihr leicht Rechnung getragen werden, denn so schwerwiegend sind die Unterschiede in den Gesamtförderkosten nicht, um dies zu verhindern. Wie weit man in dieser Hinsicht im Einzelfall gehen kann, gibt der Vergleich der Förderfälle nach den folgenden Zahlenaufstellungen.

Die vorgenommenen Abrundungen in den Rohrdurchmessern geben Verschiebungen, und da sie nicht überall gleich hoch sein können, ist der Fall möglich, daß für die längere Strecke — bei entsprechend hohem Druck — ein kleinerer Rohrdurchmesser wirtschaftlicher erscheint. Ungeachtet dessen sollen die wirtschaftlichsten Durchmesser und Drucke zunächst so festgelegt werden.

1. Gasförderkosten je Pf./m³ (Gold) (0° C, 760 mm Q.-S.).

Die folgenden Zahlenaufstellungen geben den Vergleich der Förderkosten je m³ Ansaugeleistung (0° C, 760 mm Q.-S.) entsprechend dem bisher festgelegten Rechnungsgang.

Ansaugeleistung (0° C, 760 mm Q.-S.),

Kompression	Einstufig				
p_a = at abs.	2	3	4	5	10
$l = 10$ km					
d = mm	**150 mm** Dmr.	125 mm Dmr.	125 mm Dmr.	100 mm Dmr.	75 mm Dmr.
	Pf./m³	Pf./m³	Pf./m³	Pf./m³	Pf./m³
für Kompression	0,3468	0,4002	0,4412	0,4726	0,6735
„ Leitung	0,2265	0,2049	0,2049	0,1938	0,1795
„ Verlust	0,1567	0,1615	0,1677	0,1715	0,2011
Förderkosten = Pf./m³	**0,7300**	0,7666	0,8138	0,8379	1,0561
$l = 50$ km					
d = mm	200 mm Dmr.	175 mm Dmr.	**150 mm** Dmr.	150 mm Dmr.	100 mm Dmr.
	Pf./m³	Pf./m³	Pf./m³	Pf./m³	Pf./m³
für Kompression	0,3468	0,4002	0,4412	0,4726	0,6755
„ Leitung	1,2670	1,1529	1,0644	1,0644	0,9006
„ Verlust	0,2948	0,3024	0,3149	0,3322	0,4122
Förderkosten = Pf./m³	1,9086	1,8555	**1,8205**	1,8692	1,9883
$l = 100$ km					
d = mm	250 mm Dmr.	200 mm Dmr.	175 mm Dmr.	**150 mm** Dmr.	125 mm Dmr.
	Pf./m³	Pf./m³	Pf./m³	Pf./m³	Pf./m³
für Kompression	0,3468	0,4002	0,4412	0,4726	0,6755
„ Leitung	3,1506	2,5342	2,3059	2,1289	1,9120
„ Verlust	0,5855	0,5567	0,5824	0,5998	0,8093
Förderkosten = Pf./m³	4,0829	3,4911	3,3295	**3,2013**	3,3968

Förderkosten: **10 km:**
50 km:
100 km:

Gasförderkosten.

$Q = 1000$ m³/h ($p_e = 1$ at abs.).

Zweistufig			Dreistufig	Kompression
15	20	25	30	$p_a =$ at abs.

				$l = 10$ km
70 mm Dmr.	60 mm Dmr.	60 mm Dmr.	50 mm Dmr.	$d =$ mm
Pf./m³	Pf./m³	Pf./m³	Pf./m³	
0,7322	0,7705	0,8030	0,8794	für Kompression
0,1745	0,1711	0,1711	0,1676	„ Leitung
0,2174	0,2331	0,2487	0,2694	„ Verlust
1,1241	1,1747	1,2228	1,3164	Förderkosten = Pf./m³
				$l = 50$ km
90 mm Dmr.	80 mm Dmr.	70 mm Dmr.	70 mm Dmr.	$d =$ mm
Pf./m³	Pf./m³	Pf./m³	Pf./m³	
0,7322	0,7705	0,8030	0,8794	für Kompression
0,8786	0,8435	0,8041	0,8041	„ Leitung
0,4939	0,5743	0,6493	0,7457	„ Verlust
2,1047	2,1883	2,2564	2,4292	Förderkosten = Pf./m³
				$l = 100$ km
100 mm Dmr.	90 mm Dmr.	80 mm Dmr.	75 mm Dmr.	$d =$ mm
Pf./m³	Pf./m³	Pf./m³	Pf./m³	
0,7322	0,7705	0,8030	0,8794	für Kompression
1,8013	1,7574	1,6871	1,6586	„ Leitung
0,9974	1,2091	1,3996	1,6221	„ Verlust
3,5309	3,7370	3,8897	4,1601	Förderkosten = Pf./m³

rd. **0,73 Pf./m³**,
rd. **1,82 Pf./m³**,
rd. **3,20 Pf./m³**.

Ansaugeleistung (0° C, 760 mm Q.-S.),

Kompression	Einstufig				
p_a = at abs.	2	3	4	5	10
$l = 10$ km					
$d =$ mm	275 mm Dmr.	225 mm Dmr.	200 mm Dmr.	175 mm Dmr.	150 mm Dmr.
	Pf./m³	Pf./m³	Pf./m³	Pf./m³	Pf./m³
für Kompression	0,1566	0,2117	0,2515	0,2816	0,4008
,, Leitung	0,0739	0,0602	0,0534	0,0488	0,0453
,, Verlust	0,1206	0,1246	0,1280	0,1307	0,1429
Förderkosten = Pf./m³	0,3511	0,3965	0,4329	0,4611	0,5890
$l = 50$ km					
$d =$ mm	350 mm Dmr.	300 mm Dmr.	275 mm Dmr.	250 mm Dmr.	200 mm Dmr.
	Pf./m³	Pf./m³	Pf./m³	Pf./m³	Pf./m³
für Kompression	0,1566	0,2117	0,2515	0,2816	0,4008
,, Leitung	0,4929	0,3776	0,3453	0,3150	0,2534
,, Verlust	0,1638	0,1600	0,1628	0,1647	0,1804
Förderkosten = Pf./m³	0,8133	0,7493	0,7596	0,7613	0,8346
$l = 100$ km					
$d =$ mm	400 mm Dmr.	350 mm Dmr.	300 mm Dmr.	275 mm Dmr.	225 mm Dmr.
	Pf./m³	Pf./m³	Pf./m³	Pf./m³	Pf./m³
für Kompression	0,1566	0,2117	0,2515	0,2816	0,4008
,, Leitung	1,1524	0,9857	0,7551	0,6906	0,5753
,, Verlust	0,2345	0,2287	0,2153	0,2162	0,2403
Förderkosten = Pf./m³	1,5435	1,4261	1,2219	1,1884	1,2164

Förderkosten: 10 km:
50 km:
100 km:

Gasförderkosten.

$Q = 5000$ m³/h ($p_e = 1$ at abs.).

Zweistufig			Dreistufig	Kompression
15	20	25	30	p_a = at abs.

				$l = 10$ km
125 mm Dmr.	100 mm Dmr.	100 mm Dmr.	90 mm Dmr.	$d =$ mm
Pf./m³	Pf./m³	Pf./m³	Pf./m³	
0,4549	0,4906	0,5207	0,5619	für Kompression
0,0410	0,0387	0,0387	0,0379	,, Leitung
0,1496	0,1544	0,1591	0,1649	,, Verlust
0,6455	0,6837	0,7185	0,7647	Förderkosten = Pf./m³

				$l = 50$ km
175 mm Dmr.	150 mm Dmr.	150 mm Dmr.	125 mm Dmr.	$d =$ mm
Pf./m³	Pf./m³	Pf./m³	Pf./m³	
0,4549	0,4906	0,5207	0,5619	für Kompression
0,2305	0,2128	0,2128	0,1912	,, Leitung
0,1946	0,2059	0,2198	0,2325	,, Verlust
0,8800	0,9093	0,9533	0,9856	Förderkosten = Pf./m³

				$l = 100$ km
200 mm Dmr.	175 mm Dmr.	150 mm Dmr.	150 mm Dmr.	$d =$ mm
Pf./m³	Pf./m³	Pf./m³	Pf./m³	
0,4549	0,4906	0,5207	0,5619	für Kompression
0,5068	0,4612	0,4258	0,4258	,, Leitung
0,2617	0,2847	0,3068	0,3362	,, Verlust
1,2234	1,2365	1,2533	1,3239	Förderkosten = Pf./m³

rd. **0,35 Pf./m³**,
rd. **0,75 Pf./m³**,
rd. **1,19 Pf./m³**.

180   I. Teil: Die Technik der Gasfernleitung.

Ansaugeleistung (0° C, 760 mm Q.-S.),

Kompression	Einstufig				Zwei-
p_a = at abs.	2	3	5	10	15
l = 150 km					
d = mm	450 mm Dmr.	375 mm Dmr.	300 mm Dmr.	225 mm Dmr.	**200 mm Dmr.**
	Pf./m³	Pf./m³	Pf./m³	Pf./m³	Pf./m³
für Kompression	0,1566	0,2117	0,2816	0,4008	0,4549
„ Leitung	1,9572	1,6010	1,1327	0,8629	0,7602
„ Verlust	0,3249	0,3039	0,2804	0,3055	0,3364
Förderkosten = Pf./m³	2,4387	2,1166	1,6947	1,5692	**1,5515**
l = 200 km					
d = mm	475 mm Dmr.	400 mm Dmr.	325 mm Dmr.	250 mm Dmr.	225 mm Dmr.
	Pf./m³	Pf./m³	Pf./m³	Pf./m³	Pf./m³
für Kompression	0,1566	0,2117	0,2816	0,4008	0,4549
„ Leitung	2,7899	2,3048	1,7580	1,2602	1,1507
„ Verlust	0,4242	0,3944	0,3733	0,3896	0,4434
Förderkosten = Pf./m³	3,3707	2,9109	2,4129	2,0506	2,0490
l = 300 km					
d = mm	500 mm Dmr.	425 mm Dmr.	350 mm Dmr.	275 mm Dmr.	225 mm Dmr.
	Pf./m³	Pf./m³	Pf./m³	Pf./m³	Pf./m³
für Kompression	0,1566	0,2117	0,2816	0,4008	0,4549
„ Leitung	4,5274	3,6181	2,9572	2,0787	1,7261
„ Verlust	0,6499	0,5864	0,5779	0,5976	0,6590
Förderkosten = Pf./m³	5,3339	4,4162	3,8167	3,0771	2,8400

Förderkosten: **150 km:**
200 km:
300 km:

Gasförderkosten.

$Q = 5000 \text{ m}^3/\text{h}$ $(p_e = 1 \text{ at abs.})$.

stufig		Dreistufig			Kompression
20	25	30	40	50	p_a = at abs.

					$l = 150$ km
175 mm Dmr.	175 mm Dmr.	150 mm Dmr.	150 mm Dmr.	125 mm Dmr.	$d =$ mm
Pf./m³	Pf./m³	Pf./m³	Pf./m³	Pf./m³	
0,4906	0,5207	0,5619	0,5957	0,6276	für Kompression
0,6917	0,6917	0,6386	0,7148	0,6643	„ Leitung
0,3719	0,4159	0,4564	0,5569	0,6336	„ Verlust
1,5542	1,6283	1,6569	1,8674	1,9255	Förderkosten = Pf./m³

					$l = 200$ km
200 mm Dmr.	175 mm Dmr.	175 mm Dmr.	150 mm Dmr.	150 mm Dmr.	$d =$ mm
Pf./m³	Pf./m³	Pf./m³	Pf./m³	Pf./m³	
0,4906	0,5207	0,5619	0,5957	0,6276	für Kompression
1,0137	0,9223	0,9223	0,9531	1,0182	„ Leitung
0,4873	0,5337	0,6001	0,7397	0,8871	„ Verlust
1,9916	1,9767	2,0843	2,2885	2,5329	Förderkosten = Pf./m³

					$l = 300$ km
200 mm Dmr.	200 mm Dmr.	175 mm Dmr.	150 mm Dmr.	150 mm Dmr.	$d =$ mm
Pf./m³	Pf./m³	Pf./m³	Pf./m³	Pf./m³	
0,4906	0,5207	0,5619	0,5957	0,6276	für Kompression
1,5206	1,5206	1,3836	1,4299	1,5275	„ Leitung
0,7373	0,8478	0,9237	1,1631	1,4319	„ Verlust
2,7485	2,8891	2,8692	3,1887	3,5870	Förderkosten = Pf./m³

rd. 1,55 Pf./m³,
rd. 1,98 Pf./m³,
rd. 2,75 Pf./m³.

I. Teil: Die Technik der Gasfernleitung.

Ansaugeleistung (0° C, 760 mm Q.-S.),

Kompression	Einstufig				Zwei-
$p_a =$ at abs.	2	3	4	5	10
$l = 10$ km					
$d =$ mm	**350 mm Dmr.**	300 mm Dmr.	250 mm Dmr.	225 mm Dmr.	175 mm Dmr.
	Pf./m³	Pf./m³	Pf./m³	Pf./m³	Pf./m³
für Kompression	0,1303	0,1822	0,2199	0,2590	0,3577
„ Leitung	0,0517	0,0401	0,0409	0,0381	0,0324
„ Verlust	0,1159	0,1195	0,1233	0,1267	0,1359
Förderkosten $=$ Pf./m³	**0,2979**	0,3418	0,3841	0,4238	0,5260
$l = 50$ km					
$d =$ mm	475 mm Dmr.	400 mm Dmr.	**350 mm Dmr.**	325 mm Dmr.	250 mm Dmr.
	Pf./m³	Pf./m³	Pf./m³	Pf./m³	Pf./m³
für Kompression	0,1303	0,1822	0,2199	0,2590	0,3577
„ Leitung	0,3428	0,2821	0,2404	0,2138	0,1516
„ Verlust	0,1445	0,1443	0,1452	0,1470	0,1569
Förderkosten $=$ Pf./m³	0,6176	0,6086	**0,6055**	0,6198	0,6662
$l = 100$ km					
$d =$ mm	525 mm Dmr.	450 mm Dmr.	400 mm Dmr.	350 mm Dmr.	**275 mm Dmr.**
	Pf./m³	Pf./m³	Pf./m³	Pf./m³	Pf./m³
für Kompression	0,1303	0,1822	0,2199	0,2590	0,3577
„ Leitung	0,7850	0,6524	0,5762	0,4929	0,3453
„ Verlust	0,1888	0,1833	0,1820	0,1798	0,1854
Förderkosten $=$ Pf./m³	1,1041	1,0179	0,9781	0,9317	**0,8884**

Förderkosten: **10 km:**
50 km:
100 km:

Gasförderkosten.

$Q = 10\,000$ m³/h ($p_e = 1$ at abs.).

stufig		Dreistufig			Kompression
15	20	30	40	50	p_a = at abs.

					$l = 10$ km
150 mm Dmr.	150 mm Dmr.	125 mm Dmr.	125 mm Dmr.	100 mm Dmr.	$d =$ mm
Pf./m³	Pf./m³	Pf./m³	Pf./m³	Pf./m³	
0,4106	0,4422	0,5117	0,5438	0,5726	für Kompression
0,0306	0,0306	0,0285	0,0303	0,0285	„ Leitung
0,1415	0,1452	0,1533	0,1583	0,1630	„ Verlust
0,5827	0,6180	0,6935	0,7324	0,7641	Förderkosten = Pf./m³

					$l = 50$ km
225 mm Dmr.	200 mm Dmr.	175 mm Dmr.	150 mm Dmr.	150 mm Dmr.	$d =$ mm
Pf./m³	Pf./m³	Pf./m³	Pf./m³	Pf./m³	
0,4106	0,4422	0,5117	0,5438	0,5726	für Kompression
0,1379	0,1208	0,1094	0,1132	0,1214	„ Leitung
0,1639	0,1697	0,1853	0,1993	0,2142	„ Verlust
0,7124	0,7327	0,8064	0,8563	0,9082	Förderkosten = Pf./m³

					$l = 100$ km
250 mm Dmr.	225 mm Dmr.	200 mm Dmr.	175 mm Dmr.	150 mm Dmr.	$d =$ mm
Pf./m³	Pf./m³	Pf./m³	Pf./m³	Pf./m³	
0,4106	0,4422	0,5117	0,5438	0,5726	für Kompression
0,3150	0,2876	0,2534	0,2619	0,2545	„ Leitung
0,1991	0,2089	0,2340	0,2611	0,2871	„ Verlust
0,9247	0,9387	0,9991	1,0668	1,1142	Förderkosten = Pf./m³

rd. **0,30 Pf./m³**,
rd. **0,61 Pf./m³**,
rd. **0,89 Pf./m³**.

I. Teil: Die Technik der Gasfernleitung.

Ansaugeleistung (0° C, 760 mm Q.-S.),

Kompression	Einstufig			Zweistufig	
p_a = at abs.	3	4	5	10	15
$l = 150$ km					
d = mm	475 mm Dmr.	425 mm Dmr.	400 mm Dmr.	300 mm Dmr.	250 mm Dmr.
	Pf./m³	Pf./m³	Pf./m³	Pf./m³	Pf./m³
für Kompression	0,1822	0,2199	0,2590	0,3577	0,4106
„ Leitung	1,0403	0,8986	0,8583	0,5604	0,4666
„ Verlust	0,2254	0,2198	0,2233	0,2107	0,2329
Förderkosten = Pf./m³	1,4479	1,3383	1,3406	1,1288	1,1101
$l = 200$ km					
d = mm	500 mm Dmr.	450 mm Dmr.	400 mm Dmr.	325 mm Dmr.	275 mm Dmr.
	Pf./m³	Pf./m³	Pf./m³	Pf./m³	Pf./m³
für Kompression	0,1822	0,2199	0,2590	0,3577	0,4106
„ Leitung	1,5091	1,3048	1,1524	0,8790	0,6906
„ Verlust	0,2786	0,2679	0,2620	0,2706	0,2793
Förderkosten = Pf./m³	1,9699	1,7926	1,6734	1,5073	1,3805
$l = 300$ km					
d = mm	550 mm Dmr.	475 mm Dmr.	450 mm Dmr.	350 mm Dmr.	300 mm Dmr.
	Pf./m³	Pf./m³	Pf./m³	Pf./m³	Pf./m³
für Kompression	0,1822	0,2199	0,2590	0,3577	0,4106
„ Leitung	2,5145	2,0924	1,9572	1,4786	1,1327
„ Verlust	0,3961	0,3736	0,3698	0,3799	0,3841
Förderkosten = Pf./m³	3,0928	2,6859	2,5860	2,2162	1,9274

Förderkosten: 150 km:
200 km:
300 km:

Gasförderkosten.

$Q = 10\,000$ m³/h ($p_e = 1$ at abs.):

		Dreistufig			Kompression
20	25	30	40	50	p_a = at abs.

					$l = 150$ km
225 mm Dmr.	225 mm Dmr.	200 mm Dmr.	175 mm Dmr.	175 mm Dmr.	$d =$ mm
Pf./m³	Pf./m³	Pf./m³	Pf./m³	Pf./m³	
0,4422	0,4722	0,5117	0,5438	0,5726	für Kompression
0,4255	0,4255	0,3742	0,3870	0,4247	„ Leitung
0,2487	0,2694	0,2845	0,3265	0,3720	„ Verlust
1,1164	1,1671	1,1704	1,2573	1,3693	Förderkosten = Pf./m³

					$l = 200$ km
250 mm Dmr.	225 mm Dmr.	200 mm Dmr.	200 mm Dmr.	175 mm Dmr.	$d =$ mm
Pf./m³	Pf./m³	Pf./m³	Pf./m³	Pf./m³	
0,4422	0,4722	0,5117	0,5438	0,5726	für Kompression
0,6301	0,5753	0,5068	0,5788	0,5742	„ Leitung
0,3010	0,3219	0,3411	0,4090	0,4646	„ Verlust
1,3733	1,3694	1,3596	1,5316	1,6114	Förderkosten = Pf./m³

					$l = 300$ km
275 mm Dmr.	250 mm Dmr.	225 mm Dmr.	200 mm Dmr.	200 mm Dmr.	$d =$ mm
Pf./m³	Pf./m³	Pf./m³	Pf./m³	Pf./m³	
0,4422	0,4722	0,5117	0,5438	0,5726	für Kompression
1,0359	0,9451	0,8629	0,8681	1,0136	„ Leitung
0,4202	0,4528	0,4912	0,5803	0,7116	„ Verlust
1,8983	1,8701	1,8558	1,9922	2,2978	Förderkosten = Pf./m³

rd. **1,11 Pf./m³**,
rd. **1,36 Pf./m³**,
rd. **1,87 Pf./m³**.

I. Teil: Die Technik der Gasfernleitung.

Ansaugeleistung (0° C, 760 mm Q.-S.),

Kompression	Einstufig			Zweistufig	
p_a = at abs.	3	4	5	10	15
$l = 10$ km					
$d =$ mm	**400 mm** Dmr.	350 mm Dmr.	325 mm Dmr.	250 mm Dmr.	225 mm Dmr.
	Pf./m³	Pf./m³	Pf./m³	Pf./m³	Pf./m³
für Kompression	0,1575	0,1941	0,2257	0,3248	0,3777
„ Leitung	0,0241	0,0207	0,0153	0,0132	0,0121
„ Verlust	0,1155	0,1185	0,1210	0,1300	0,1350
Förderkosten = Pf./m³	**0,2971**	0,3333	0,3620	0,4680	0,5248
$l = 50$ km					
$d =$ mm	**550 mm** Dmr.	500 mm Dmr.	450 mm Dmr.	350 mm Dmr.	300 mm Dmr.
	Pf./m³	Pf./m³	Pf./m³	Pf./m³	Pf./m³
für Kompression	0,1575	0,1941	0,2257	0,3248	0,3777
„ Leitung	0,1676	0,1510	0,1305	0,0986	0,0756
„ Verlust	0,1295	0,1316	0,1330	0,1408	0,1454
Förderkosten = Pf./m³	**0,4546**	0,4767	0,4892	0,5642	0,5987
$l = 100$ km					
$d =$ mm	625 mm Dmr.	550 mm Dmr.	**500 mm** Dmr.	400 mm Dmr.	350 mm Dmr.
	Pf./m³	Pf./m³	Pf./m³	Pf./m³	Pf./m³
für Kompression	0,1575	0,1941	0,2257	0,3248	0,3777
„ Leitung	0,3914	0,3353	0,3019	0,2306	0,1972
„ Verlust	0,1515	0,1503	0,1509	0,1572	0,1630
Förderkosten = Pf./m³	0,7004	0,6797	**0,6785**	0,7126	0,7379

Förderkosten: **10 km:**
50 km:
100 km:

Gasförderkosten.

$Q = 25\,000$ m³/h ($p_e = 1$ at abs.).

	Dreistufig				Kompression
20	25	30	40	50	p_a = at abs.

					$l = 10$ km
200 mm Dmr.	175 mm Dmr.	175 mm Dmr.	150 mm Dmr.	150 mm Dmr.	$d =$ mm
Pf./m³	Pf./m³	Pf./m³	Pf./m³	Pf./m³	
0,4126	0,4423	0,4812	0,5130	0,5409	für Kompression
0,0107	0,0098	0,0098	0,0101	0,0108	,, Leitung
0,1383	0,1414	0,1452	0,1489	0,1522	,, Verlust
0,5616	0,5935	0,6362	0,6720	0,7039	Förderkosten = Pf./m³

					$l = 50$ km
275 mm Dmr.	250 mm Dmr.	225 mm Dmr.	200 mm Dmr.	200 mm Dmr.	$d =$ mm
Pf./m³	Pf./m³	Pf./m³	Pf./m³	Pf./m³	
0,4126	0,4423	0,4812	0,5130	0,5409	für Kompression
0,0601	0,0629	0,0574	0,0578	0,0675	,, Leitung
0,1498	0,1540	0,1590	0,1663	0,1738	,, Verlust
0,6315	0,6592	0,6976	0,7371	0,7822	Förderkosten = Pf./m³

					$l = 100$ km
300 mm Dmr.	275 mm Dmr.	275 mm Dmr.	225 mm Dmr.	225 mm Dmr.	$d =$ mm
Pf./m³	Pf./m³	Pf./m³	Pf./m³	Pf./m³	
0,4126	0,4423	0,4812	0,5130	0,5409	für Kompression
0,1511	0,1382	0,1382	0,1313	0,1502	,, Leitung
0,1660	0,1713	0,1790	0,1898	0,2026	,, Verlust
0,7297	0,7518	0,7984	0,8341	0,8937	Förderkosten = Pf./m³

rd. **0,30 Pf./m³**,
rd. **0,46 Pf./m³**,
rd. **0,68 Pf./m³**.

I. Teil: Die Technik der Gasfernleitung.

Ansaugeleistung (0° C, 760 mm Q.-S.),

Kompression	Einstufig			Zweistufig	
p_a = at abs.	3	4	5	10	15
l = 150 km					
d = mm	675 mm Dmr.	600 mm Dmr.	550 mm Dmr.	425 mm Dmr.	350 mm Dmr.
	Pf./m³	Pf./m³	Pf./m²	Pf./m³	Pf./m³
für Kompression	0,1575	0,1941	0,2257	0,3248	0,3777
„ Leitung	0,6606	0,5531	0,5029	0,3618	0,2957
„ Verlust	0,1780	0,1731	0,1723	0,1739	0,1790
Förderkosten	0,9961	0,9203	0,9009	0,8605	0,8524
l = 200 km					
d = mm	700 mm Dmr.	625 mm Dmr.	575 mm Dmr.	450 mm Dmr.	375 mm Dmr.
	Pf./m³	Pf./m³	Pf./m³	Pf./m³	Pf./m³
für Kompression	0,1575	0,1941	0,2257	0,3248	0,3777
„ Leitung	0,9332	0,7827	0,6983	0,5220	0,4270
„ Verlust	0,2056	0,1971	0,1936	0,1950	0,1996
Förderkosten = Pf./m³	1,2963	1,1739	1,1176	1,0418	1.0043
l = 300 km					
d = mm	750 mm Dmr.	675 mm Dmr.	625 mm Dmr.	475 mm Dmr.	425 mm Dmr.
	Pf./m³	Pf./m³	Pf./m³	Pf./m³	Pf./m³
für Kompression	0,1575	0,1941	0,2257	0,3248	0,3777
„ Leitung	1,5659	1,3213	1,1741	0,8371	0,7237
„ Verlust	0,2706	0,2585	0,2462	0,2381	0,2466
Förderkosten = Pf./m³	1,9940	1,7739	1,6460	1,4000	1,3480

Förderkosten: 150 km:
200 km:
300 km:

Gasförderkosten.

$Q = 25\,000$ m³/h ($p_e = 1$ at abs.).

	Dreistufig					Kompression
20	25	30	40	50		p_a = at abs.
						$l = 150$ km
325 mm Dmr.	300 mm Dmr.	275 mm Dmr.	250 mm Dmr.	225 mm Dmr.		$d =$ mm
Pf./m³	Pf./m³	Pf./m³	Pf./m³	Pf./m³		
0,4126	0,4423	0,4812	0,5130	0,5409		für Kompression
0,2637	0,2266	0,2072	0,2161	0,2254		„ Leitung
0,1856	0,1909	0,1988	0,2159	0,2332		„ Verlust
0,8619	0,8598	0,8872	0,9450	0,9995		Förderkosten = Pf./m³
						$l = 200$ km
350 mm Dmr.	325 mm Dmr.	300 mm Dmr.	275 mm Dmr.	250 mm Dmr.		$d =$ mm
Pf./m³	Pf./m³	Pf./m³	Pf./m³	Pf./m³		
0,4126	0,4423	0,4812	0,5130	0,5409		für Kompression
0,3943	0,3526	0,3021	0,3105	0,3297		„ Leitung
0,2001	0,2158	0,2228	0,2465	0,2695		„ Verlust
1,0160	1,0107	1,0061	1,0760	1,1401		Förderkosten = Pf./m³
						$l = 300$ km
375 mm Dmr.	350 mm Dmr.	325 mm Dmr.	300 mm Dmr.	275 mm Dmr.		$d =$ mm .
Pf./m³	Pf./m³	Pf./m³	Pf./m³	Pf./m³		
0,4126	0,4423	0,4812	0,5130	0,5409		für Kompression
0,6405	0,5926	0,5796	0,5183	0,5426		„ Leitung
0,2574	0,2688	0,2869	0,2860	0,3491		„ Verlust
1,3105	1,3037	1,3477	1,3173	1,4326		Förderkosten = Pf./m³

rd. **0,85 Pf./m³**,
rd. **1,00 Pf./m³**,
rd. **1,30 Pf./m³**.

I. Teil: Die Technik der Gasfernleitung.

Ansaugeleistung (0° C, 760 mm Q.-S.),

Kompression	Einstufig			Zweistufig	
p_a = at abs.	3	4	5	10	15
$l = 10$ km					
$d =$ mm	**525 mm** Dmr.	475 mm Dmr.	425 mm Dmr.	325 mm Dmr.	275 mm Dmr.
	Pf./m³	Pf./m³	Pf./m³	Pf./m³	Pf./m³
für Kompression	0,1477	0,1839	0,2139	0,3233	0,3762
„ Leitung	0,0164	0,0147	0,0128	0,0095	0,0077
„ Verlust	0,1138	0,1169	0,1195	0,1292	0,1340
Förderkosten = Pf./m³	**0,2779**	**0,3155**	**0,3462**	**0,4620**	**0,5179**
$l = 50$ km					
$d =$ mm	**700 mm** Dmr.	625 mm Dmr.	575 mm Dmr.	450 mm Dmr.	375 mm Dmr.
	Pf./m³	Pf./m³	Pf./m³	Pf./m³	Pf./m³
für Kompression	0,1477	0,1839	0,2139	0,3233	0,3762
„ Leitung	0,1166	0,0978	0,0873	0,0652	0,0533
„ Verlust	0,1233	0,1252	0,1270	0,1357	0,1403
Förderkosten = Pf./m³	**0,3876**	**0,4069**	**0,4282**	**0,5242**	**0,5698**
$l = 100$ km					
$d =$ mm	800 mm Dmr.	**700 mm** Dmr.	650 mm Dmr.	500 mm Dmr.	425 mm Dmr.
	Pf./m³	Pf./m³	Pf./m³	Pf./m³	Pf./m³
für Kompression	0,1477	0,1839	0,2139	0,3233	0,3762
„ Leitung	0,2906	0,2332	0,2080	0,1510	1,1206
„ Verlust	0,1397	0,1381	0,1390	0,1456	0,1494
Förderkosten = Pf./m³	**0,5780**	**0,5552**	**0,5609**	**0,6199**	**0,6462**

Förderkosten: 10 km:
50 km:
100 km:

Gasförderkosten.

$Q = 50\,000$ m³/h ($p_e = 1$ at abs.).

		Dreistufig			Kompression
20	25	30	40	50	p_a = at abs.
					$l = 10$ km
250 mm Dmr.	250 mm Dmr.	225 mm Dmr.	200 mm Dmr.	200 mm Dmr.	$d =$ mm
Pf./m³	Pf./m³	Pf./m³	Pf./m³	Pf./m³	
0,4110	0,4408	0,4797	0,5115	0,5394	für Kompression
0,0066	0,0066	0,0060	0,0061	0,0070	„ Leitung
0,1372	0,1400	0,1437	0,1470	0,1499	„ Verlust
0,5548	0,5874	0,6294	0,6646	0,6963	Förderkosten = Pf./m³
					$l = 50$ km
350 mm Dmr.	325 mm Dmr.	300 mm Dmr.	275 mm Dmr.	250 mm Dmr.	$d =$ mm
Pf./m³	Pf./m³	Pf./m³	Pf./m³	Pf./m³	
0,4110	0,4408	0,4797	0,5115	0,5394	für Kompression
0,0493	0,0439	0,0377	0,0395	0,0413	„ Leitung
0,1441	0,1473	0,1511	0,1561	0,1611	„ Verlust
0,6044	0,6320	0,6685	0,7071	0,7418	Förderkosten = Pf./m³
					$l = 100$ km
400 mm Dmr.	350 mm Dmr.	350 mm Dmr.	300 mm Dmr.	275 mm Dmr.	$d =$ mm
Pf./m³	Pf./m³	Pf./m³	Pf./m³	Pf./m³	
0,4110	0,4408	0,4797	0,5115	0,5394	für Kompression
0,1153	0,0986	0,1084	0,0864	0,0904	„ Leitung
0,1542	0,1573	0,1637	0,1690	0,1759	„ Verlust
0,6805	0,6967	0,7518	0,7669	0,8057	Förderkosten = Pf./m³

rd. **0,28 Pf./m³**,
rd. **0,39 Pf./m³**,
rd. **0,56 Pf./m³**.

Ansaugeleistung (0° C, 760 mm Q.-S.),

Kompression	Einstufig			Zweistufig	
p_a = at abs.	3	4	5	10	15
l = 150 km					
d = mm	875 mm Dmr.	775 mm Dmr.	**700 mm Dmr.**	550 mm Dmr.	475 mm Dmr.
	Pf./m³	Pf./m³	Pf./m³	Pf./m³	Pf./m³
für Kompression	0,1477	0,1839	0,2139	0,3233	0,3762
„ Leitung	0,5064	0,4132	0,3500	0,2515	0,2093
„ Verlust	0,1692	0,1558	0,1532	0,1571	0,1609
Förderkosten = Pf./m³	0,8233	0,7529	**0,7171**	0,7319	0,7464
l = 200 km					
d = mm	900 mm Dmr.	800 mm Dmr.	750 mm Dmr.	**575 mm Dmr.**	500 mm Dmr.
	Pf./m³	Pf./m³	Pf./m³	Pf./m³	Pf./m³
für Kompression	0,1477	0,1839	0,2139	0,3233	0,3762
„ Leitung	0,7247	0,5813	0,5220	0,3491	0,3019
„ Verlust	0,1813	0,1723	0,1702	0,1684	0,1730
Förderkosten = Pf./m³	1,0537	0,9375	0,9061	**0,8408**	0,8511
l = 300 km					
d = mm	975 mm Dmr.	875 mm Dmr.	800 mm Dmr.	625 mm Dmr.	525 mm Dmr.
		Pf./m³	Pf./m³	Pf./m³	Pf./m³
für Kompression		0,1839	0,2139	0,3233	0,3762
„ Leitung		1,0127	0,8719	0,5870	0,4711
„ Verlust		0,2149	0,2058	0,1965	0,1966
Förderkosten = Pf./m³		1,4115	1,2916	1,1068	1,0439

Förderkosten: **150 km:**
200 km:
300 km:

Gasförderkosten.

$Q = 50\,000$ m³/h ($p_e = 1$ at abs.).

Dreistufig					Kompression
20	25	30	40	50	$p_a =$ at abs.

$l = 150$ km

425 mm Dmr.	400 mm Dmr.	375 mm Dmr.	325 mm Dmr.	300 mm Dmr.	$d =$ mm
Pf./m³	Pf./m³	Pf./m³	Pf./m³	Pf./m³	
0,4110	0,4408	0,4797	0,5115	0,5394	für Kompression
0,1809	0,1729	0,1754	0,1774	0,1503	„ Leitung
0,1644	0,1702	0,1765	0,1859	0,1921	„ Verlust
0,7563	0,7839	0,8316	0,8748	0,8818	Förderkosten $=$ Pf./m³

$l = 200$ km

450 mm Dmr.	400 mm Dmr.	375 mm Dmr.	350 mm Dmr.	325 mm Dmr.	$d =$ mm
Pf./m³	Pf./m³	Pf./m³	Pf./m³	Pf./m³	
0,4110	0,4408	0,4797	0,5115	0,5394	für Kompression
0,2610	0,2306	0,2339	0,2698	0,2871	„ Leitung
0,1768	0,1806	0,1887	0,2048	0,2181	„ Verlust
0,8488	0,8520	0,9023	0,9861	1,0446	Förderkosten $=$ Pf./m³

$l = 300$ km

475 mm Dmr.	450 mm Dmr.	425 mm Dmr.	375 mm Dmr.	350 mm Dmr.	$d =$ mm
Pf./m³	Pf./m³	Pf./m³	Pf./m³	Pf./m³	
0,4110	0,4408	0,4797	0,5115	0,5394	für Kompression
0,4185	0,4754	0,4317	0,4483	0,4844	„ Leitung
0,2021	0,2175	0,2236	0,2432	0,2654	„ Verlust
1,0316	1,1337	1,1350	1,2030	1,2892	Förderkosten $=$ Pf./m³

rd. **0,72 Pf./m³**,
rd. **0,84 Pf./m³**,
rd. **1,03 Pf./m³**.

194 I. Teil: Die Technik der Gasfernleitung.

Ansaugeleistung (0° C, 760 mm Q.-S.),

Kompression	Einstufig			Zweistufig	
p_a = at abs.	3	4	5	10	15
$l = 10$ km					
$d =$ mm	625 mm Dmr.	550 mm Dmr.	500 mm Dmr.	375 mm Dmr.	325 mm Dmr.
	Pf./m³	Pf./m³	Pf./m³	Pf./m³	Pf./m³
für Kompression	0,1453	0,1814	0,2108	0,3189	0,3716
„ Leitung	0,0135	0,0117	0,0104	0,0075	0,0062
„ Verlust	0,1132	0,1164	0,1189	0,1284	0,1332
Förderkosten = Pf./m³	**0,2720**	0,3095	0,3401	0,4548	0,5110
$l = 50$ km					
$d =$ mm	825 mm Dmr.	725 mm Dmr.	675 mm Dmr.	525 mm Dmr.	450 mm Dmr.
	Pf./m³	Pf./m³	Pf./m³	Pf./m³	Pf./m³
für Kompression	0,1453	0,1814	0,2108	0,3189	0,3716
„ Leitung	0,1018	0,0822	0,0734	0,0523	0,0434
„ Verlust	0,1215	0,1231	0,1251	0,1336	0,1381
Förderkosten = Pf./m³	**0,3686**	0,3867	0,4093	0,5048	0,5531
$l = 100$ km					
$d =$ mm	925 mm Dmr.	825 mm Dmr.	750 mm Dmr.	600 mm Dmr.	500 mm Dmr.
		Pf./m³	Pf./m³	Pf./m³	Pf./m³
für Kompression		0,1814	0,2108	0,3189	0,3716
„ Leitung		0,2037	0,1741	0,1230	0,1007
„ Verlust		0,1348	0,1349	0,1403	0,1452
Förderkosten = Pf./m³		0,5199	**0,5198**	0,5822	0,6175

Förderkosten: 10 km:
50 km:
100 km:

Gasförderkosten.

$Q = 75\,000$ m³/h ($p_e = 1$ at abs.).

	Dreistufig					Kompression
20	25	30	40	50		$p_a =$ at abs.
						$l = 10$ km
300 mm Dmr.	275 mm Dmr.	250 mm Dmr.	225 mm Dmr.	225 mm Dmr.		$d =$ mm
Pf./m³	Pf./m³	Pf./m³	Pf./m³	Pf./m³		
0,4063	0,4359	0,4740	0,5056	0,5333		für Kompression
0,0054	0,0050	0,0045	0,0044	0,0041		„ Leitung
0,1363	0,1392	0,1426	0,1458	0,1485		„ Verlust
0,5480	0,5801	0,6211	0,6558	0,6859		Förderkosten $=$ Pf./m³
						$l = 50$ km
400 mm Dmr.	375 mm Dmr.	350 mm Dmr.	300 mm Dmr.	275 mm Dmr.		$d =$ mm
Pf./m³	Pf./m³	Pf./m³	Pf./m³	Pf./m³		
0,4063	0,4359	0,4740	0,5056	0,5333		für Kompression
0,0384	0,0355	0,0329	0,0287	0,0301		„ Leitung
0,1414	0,1445	0,1483	0,1521	0,1560		„ Verlust
0,5861	0,6159	0,6552	0,6864	0,7194		Förderkosten $=$ Pf./m³
						$l = 100$ km
450 mm Dmr.	425 mm Dmr.	400 mm Dmr.	350 mm Dmr.	325 mm Dmr.		$d =$ mm
Pf./m³	Pf./m³	Pf./m³	Pf./m³	Pf./m³		
0,4063	0,4359	0,4740	0,5056	0,5333		für Kompression
0,0871	0,0960	0,0869	0,0900	0,0958		„ Leitung
0,1483	0,1533	0,1574	0,1631	0,1689		„ Verlust
0,6417	0,6852	0,7183	0,7587	0,7980		Förderkosten $=$ Pf./m³

rd. **0,27 Pf./m³**,
rd. **0,37 Pf./m³**,
rd. **0,52 Pf./m³**.

196   I. Teil: Die Technik der Gasfernleitung.

Ansaugeleistung (0° C, 760 mm Q.-S.),

Kompression	Einstufig		Zweistufig		
p_a = at abs.	3	4	5	10	15
$l = 150$ km					
$d =$ mm	1000 mm Dmr.	900 mm Dmr.	**825 mm Dmr.**	625 mm Dmr.	550 mm Dmr.
			Pf./m³	Pf./m³	Pf./m³
für Kompression			0,2108	0,3189	0,3716
„ Leitung			0,3053	0,1956	0,1676
„ Verlust			0,1476	0,1493	0,1534
Förderkosten = Pf./m³			**0,6637**	**0,6638**	**0,6926**
$l = 200$ km					
$d =$ mm	1050 mm Dmr.	950 mm Dmr.	875 mm Dmr.	**675 mm Dmr.**	575 mm Dmr.
			Pf./m³	Pf./m³	Pf./m³
für Kompression			0,2108	0,3189	0,3716
„ Leitung			0,4500	0,2936	0,2327
„ Verlust			0,1617	0,1598	0,1617
Förderkosten = Pf./m³			0,8225	**0,7723**	0,7660
$l = 300$ km					
$d =$ mm	1150 mm Dmr.	1025 mm Dmr.	925 mm Dmr.	725 mm Dmr.	625 mm Dmr.
				Pf./m³	Pf./m³
für Kompression				0,3189	0,3716
„ Leitung				0,4934	0,3914
„ Verlust				0,1817	0,1813
Förderkosten = Pf./m³				0,9940	0,9443

Förderkosten: **150 km:**
200 km:
300 km:

Gasförderkosten.

$Q = 75\,000$ m³/h ($p_e = 1$ at abs.).

	Dreistufig				Kompression
20	25	30	40	50	p_a = at abs.

					$l = 150$ km
475 mm Dmr.	450 mm Dmr.	425 mm Dmr.	375 mm Dmr.	350 mm Dmr.	$d =$ mm
Pf./m³	Pf./m³	Pf./m³	Pf./m³	Pf./m³	
0,4063	0,4359	0,4740	0,5056	0,5333	für Kompression
0,1395	0,1585	0,1439	0,1495	0,1615	„ Leitung
0,1561	0,1625	0,1667	0,1748	0,1822	„ Verlust
0,7019	0,7569	0,7846	0,8299	0,8770	Förderkosten = Pf./m³

					$l = 200$ km
525 mm Dmr.	475 mm Dmr.	450 mm Dmr.	400 mm Dmr.	375 mm Dmr.	$d =$ mm
Pf./m³	Pf./m³	Pf./m³	Pf./m³	Pf./m³	
0,4063	0,4359	0,4740	0,5056	0,5333	für Kompression
0,2093	0,2259	0,2112	0,2180	0,2368	„ Leitung
0,1654	0,1725	0,1778	0,1868	0,1972	„ Verlust
0,7810	0,8343	0,8630	0,9104	0,9673	Förderkosten = Pf./m³

					$l = 300$ km
550 mm Dmr.	500 mm Dmr.	475 mm Dmr.	425 mm Dmr.	400 mm Dmr.	$d =$ mm
Pf./m³	Pf./m³	Pf./m³	Pf./m³	Pf./m³	
0,4063	0,4359	0,4740	0,5056	0,5333	für Kompression
0,3353	0,3626	0,3390	0,3592	0,3949	„ Leitung
0,1837	0,1936	0,1991	0,2139	0,2294	„ Verlust
0,9253	0,9921	1,0121	1,0787	1,1576	Förderkosten = Pf./m³

rd. **0,66 Pf./m³**,
rd. **0,77 Pf./m³**,
rd. **0,93 Pf./m³**.

I. Teil: Die Technik der Gasfernleitung.

Ansaugeleistung (0° C, 760 mm Q.-S.),

Kompression	Einstufig			Zweistufig	
p_a = at abs.	3	4	5	10	15
$l = 10$ km					
d = mm	675 mm Dmr.	600 mm Dmr.	550 mm Dmr.	425 mm Dmr.	375 mm Dmr.
	Pf./m³	Pf./m³	Pf./m³	Pf./m³	Pf./m³
für Kompression	0,1436	0,1795	0,2087	0,3168	0,3693
„ Leitung	0,0114	0,0096	0,0087	0,0063	0,0056
„ Verlust	0,1221	0,1160	0,1186	0,1281	0,1329
Förderkosten = Pf./m³	0,2771	0,3051	0,3360	0,4512	0,5078
$l = 50$ km					
d = mm	925 mm Dmr.	825 mm Dmr.	750 mm Dmr.	575 mm Dmr.	500 mm Dmr.
		Pf./m³	Pf./m³	Pf./m³	Pf./m³
für Kompression		0,1795	0,2087	0,3168	[0,3693
„ Leitung		0,0917	0,0806	0,0582	0,0501
„ Verlust		0,1237	0,1254	0,1336	0,1379
Förderkosten = Pf./m³		0,3949	0,4147	0,5086	0,5573
$l = 100$ km					
d = mm	1025 mm Dmr.	925 mm Dmr.	850 mm Dmr.	650 mm Dmr.	550 mm Dmr.
			Pf./m³	Pf./m³	Pf./m³
für Kompression			0,2087	0,3168	0,3693
„ Leitung			0,1914	0,1348	0,1146
„ Verlust			0,1359	0,1415	0,1453
Förderkosten = Pf./m³			0,5360	0,5931	0,6292

Förderkosten: 10 km:
50 km:
100 km:

Gasförderkosten.

$Q = 100\,000$ m³/h ($p_e = 1$ at abs.).

	Dreistufig					Kompression
20	25	30	40	50		p_a = at abs.
						$l = 10$ km
325 mm Dmr.	300 mm Dmr.	275 mm Dmr.	250 mm Dmr.	250 mm Dmr.		$d = $ mm
Pf./m³	Pf./m³	Pf./m³	Pf./m³	Pf./m³		
0,4040	0,4335	0,4712	0,5028	0,5304		für Kompression
0,0046	0,0040	0,0037	0,0039	0,0044		„ Leitung
0,1359	0,1387	0,1421	0,1453	0,1479		„ Verlust
0,5445	0,5762	0,6170	0,6520	0,6827		Förderkosten = Pf./m³
						$l = 50$ km
450 mm Dmr.	400 mm Dmr.	375 mm Dmr.	350 mm Dmr.	325 mm Dmr.		$d = $ mm
Pf./m³	Pf./m³	Pf./m³	Pf./m³	Pf./m³		
0,4040	0,4335	0,4712	0,5028	0,5304		für Kompression
0,0450	0,0411	0,0416	0,0461	0,0482		„ Leitung
0,1411	0,1439	0,1478	0,1520	0,1559		„ Verlust
0,5901	0,6185	0,6606	0,7009	0,7345		Förderkosten = Pf./m³
						$l = 100$ km
500 mm Dmr.	475 mm Dmr.	425 mm Dmr.	400 mm Dmr.	350 mm Dmr.		$d = $ mm
Pf./m³	Pf./m³	Pf./m³	Pf./m³	Pf./m³		
0,4040	0,4335	0,4712	0,5028	0,5304		für Kompression
0,1001	0,1135	0,0966	0,1064	0,1054		„ Leitung
0,1481	0,1531	0,1558	0,1619	0,1663		„ Verlust
0,6522	0,7001	0,7236	0,7711	0,8021		Förderkosten = Pf./m³

rd. **0,28 Pf./m³**,
rd. **0,40 Pf./m³**,
rd. **0,54 Pf./m³**.

I. Teil: Die Technik der Gasfernleitung.

Ansaugeleistung (0° C, 760 mm Q.-S.),

Kompression	Einstufig			Zweistufig	
p_a = at abs.	3	4	5	10	15
$l = 150$ km					
$d =$ mm	1125 mm Dmr.	1000 mm Dmr.	925 mm Dmr.	**700 mm Dmr.**	600 mm Dmr.
				Pf./m³	Pf./m³
für Kompression				0,3168	0,3693
„ Leitung				0,2212	0,1845
„ Verlust				0,1505	0,1532
Förderkosten = Pf./m³				**0,6885**	0,7070
$l = 200$ km					
$d =$ mm	1175 mm Dmr.	1050 mm Dmr.	975 mm Dmr.	750 mm Dmr.	**625 mm Dmr.**
				Pf./m³	Pf./m³
für Kompression				0,3168	0,3693
„ Leitung				0,3222	0,2573
„ Verlust				0,1608	0,1616
Förderkosten = Pf./m³				0,7998	**0,7882**
$l = 300$ km					
$d =$ mm	1275 mm Dmr.	1125 mm Dmr.	1025 mm Dmr.	800 mm Dmr.	700 mm Dmr.
				Pf./m³	Pf./m³
für Kompression				0,3168	0,3693
„ Leitung				0,5284	0,4424
„ Verlust				0,1826	0,1824
Förderkosten = Pf./m³				1,0278	0,9941

Förderkosten: **150 km:**
200 km:
300 km:

Gasförderkosten.

$Q = 100\,000$ m³/h ($p_e = 1$ at abs.).

		Dreistufig			Kompression
20	25	30	40	50	$p_a =$ at abs.

					$l = 150$ km
550 mm Dmr.	500 mm Dmr.	475 mm Dmr.	425 mm Dmr.	375 mm Dmr.	$d =$ mm
Pf./m³	Pf./m³	Pf./m³	Pf./m³	Pf./m³	
0,4040	0,4335	0,4712	0,5028	0,5304	für Kompression
0,1720	0,1730	0,1641	0,1717	0,1702	„ Leitung
0,1568	0,1610	0,1643	0,1721	0,1785	„ Verlust
0,7328	0,7675	0,7996	0,8466	0,8791	Förderkosten $=$ Pf./m³

					$l = 200$ km
575 mm Dmr.	525 mm Dmr.	500 mm Dmr.	450 mm Dmr.	400 mm Dmr.	$d =$ mm
Pf./m³	Pf./m³	Pf./m³	Pf./m³	Pf./m³	
0,4040	0,4335	0,4712	0,5028	0,5304	für Kompression
0,2362	0,2615	0,2306	0,2457	0,2468	„ Leitung
0,1649	0,1722	0,1748	0,1841	0,1910	„ Verlust
0,8051	0,8672	0,8766	0,9326	0,9682	Förderkosten $=$ Pf./m³

					$l = 300$ km
625 mm Dmr.	575 mm Dmr.	525 mm Dmr.	475 mm Dmr.	450 mm Dmr.	$d =$ mm
Pf./m³	Pf./m³	Pf./m³	Pf./m³	Pf./m³	
0,4040	0,4335	0,4712	0,5028	0,5304	für Kompression
0,3859	0,4447	0,3922	0,3946	0,4374	„ Leitung
0,1837	0,1957	0,2075	0,2046	0,2221	„ Verlust
0,9736	1,0739	1,0709	1,1020	1,1899	Förderkosten $=$ Pf./m³

rd. **0,69 Pf./m³**,
rd. **0,79 Pf./m³**,
rd. **0,97 Pf./m³**.

Ansaugeleistung (0° C, 760 mm Q.-S.),

Kompression	Einstufig			Zweistufig	
p_a = at abs.	3	4	5	10	15
l = 10 km					
d = mm	800 mm Dmr.	700 mm Dmr.	650 mm Dmr.	500 mm Dmr.	425 mm Dmr.
	Pf./m³	Pf./m³	Pf./m³	Pf./m³	Pf./m³
für Kompression	0,1427	0,1782	0,2074	0,3163	0,3688
„ Leitung	0,0099	0,0080	0,0072	0,0051	0,0041
„ Verlust	0,1126	0,1150	0,1182	0,1280	0,1326
Förderkosten = Pf./m³	**0,2652**	**0,3012**	**0,3328**	**0,4494**	**0,5055**
l = 50 km					
d = mm	1050 mm Dmr.	950 mm Dmr.	875 mm Dmr.	675 mm Dmr.	575 mm Dmr.
			Pf./m³	Pf./m³	Pf./m³
für Kompression			0,2074	0,3163	0,3688
„ Leitung			0,0564	0,0368	0,0292
„ Verlust			0,1229	0,1312	0,1356
Förderkosten = Pf./m³			**0,3867**	**0,4843**	**0,5336**
l = 100 km					
d = mm	1225 mm Dmr.	1075 mm Dmr.	975 mm Dmr.	750 mm Dmr.	650 mm Dmr.
				Pf./m³	Pf./m³
für Kompression				0,3163	0,3688
„ Leitung				0,0870	0,0693
„ Verlust				0,1364	0,1401
Förderkosten = Pf./m³				**0,5397**	**0,5782**

Förderkosten: 10 km:
50 km:
100 km:

$Q = 150\,000$ m³/h ($p_a = 1$ at abs.).

		Dreistufig			Kompression
20	25	30	40	50	p_a = at abs.
					$l = 10$ km
375 mm Dmr.	350 mm Dmr.	325 mm Dmr.	300 mm Dmr.	275 mm Dmr.	$d =$ mm
Pf./m³	Pf./m³	Pf./m³	Pf./m³	Pf./m³	
0,4035	0,4330	0,4707	0,5023	0,5299	für Kompression
0,0036	0,0034	0,0033	0,0030	0,0031	„ Leitung
0,1357	0,1384	0,1418	0,1448	0,1474	„ Verlust
0,5428	0,5748	0,6158	0,6501	0,6804	Förderkosten = Pf./m³
					$l = 50$ km
525 mm Dmr.	475 mm Dmr.	450 mm Dmr.	400 mm Dmr.	375 mm Dmr.	$d =$ mm
Pf./m³	Pf./m³	Pf./m³	Pf./m³	Pf./m³	
0,4035	0,4330	0,4707	0,5023	0,5299	für Kompression
0,0263	0,0283	0,0264	0,0273	0,0296	„ Leitung
0,1388	0,1420	0,1455	0,1491	0,1525	„ Verlust
0,5686	0,6033	0,6426	0,6787	0,7120	Förderkosten = Pf./m³
					$l = 100$ km
600 mm Dmr.	550 mm Dmr.	500 mm Dmr.	450 mm Dmr.	425 mm Dmr.	$d =$ mm
Pf./m³	Pf./m³	Pf./m³	Pf./m³	Pf./m³	
0,4035	0,4330	0,4707	0,5023	0,5299	für Kompression
0,0614	0,0725	0,0604	0,0654	0,0731	„ Leitung
0,1432	0,1476	0,1505	0,1551	0,1598	„ Verlust
0,6081	0,6531	0,6816	0,7228	0,7628	Förderkosten = Pf./m³

rd. **0,27 Pf./m³**,
rd. **0,39 Pf./m³**,
rd. **0,54 Pf./m³**.

Ansaugeleistung (0° C, 760 mm Q.-S.),

Kompression	Einstufig			Zweistufig	
p_a = at abs.	3	4	5	10	15
l = 150 km					
d = mm	1300 mm Dmr.	1175 mm Dmr.	1050 mm Dmr.	**825 mm Dmr.**	700 mm Dmr.
				Pf./m³	Pf./m³
für Kompression				0,3163	0,3688
„ Leitung				0,1528	0,1167
„ Verlust				0,1430	0,1454
Förderkosten = Pf./m³				**0,6121**	0,6309
l = 200 km					
d = mm	1375 mm Dmr.	1225 mm Dmr.	1125 mm Dmr.	**850 mm Dmr.**	750 mm Dmr.
				Pf./m³	Pf./m³
für Kompression				0,3163	0,3688
„ Leitung				0,2142	0,1741
„ Verlust				0,1494	0,1517
Förderkosten = Pf./m³				**0,6799**	0,6946
l = 300 km					
d = mm	1500 mm Dmr.	1325 mm Dmr.	1225 mm Dmr.	925 mm Dmr.	800 mm Dmr.
					Pf./m³
für Kompression					0,3688
„ Leitung					0,2907
„ Verlust					0,1646
Förderkosten = Pf./m³					0,8241

Förderkosten: **150 km:**
200 km:
300 km:

Gasförderkosten.

$Q = 150\,000$ m³/h ($p_e = 1$ at abs.).

	Dreistufig				Kompression
20	25	30	40	50	p_a = at abs.
					$l = 150$ km
625 mm Dmr.	575 mm Dmr.	550 mm Dmr.	500 mm Dmr.	450 mm Dmr.	$d =$ mm
Pf./m³	Pf./m³	Pf./m³	Pf./m³	Pf./m³	
0,4035	0,4330	0,4707	0,5023	0,5299	für Kompression
0,0979	0,1176	0,1089	0,1161	0,1212	,, Leitung
0,1478	0,1534	0,1570	0,1627	0,1678	,, Verlust
0,6492	0,7040	0,7366	0,7811	0,8189	Förderkosten = Pf./m³
					$l = 200$ km
675 mm Dmr.	625 mm Dmr.	575 mm Dmr.	525 mm Dmr.	475 mm Dmr.	$d =$ mm
Pf./m³	Pf./m³	Pf./m³	Pf./m³	Pf. m³	
0,4035	0,4330	0,4707	0,5023	0,5299	für Kompression
0,1469	0,1533	0,1568	0,1717	0,1763	,, Leitung
0,1536	0,1584	0,1637	0,1706	0,1766	,, Verlust
0,7040	0,7447	0,7912	0,8446	0,8828	Förderkosten = Pf./m³
					$l = 300$ km
725 mm Dmr.	650 mm Dmr.	625 mm Dmr.	550 mm Dmr.	500 mm Dmr.	$d =$ mm
Pf./m³	Pf./m³	Pf./m³	Pf./m³	Pf./m³	
0,4035	0,4330	0,4707	0,5023	0,5299	für Kompression
0,2468	0,2494	0,2969	0,2780	0,2894	,, Leitung
0,1659	0,1710	0,1812	0,1873	0,1952	,, Verlust
0,8162	0,8534	0,9488	0,9676	1,0145	Förderkosten = Pf./m³

rd. **0,61 Pf./m³**,
rd. **0,68 Pf./m³**,
rd. **0,82 Pf./m³**.

Ansaugeleistung (0° C, 760 mm Q.-S.),

Kompression	Einstufig			Zweistufig	
p_e = at abs.	3	4	5	10	15
$l = 10$ km					
$d =$ mm	875 mm Dmr.	775 mm Dmr.	725 mm Dmr.	550 mm Dmr.	475 mm Dmr.
	Pf./m³	Pf./m³	Pf./m³	Pf./m³	Pf./m³
für Kompression	0,1427	0,1780	0,2067	0,3161	0,3686
„ Leitung	0,0086	0,0070	0,0063	0,0043	0,0037
„ Verlust	0,1125	0,1150	0,1181	0,1277	0,1325
Förderkosten = Pf./m³	**0,2638**	0,3000	0,3311	0,4481	0,5048
$l = 50$ km					
$d =$ mm	1200 mm Dmr.	1050 mm Dmr.	975 mm Dmr.	**750 mm Dmr.**	625 mm Dmr.
				Pf./m³	Pf./m³
für Kompression				0,3161	0,3686
„ Leitung				0,0327	0,0245
„ Verlust				0,1306	0,1349
Förderkosten = Pf./m³				**0,4794**	0,5280
$l = 100$ km					
$d =$ mm	1350 mm Dmr.	1200 mm Dmr.	1100 mm Dmr.	**850 mm Dmr.**	725 mm Dmr.
				Pf./m³	Pf./m³
für Kompression				0,3161	0,3686
„ Leitung				0,0803	0,0617
„ Verlust				0,1355	0,1390
Förderkosten = Pf./m³				**0,5319**	0,5693

Förderkosten: **10 km:**
50 km:
100 km:

Gasförderkosten.

$Q = 200\,000$ m³/h ($p_e = 1$ at abs.).

	Dreistufig				Kompression
20	25	30	40	50	$p_a =$ at abs.
					$l = 10$ km
425 mm Dmr.	400 mm Dmr.	375 mm Dmr.	325 mm Dmr.	300 mm Dmr.	$d =$ mm
Pf./m³	Pf./m³	Pf./m³	Pf./m³	Pf./m³	
0,4033	0,4328	0,4705	0,5021	0,5297	für Kompression
0,0032	0,0030	0,0031	0,0031	0,0027	„ Leitung
0,1356	0,1383	0,1418	0,1446	0,1472	„ Verlust
0,5421	0,5741	0,6154	0,6498	0,6796	Förderkosten $=$ Pf./m³
					$l = 50$ km
575 mm Dmr.	525 mm Dmr.	500 mm Dmr.	450 mm Dmr.	400 mm Dmr.	$d =$ mm
Pf./m³	Pf./m³	Pf./m³	Pf./m³	Pf./m³	
0,4033	0,4328	0,4705	0,5021	0,5297	für Kompression
0,0219	0,0250	0,0227	0,0246	0,0247	„ Leitung
0,1380	0,1412	0,1446	0,1481	0,1512	„ Verlust
0,5632	0,5990	0,6378	0,6748	0,7056	Förderkosten $=$ Pf./m³
					$l = 100$ km
650 mm Dmr.	600 mm Dmr.	550 mm Dmr.	500 mm Dmr.	475 mm Dmr.	$d =$ mm
Pf./m³	Pf./m³	Pf./m³	Pf./m³	Pf./m³	
0,4033	0,4328	0,4705	0,5021	0,5297	für Kompression
0,0520	0,0544	0,0544	0,0580	0,0661	„ Leitung
0,1416	0,1451	0,1489	0,1530	0,1575	„ Verlust
0,5969	0,6323	0,6738	0,7131	0,7533	Förderkosten $=$ Pf./m³

rd. **0,26 Pf./m³**,
rd. **0,48 Pf./m³**,
rd. **0,53 Pf./m³**.

208   I. Teil: Die Technik der Gasfernleitung.

Ansaugeleistung (0° C, 760 mm Q.-S.),

Kompression	Einstufig			Zweistufig	
p_a = at abs.	3	4	5	10	15
$l = 150$ km					
$d =$ mm	1450 mm Dmr.	1275 mm Dmr.	1200 mm Dmr.	900 mm **Dmr.**	775 mm Dmr.
				Pf./m³	Pf./m³
für Kompression				0,3161	0,3686
„ Leitung				0,1359	0,1033
„ Verlust				0,1409	0,1435
Förderkosten = Pf./m³				**0,5929**	0,6154
$l = 200$ km					
$d =$ mm	1525 mm Dmr.	1350 mm Dmr.	1250 mm Dmr.	950 mm Dmr.	825 mm **Dmr.**
					Pf./m³
für Kompression					0,3686
„ Leitung					0,1527
„ Verlust					0,1487
Förderkosten = Pf./m³					**0,6700**
$l = 300$ km					
$d =$ mm	1700 mm Dmr.	1475 mm Dmr.	1350 mm Dmr.	1025 mm Dmr.	900 mm Dmr.
					Pf./m³
für Kompression					0,3686
„ Leitung					0,2717
„ Verlust					0,1613
Förderkosten = Pf./m³					0,8016

Förderkosten: **150 km:**
200 km:
300 km:

Gasförderkosten.

$Q = 200\,000$ m³/h ($p_e = 1$ at abs.).

	Dreistufig					Kompression
20	25	30	40	50		$p_a =$ at abs.
						$l = 150$ km
700 mm Dmr.	650 mm Dmr.	600 mm Dmr.	550 mm Dmr.	500 mm Dmr.		$d =$ mm
Pf./m³	Pf./m³	Pf./m³	Pf./m³	Pf./m³		
0,4033	0,4328	0,4705	0,5021	0,5297		für Kompression
0,0875	0,0935	0,0976	0,1043	0,1128		„ Leitung
0,1459	0,1498	0,1543	0,1594	0,1643		„ Verlust
0,6367	0,6761	0,7224	0,7658	0,8068		Förderkosten $=$ Pf./m³
						$l = 200$ km
750 mm Dmr.	675 mm Dmr.	625 mm Dmr.	575 mm Dmr.	525 mm Dmr.		$d =$ mm
Pf./m³	Pf./m³	Pf./m³	Pf./m³	Pf./m³		
0,4033	0,4328	0,4705	0,5021	0,5297		für Kompression
0,1305	0,1319	0,1484	0,1472	0,1613		„ Leitung
0,1508	0,1548	0,1606	0,1654	0,1717		„ Verlust
0,6846	0,7195	0,7795	0,8147	0,8627		Förderkosten $=$ Pf./m³
						$l = 300$ km
800 mm Dmr.	725 mm Dmr.	700 mm Dmr.	625 mm Dmr.	675 mm Dmr.		$d =$ mm
Pf./m³	Pf./m³	Pf./m³	Pf./m³	Pf./m³		
0,4033	0,4328	0,4705	0,5021	0,5297		für Kompression
0,2180	0,2252	0,2460	0,2604	0,2745		„ Leitung
0,1610	0,1660	0,1729	0,1806	0,1890		„ Verlust
0,7823	0,8240	0 8894	0 9431	0,9932		Förderkosten $=$ Pf./m³

rd. **0,59 Pf./m³**,
rd. **0,67 Pf./m³**,
rd. **0,78 Pf./m³**.

2. Gasförderkosten je m³ Ansaugeleistung 20° C u. 760 mm Q.-S. und je m³ Lieferleistung 12° C u. 760 mm Q.-S. (am Ende der Leitung).

Die bisher ermittelten Gasförderkosten beziehen sich auf die Ansaugeleistung 0° C und 760 mm Q.-S. Im Jahresdurchschnitt ist aber mit einer Gasmessertemperatur 20° C (vor den Kompressoren) zu rechnen. Um die Gasförderkosten für die Ansaugeleistung 20° C und 760 mm Q.-S. zu erhalten, ist daher folgendes zu beachten.

Im Abschnitt E „Leitungsverlust" wurde bereits festgestellt, daß $V_{20°} = \dfrac{V_{0°}}{0,93} = 1,07\ V_{0°}$ ist. In diesem Verhältnis sind deshalb die errechneten Förderkostenanteile je m³, 0° C, für Leitung und Verlust zu reduzieren, also durch 1.07 zu dividieren. Nur der Anteil für Kompression bleibt unverändert, da die Ansaugetemperatur keinen Einfluß auf die Höhe des Leistungsbedarfes ausübt; es ist also dafür gleichgültig, ob das Gas mit 0° oder 20° C angesaugt wird.

Die Leitungstemperatur ist im Jahresmittel 12° C. Nimmt man an, daß diese Temperatur auch die Meßtemperatur auf den Abnahmestellen, im Jahresmittel, ist, so erhält man die Gasförderkosten je m³ Lieferleistung am Ende der Leitung wie folgt. Es ist $V_{12°} = 0,941\ V_{20°}$, wie im Abschnitt E „Leitungsverlust" bereits festgestellt wurde; außer den damit festgelegten 5,9 vH Verlust durch Unterschiede in Temperatur und Druck, ist aber noch mit 2,5 vH Verlust, herrührend aus den Meßdifferenzen der Gasmesser und dem wirklichen Verlust von wechselnder Höhe zu rechnen. Wählt man ein Beispiel: 5000 m³/W, 2 at abs., 300 km, so ist dieser wirkliche Verlust 2,1 vH; es ist also 2,1 + 2,5 = 4,6 vH noch abzusetzen, so daß der Verlustfaktor sich hier ändert in $0,941 - 0,046 = 0,895$; es ist dann $V_{12°} = 0,895\ V_{20°}$. Da es sich hier um eine mengenmäßige Umrechnung handelt, so sind die gesamten Förderkosten (einschl. des Anteils für Kompression), die für $V_{20°}$ errechnet werden, durch den Verlustfaktor zu dividieren, um die Förderkosten je m³, 12° C und 760 mm Q.-S. zu erhalten.

Die Zahlenaufstellungen der Gasförderkosten je m³, 0° C, und 760 mm Q.-S. geben bereits die günstigsten Förderfälle. Anschließend an die dort gebrachten Förderkosten werden jetzt die Angaben gebracht entsprechend den vorstehenden Darlegungen.

Gasförderkosten.

Ansaugeleistung $Q = m^3/h$ 0°C, 760mm Q.-S.	Strecken-länge km	Gasförderkosten Pf./m³ (Gold)		
		je m³ Ansaugeleistung 0°C, 760 mm Q.-S.	je m³ Ansaugeleistung 20°C, 760 mm Q.-S.	je m³ Lieferleistung (am Ende der Leitung) 12°C, 760 mm Q.-S.
1000	10	0,73	0,71	0,77
	50	1,82	1,73	1,95
	100	3,20	3,02	3,56
5000	10	0,35	0,34	0,37
	50	0,75	0,71	0,78
	100	1,19	1,13	1,25
	150	1,55	1,48	1,71
	200	1,98	1,88	2,34
	300	2,75	2,60	3,34
10 000	10	0,30	0,29	0,31
	50	0,61	0,58	0,64
	100	0,89	0,85	0,94
	150	1,11	1,06	1,20
	200	1,36	1,30	1,54
	300	1,87	0,78	2,18
25 000	10	0,30	0,29	0,31
	50	0,46	0,44	0,48
	100	0,68	0,65	0,71
	150	0,85	0,82	0,91
	200	1,00	0,96	1,07
	300	1,30	1,25	1,41
50 000	10	0,28	0,27	0,29
	50	0,39	0,37	0,41
	100	0,56	0,53	0,58
	150	0,72	0,68	0,75
	200	0,84	0,81	0,89
	300	1,03	0,99	1,10
75 000	10	0,27	0,26	0,29
	50	0,37	0,35	0,39
	100	0,52	0,50	0,55
	150	0,66	0,63	0,69
	200	0,77	0,74	0,81
	300	0,93	0,89	0,98
100 000	10	0,28	0,27	0,29
	50	0,40	0,38	0,42
	100	0,54	0,51	0,56
	150	0,69	0,66	0,73
	200	0,79	0,76	0,83
	300	0,97	0,94	1,03
150 000	10	0,27	0,26	0,29
	50	0,39	0,38	0,41

14*

Ansaugeleistung $Q = m^3/h$ 0°C, 760 mm Q.-S.	Strecken- länge km	Gasförderkosten Pf./m³ (Gold)		
		je m³ Ansaugeleistung 0°C, 760 mm Q.-S.	je m³ Ansaugeleistung 20°C, 760 mm Q.-S.	je m³ Lieferleistung (am Ende der Leitung) 12°C, 760 mm Q.-S.
150 000	100	0,54	0,53	0,57
	150	0,61	0,59	0,65
	200	0,68	0,66	0,72
	300	0,82	0,79	0,87
200 000	10	0,26	0,26	0,28
	50	0,48	0,47	0,51
	100	0,53	0,52	0,57
	150	0,59	0,58	0,63
	200	0,67	0,65	0,71
	300	0,78	0,76	0,83

Ganz allgemein ist zunächst festzustellen, daß für 10 km Leitungslänge, unabhängig von der Höhe der Fördermenge, Drucke über 2 bis 3 at abs. nicht erforderlich sind; für 100 km Leitungslänge Drucke von 5 bis 10 at abs. ausreichen; für 300 km Leitungslänge Drucke von 20 bis 30 at abs. genügen.

Es ist zu sagen, daß eine Fördermenge von 1000 m³/h für eine Streckenlänge von 10 km annähernd das Mengenminimum darstellt, daß aber auch längere Strecken für diese Menge nicht in Frage kommen können. 5000 m³/h sind höchstens bis 100 km wirtschaftlich (im Sinne einer Absatzmöglichkeit bei Verbrauchern) zu leiten, 10 000 m³/h bis ungefähr 150 km, 25 000 m³/h bis zu rund 250 km. Von 50 000 m³/h bis 200 000 m³/h sind die Verhältnisse ziemlich gleich und kann in allen Fällen bis 300 km eine Fernleitung in Betracht kommen, wobei naturgemäß die kürzeren Förderstrecken die niedrigeren Förderkosten geben, so daß **frei Verbraucher** (gemessen bei der Raumtemperatur) Förderkosten von rund **0,30** bis 1 Pf. (Gold) in Rechnung zu stellen sind. Das zeigt aber schon, daß bei wirtschaftlicher Ausbildung der Gasfernleitung die Förderkosten im annehmbaren Grenzen liegen, so daß ein Transport sehr wohl in Betracht gezogen werden kann. Dabei ist besonders zu beachten, daß der Förderradius **300 km** ohne Umpumpen zu erreichen ist.

G. Transport von Generatorgas, Mondgas (oder anderer Schwachgase) und von Schwelgas.

Für die Förderung von Gasen mit einem anderen spezifischen Gewicht wie 0,6 (Luft = 1), und von einem anderen Heizwert wie 4000 WE (u., 0° C, 760 mm Q.-S.), sollen hier die Verhältnisse gesondert betrachtet werden.

1. Generatorgas,
ca. 1300 WE/m³, u. 0/760.

Es kann dafür mit folgenden Grundzahlen gerechnet werden:

Zusammensetzung:	Vol.-%	Heizwert WE je m³ (u. 0°, 760 mm)	Spezifisches Gewicht (Luft = 1)	Exponent der adiabatischen Kompression: $\varkappa = \dfrac{c_p}{c_v}$
Kohlensäure CO_2	4,9	—	· 1,519 = 7,44	· 1,31 = 6,419
Kohlenoxyd CO	24,0	· 3034 = 72 816	· 0,966 = 23,18	· 1,40 = 33,600
Wasserstoff H_2	13,5	· 2570 = 34 695	· 0,069 = 0,93	· 1,41. = 19,035
Methan CH_4	2,6	· 8562 = 22 261	· 0,553 = 1,44	· 1,28 = 3,328
Stickstoff N_2	55,0	—	· 0,972 = 53,46	· 1,40 = 77,000
	100,0	12 9772 je m³ rd. 1300 WE	86,45 spez. Gew. rd. 0,9	139,382 $\varkappa$ rd. 1,4 $\dfrac{\varkappa-1}{\varkappa} = \dfrac{1,4-1}{1,4}$ = 0,2857 rd. 0,29 $\dfrac{\varkappa}{\varkappa-1} = \dfrac{1,4}{1,4-1}$ = 3,5

Die Fördermenge ändert sich mit $\sqrt[2]{\dfrac{0,6}{s}}$, also für Generatorgas mit $\sqrt[2]{\dfrac{0,6}{0,9}} = 0,8165$. Die für $s = 0,6$ berechneten Rohrleitungen fördern danach nur 0,8165 mal soviel m³ Gas und an Heizwert 0,8165 · 1300 = 1061,45 WE gegenüber 4000 WE für Koksofengas, oder nur rund ¼ vom Heizwert des Koksofengases.

Auf die gleiche Fördermenge bezogen, ändert sich der Rohrdurchmesser mit $\sqrt[2]{\dfrac{s}{0,6}}$, hier also $\sqrt[2]{\dfrac{0,9}{0,6}} = 1,0844$; es ist danach für Generatorgas ein rd. **8,5 vH** größerer Rohrdurchmesser erforderlich wie für ein Gas vom spezifischen Gewicht 0,6; bei einer Heizwertlieferung im Verhältnis 4000 : 1300 oder 4 : 1,3, rd. $^1/_3$ des Koksofengases.

Der Leistungsbedarf für die Kompression ändert sich mit $\varkappa$; da hier nur Strecken bis 10 km Länge überhaupt in Frage kommen, so ist auch nur mit Drucken von 2, 3 und 4 at abs. (einstufige Kompression) zu rechnen. Es ist für

2 at abs.: $L_{\mathrm{ad}\,1} = 10000 \cdot 1{,}033 \cdot 3{,}5 \left[\left(\dfrac{2{,}033}{1{,}033} \right)^{0{,}29} - 1 \right] = 7842$ mkg,

3 at abs.: $L_{\mathrm{ad}\,1} = 10000 \cdot 1{,}033 \cdot 3{,}5 \left[\left(\dfrac{3{,}033}{1{,}033} \right)^{0{,}29} - 1 \right] = 13254$ mkg,

4 at abs.: $L_{\mathrm{ad}\,1} = 10000 \cdot 1{,}033 \cdot 3{,}5 \left[\left(\dfrac{4{,}033}{1{,}033} \right)^{0{,}29} - 1 \right] = 17510$ mkg.

Gegenüber der Förderung von Koksofengas ändert sich der Leistungsbedarf um

für 2 at abs.: 7 842 — 7 770 = 72 mkg = rd. +1,0 vH,
„ 3 „ „ 13 254 — 12 900 = 354 „ = „ +2,74 „
„ 4 „ „ 17 510 — 16 990 = 520 „ = „ +3,1 „

Der Gesamtverlust wird aller Voraussicht nach geringer werden, doch kann das nicht von schwerwiegender Bedeutung werden, da nur der wirkliche Verlust sich vermindern wird, der feste Verlust dagegen unverändert bleibt.

Für die 10 km lange Strecke erhält man dann unter Verwendung der früher ermittelten Förderkosten und der vorstehenden Zahlen folgende **Förderkosten für das Generatorgas** (0° C, 760 mm):

Ansaugeleistung m³/h (0° C, 760 mm Q.-S.)	Druck at abs.	Leitungsdurchmesser mm	Förderkosten Pf./m³ (Gold)			
			Kompression	Leitung	Verlust	Gesamtkosten
1 000	2	175	0,3503	0,2306	0,1567	0,7376 rd. **0,74**
5 000	2	300	0,1582	0,0755	0,1206	0,3543 „ **0,35**
10 000	2	400	0,1316	0,0564	0,1159	0,3039 „ **0,30**
25 000	3	450	0,1618	0,0261	0,1155	0,3034 „ **0,30**
50 000	3	550	0,1517	0,0335	0,1138	0,2990 „ **0,30**
75 000	3	675	0,1493	0,0422	0,1132	0,3047 „ **0,30**
100 000	3	750	0,1475	0,0161	0,1221	0,2857 „ **0,29**
150 000	3	850	0,1466	0,0107	0,1126	0,2699 „ **0,27**

Der Vergleich mit den für Koksofengas ermittelten Förderkosten zeigt, daß die Kosten in beiden Fällen gleich hoch, oder nur unwesentlich verschieden sind. Wenn man aber berücksichtigt, daß je m³ Generatorgas nur rd. $^1/_3$ an Heizwert gefördert

Transport von Generatorgas, Mondgas und von Schwelgas. 215

wird, daß nach dem Beispiel der Koksofengasförderung die Förderkosten je m³ (am Ende der Leitung) für 12° C und 760 mm Q.-S. sich auch noch etwas erhöhen, besonders für 1000 m³/h, so sieht man schon daraus, daß eine Förderung des Generatorgases auf lange Strecken — selbst nur bis 10 km — mit Rücksicht auf die Höhe der Kosten kaum ausführbar sein wird. Im Vergleich zu dem Koksofengassbeispiel kostet die Förderung (für 10 km) von 1000 WE:

Koksofengas, frei Verbraucher geliefert (12° C, 760 mm) je m³ 0,3 bis 0,8 Pf., **je 1000 WE: 0,075 bis 0,2 Pf. (Gold)**;
Generatorgas, frei Verbraucher geliefert (12° C, 760 mm) je m³ 0,3 bis 0,8 Pf., **je 1000 WE: 0,231 bis 0,62 Pf. (Gold)**.

2. Mondgas (oder ähnliche Schwachgase);
ca. 1200 WE/m³, u., 0,760.

Für Mondgas können folgende Grundzahlen festgelegt werden:

Zusammensetzung:	Vol.-%	Heizwert WE je m³ (u. 0°. 760 mm)	Spezifisches Gewicht (Luft = 1) s	Exponent der adiabatischen Kompression: $\varkappa = \dfrac{c_p}{c_v}$
Kohlensäure CO_2	17,5	—	$\cdot 1{,}519 = 26{,}58$	$\cdot 1{,}31 = 22{,}925$
Kohlenoxyd CO	10,0	$\cdot 3034 = 30\,340$	$\cdot 0{,}966 = 9{,}66$	$\cdot 1{,}40 = 14{,}000$
Wasserstoff H_2	23,5	$\cdot 2570 = 60\,395$	$\cdot 0{,}069 = 1{,}62$	$\cdot 1{,}41 = 33{,}135$
Methan CH_4	3,5	$\cdot 8562 = 29\,967$	$\cdot 0{,}553 = 1{,}94$	$\cdot 1{,}28 = 4{,}480$
Stickstoff N_2	45,5	—	$\cdot 0{,}972 = 44{,}23$	$\cdot 1{,}40 = 63{,}700$
	100,0	120702 je m³ rd. **1200 WE**	84,03 spez. Gew. rd. **0,84**	138,24 $\varkappa$ rd. **1,4** $\dfrac{\varkappa - 1}{\varkappa} = \dfrac{1{,}4-1}{1{,}4}$ $= 0{,}2857$ rd. **0,29** $\dfrac{\varkappa}{\varkappa-1} = \dfrac{1{,}4}{1{,}4-1}$ $= 3{,}5$

Die Fördermenge entspricht dem Verhältnis $\sqrt[2]{\dfrac{0{,}6}{0{,}84}}$ $= 0{,}8452$; es fördern die für $s = 0{,}6$ berechneten Rohrleitungen nur 0,8452 mal soviel m³ Gas und an Heizwert $0{,}8452 \cdot 1200 = 1014{,}24$ WE gegenüber 4000 WE für Koksofengas, oder auch hier nur rund ¼ vom Heizwert des Koksofengases.

Der Rohrdurchmesser, bezogen auf die gleiche Fördermenge, ändert sich im Verhältnis $\sqrt[2]{\dfrac{0{,}84}{0{,}6}} = 1{,}0696$; für Mondgas ist daher ein rd. 7 vH größerer Rohrdurchmesser erforderlich wie für Gas vom spezifischen Gewicht 0,6; bei einer Heizwertlieferung im Verhältnis 4000 : 1200 oder 4 : 1,2, oder rd. $^1/_3$ des Koksofengases.

Der Leistungsbedarf für die Kompression ist der gleiche, wie er für Generatorgas festgestellt wurde.

Auch für den Leitungsverlust liegen ähnliche Verhältnisse wie für Generatorgas vor.

Zusammenfassend kann, bezüglich der Förderkosten, festgelegt werden, daß für Mondgas im großen und ganzen dieselben oder nur unwesentlich verschiedene Verhältnisse vorliegen wie für Generatorgas. Der Vergleich zwischen der Förderung (10 km) von Koksofengas und Mondgas stellt sich dann wie folgt:

Koksofengas, frei Verbraucher geliefert (12° C, 760 mm) je m³ 0,3 bis 0,8 Pf., **je 1000 WE: 0,075 bis 0,2 Pf. (Gold);**
Mondgas, frei Verbraucher geliefert (12° C, 760 mm): je m³ 0,3 bis 0,8 Pf., **je 1000 WE: 0,25 bis 0,67 Pf. (Gold).**

Für Mondgas gelten also dieselben Einwände, die für die Förderung von Generatorgas auf Strecken bis 10 km bereits vorgebracht wurden.

3. Schwelgas,

ca. 6000 bis 7000 WE für Steinkohlen-Schwelgas und 5000 bis 5500 WE für Braunkohlen-Schwelgas (0° C, 760 mm Q.-S.).

Es wird hier an die Schwelgaslieferung der Drehofenverkokung gedacht, wie sie durch die grundlegenden Arbeiten von Prof. Dr. Franz Fischer (Mülheim-Ruhr) und die praktischen Konstruktionen Dr. E. Rosers (Thyssen & Co., Mülheim-Ruhr) sowie Dr. Youngs (Fellner & Ziegler, Frankfurt a. M.) verwirklicht werden kann.

Es soll zunächst die Drehofenverkokung von Steinkohlen behandelt werden, obwohl eine Groß-Gaslieferung von dieser Seite wohl nicht so direkt in Aussicht stehen wird; anschließend wird die Braunkohlenverkokung berücksichtigt, der mit Rücksicht auf die recht erheblichen Einnahmen aus der Verwertung des gegenüber Steinkohlenbetrieb zum Teil größeren Anfalls an Benzinkohlenwasserstoffen auch eine größere Zukunft zuzusprechen ist.

Steinkohlen-Schwelgas.

A. Thau[1]) gibt für das Schwelgas hinter den Benzinwäschern nachstehende Zusammensetzung, so daß auch hier die grundlegenden Zahlen für die Förderung des Gases gegeben werden können.

Da er die Angaben für ein Gas mit dem vollen Schwefelwasserstoffgehalt macht, außerdem auch in den Angaben über die Zusammensetzung Kohlensäure und Schwefelwasserstoff zusammenfaßt, so ist zunächst dies zu berücksichtigen, denn für den Transport von Drehofen-Schwelgas handelt es sich um Reingas im Sinne städtischer Gasversorgungen, also fertig zum Gebrauche in Leucht- und Heizbrennern der Kleinverbraucher. Die Kohle enthielt 1,98 vH S; erfahrungsgemäß gibt aber westfälische Kohle ein Gas mit rd. 0,75 Vol.-% H_2S, so daß diese Zahl berücksichtigt wird.

Die von Thau Benzinkohlenwasserstoffe genannten Bestandteile, bestehend nach W. Gluud[2]) aus Paraffinen C_nH_{2n+2}, Naphthenen $C_nH_{2n-6+H6}$ und anderen wasserstoffreichen Kohlenwasserstoffklassen, werden mit dem von Gluud angegebenen Heizwert 11 000 WE eingesetzt; das von Thau für das Gasbenzin gegebene spezifische Gewicht 0,935 läßt einen Rückschluß zu auf das spezifische Gewicht des Benzindampfes (Luft = 1), für das hier 2,5 gewählt wird; der Exponent der adiabatischen Kompression $\varkappa = \frac{c_p}{c_v}$ wird mit 1,29 gewählt, weil Angaben hierüber fehlen, und mit Rücksicht auf die Unerforschtheit der Benzinbestandteile, auch wohl noch lange auf sich warten lassen werden.

Die Thausche Analyse des Schwelgases gibt:

Kohlensäure CO_2 und Schwefelwasserstoff H_2S . . . . . =	7,30 Vol.-%
Benzinkohlenwasserstoffe C_nH_{2n+2}, $C_nH_{2n-6+H6}$, usw. =	0,91 „
Äthylen C_2H_4 . . . . =	7,10 „
Kohlenoxyd CO . . . . =	4,50 „
Methan und Homologe CH_4 . . . . =	60,80 „
Sauerstoff O_2 . . . . =	0,25 „
Wasserstoff H_2 . . . . =	0,00 „
Stickstoff N_2 . . . . =	19,25 „
	100,11 Vol.-%

---

[1]) A. Thau, Glückauf 1923, Nr. 3, S. 60 u. Nr. 5, S. 127.
[2]) W. Gluud, Die Tiefentemperaturverkokung der Steinkohle. Halle 1919, S. 34—37.

I. Teil: Die Technik der Gasfernleitung.

Danach kann man für Steinkohlen-Schwelgas wie folgt rechnen, wenn ein Heizwert von **6300** WE (u., 0° C, 760 mm) zugrunde gelegt wird.

Zusammensetzung:	Vol.-%	Heizwert WE je m³ (u. 0°, 760 mm)	Spezifisches Gewicht (Luft = 1) s	Exponent der adiabatischen Kompression: $\varkappa = \dfrac{c_p}{c_v}$
Kohlensäure CO_2	6,50	—	$\cdot 1{,}519 = 9{,}87$	$\cdot 1{,}31 = 8{,}52$
Benzinkohlenwasserstoffe	0,90	$\cdot 11000 = 9900$	$\cdot 3{,}000 = 2{,}70$	$\cdot 1{,}29 = 1{,}16$
Äthylen C_2H_4	7,00	$\cdot 13939 = 97573$	$\cdot 0{,}91 = 6{,}37$	$\cdot 1{,}21 = 8{,}47$
Kohlenoxyd CO	4,50	$\cdot 3034 = 13653$	$\cdot 0{,}966 = 4{,}35$	$\cdot 1{,}40 = 6{,}30$
Methan CH_4	60,00	$\cdot 8562 = 513720$	$\cdot 0{,}553 = 33{,}18$	$\cdot 1{,}28 = 76{,}80$
Sauerstoff O_2	0,25	—	$\cdot 1{,}105 = 0{,}28$	$\cdot 1{,}40 = 0{,}35$
Wasserstoff H_2	0,00	—	—	—
Stickstoff N_2	20,85	—	$\cdot 0{,}972 = 20{,}27$	$\cdot 1{,}40 = 29{,}19$
	100,00	634846 je m³ rd. **6300** WE	77,02 spez. Gew. rd. **0,8** NB. Die Metan-Homologen werden das spez. Gewicht erhöhen.	130,79 $\varkappa$ rd. **1,31** $\dfrac{\varkappa - 1}{\varkappa} = \dfrac{1{,}31-1}{1{,}31}$ $= 0{,}2366$ rd. **0,24** $\dfrac{\varkappa}{\varkappa - 1} = \dfrac{1{,}31}{1{,}31-1}$ $= 4{,}2258$ rd. **4,23**

Die Fördermenge ändert sich mit $\sqrt[2]{\dfrac{0{,}6}{0{,}8}} = 0{,}866$; gegenüber der mit $s = 0{,}6$ berechneten Rohrleitung werden 0,866 mal soviel m³ Gas und an Heizwert $0{,}866 \cdot 6300 = 5455{,}8$ WE gefördert statt 4000 WE für Koksofengas, d. i. rd. 36,4 vH mehr an Heizwert gegenüber Koksofengas.

Für die gleiche Fördermenge ändert sich der Rohrdurchmesser mit $\sqrt[2]{\dfrac{0{,}8}{0{,}6}} = 1{,}0592$; danach ist für Steinkohlenschwelgas ein rund **6** vH größerer Rohrdurchmesser erforderlich wie für Gas vom spez. Gewicht 0,6; bei einer Heizwertlieferung im Verhältnis 4000 : 6300 oder 4 : 6,3, oder **57,5** vH mehr an Heizwert wie für Koksofengas.

Der Leistungsbedarf für die Kompression ändert sich mit $\varkappa$; es sollen hier nur die Transporte über lange Strecken, also **300** km, berücksichtigt werden, für die Drucke von 15, 20, 25 at abs. (zweistufige Kompression) und 30 at abs. (dreistufige Kompression) in Betracht kommen. Es ist für

Transport von Generatorgas, Mondgas und von Schwelgas.

15 at abs.: $L_{ad\,2} = 2 \cdot 10000 \cdot 1{,}033 \cdot 4{,}23 \left[\sqrt[2]{\left(\frac{15{,}033}{1{,}033}\right)^{0{,}24}} - 1\right] = 33112 \text{ mkg}$,

20 at abs.: $L_{ad\,2} = 2 \cdot 10000 \cdot 1{,}033 \cdot 4{,}23 \left[\sqrt[2]{\left(\frac{20{,}033}{1{,}033}\right)^{0{,}24}} - 1\right] = 37333 \text{ mkg}$,

25 at abs.: $L_{ad\,2} = 2 \cdot 10000 \cdot 1{,}033 \cdot 4{,}23 \left[\sqrt[2]{\left(\frac{25{,}033}{1{,}033}\right)^{0{,}24}} - 1\right] = 40716 \text{ mkg}$,

30 at abs.: $L_{ad\,3} = 3 \cdot 10000 \cdot 1{,}033 \cdot 4{,}23 \left[\sqrt[3]{\left(\frac{30{,}033}{1{,}033}\right)^{0{,}24}} - 1\right] = 40559 \text{ mkg}$.

Gegenüber der Förderung von Koksofengas ändert sich der Leistungsbedarf um:

für 15 at abs.:   33 290 − 33 112 = 178 mkg = rd. −0,53 vH,
„ 20 „   „   37 630 − 37 333 = 297 „   = „ −0,79 „
„ 25 „   „   41 110 − 40 716 = 394 „   = „ −0,96 „
„ 30 „   „   40 620 − 40 559 = 61 „   = „ −0,15 „

Praktisch ist also für Steinkohlen-Schwelgas der gleiche Kraftbedarf wie für Koksofengas zu rechnen. Auch die Förderkosten je m³ sind praktisch die gleichen wie für Koksofengas.

Braunkohlen-Schwelgas.

Hier liegen die Verhältnisse nicht so eindeutig fest wie für Steinkohlen-Schwelgas. Oft sind die Rohgase mit Kohlensäure überladen, fordern daher eine Kohlensäure-Entfernung, dagegen ist der Gehalt an Benzinkohlenwasserstoffen der mitteldeutschen Braunkohle meist höher, bei rheinischen Braunkohlen dagegen belanglos.

Es wird hier mit folgender Durchschnittszusammensetzung des Schwelgases (für mitteldeutsche Verhältnisse) gerechnet, wobei eine Kohlensäure-Entfernung von 36 vH auf 2 vH Endgehalt vorausgesetzt wird.

Zusammensetzung des Braunkohlen-Schwelgases (Rohgas) der Drehofenverkokung nach Ob.-Ing. Holzwarth (Thyssen & Co.)]:

Kohlensäure CO_2	36,0 Vol.-%
Schwere Kohlenwasserstoffe	4,9 „
Kohlenoxyd CO	8,4 „
Methan + Äthan $CH_4 + C_2H_6$	30,0 „
Sauerstoff O_2	0,6 „
Wasserstoff H_2	15,6 „
Stickstoff N_2	4,5 „
	100,0 Vol.-%.

Nach der Kohlensäure-Entfernung kann mit folgender Zusammensetzung gerechnet werden:

	Vor den Benzinwäschern:	Hinter den Benzinwäschern:
Kohlensäure	2,00 Vol.-%	2,02 Vol.-%
Schwere Kohlenwasserstoffe	7,50 ,,	6,50 ,,
Kohlenoxyd	12,86 ,,	13,00 ,,
Methan + Äthan	45,93 ,,	46,43 ,,
Sauerstoff	0,93 ,,	0,94 ,,
Wasserstoff	23,88 ,,	24,13 ,,
Stickstoff	6,90 ,,	6,98 ,,
	100,00 Vol.-%	100,00 Vol.-%

Als Ferngas kommt das Gas nach den Benzinwäschern in Betracht, es soll daher jetzt nur auf diese Zusammensetzung Bezug genommen werden und mit einem Braunkohlen-Schwelgas von nachstehender Zusammensetzung gerechnet werden, entsprechend einem Heizwert von **5700 WE** (u., 0° C, 760 mm Q.-S.):

Zusammensetzung:	Vol.-%	Heizwert WE je m³ (u. 0°, 760 mm)	Spezifisches Gewicht (Luft = 1) s	Exponent der adiabatischen Kompression: $\varkappa = \dfrac{c_p}{c_v}$
Kohlensäure CO_2	2,0	—	·1,519 = 3,038	·1,31 = 2,62
Schwere Kohlenwasserstoffe	6,5	·11000 = 71500	·2,5 = 16,250	·1,28 = 8,32
Kohlenoxyd CO	13,0	· 3034 = 39442	·0,966 = 12,558	·1,40 = 18,20
Methan + Äthan $CH_4 + C_2H_6$	46,5	· 8562 = 398133	·0,553 = 25,715	·1,28 = 59,52
Sauerstoff O_2	1,0	—	·1,105 = 1,105	·1,40 = 1,40
Wasserstoff H_2	24,0	· 2570 = 61680	·0,069 = 1,656	·1,41 = 33,84
Stickstoff N_2	7,0	—	·0,972 = 6,804	·1,40 = 9,80
	100,0	570755 je m³ rd. **5700 WE**	67,126 spez. Gew. rd. **0,7** NB. Der Äthangehalt wird das spez. Gew. erhöhen.	133,70 $\varkappa = $ rd. **1,34** $\dfrac{\varkappa - 1}{\varkappa} = \dfrac{1,34 - 1}{1,34}$ = 0,2537 rd. **0,254** $\dfrac{\varkappa}{\varkappa - 1} = \dfrac{1,34}{1,34 - 1}$ = 3,9411 rd. **8,94**

Die Unterschiede gegenüber der Förderung von Steinkohlen-Schwelgas sind danach so gering, daß die Förderverhältnisse als praktisch gleich anzusehen sind.

II. Teil
Die Wirtschaft der Gasfernleitung
*

H. Zusammenfassung der Förderkosten.

1. Gasförderkosten bei voller Belastung der Leitungen.

Als Ergebnis vorstehender Rechnungen ist festzustellen, daß praktisch genommen, die Förderkosten **je m³** für alle Gebrauchsgase gleich hoch anzusetzen sind. Unterschiede liegen nur in den Kosten je **1000 WE**, und so kann es kommen, daß für einzelne Gase die Möglichkeit einer wirtschaftlichen Förderung verneint

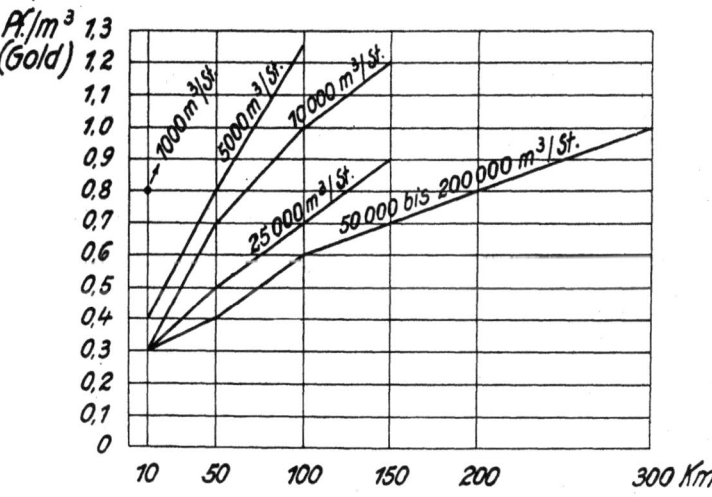

Abb. 3. Förderkosten für alle Gase Pf./m³ (Gold).
(Koksofengas, Mischgas [Destillations- + Wassergas], Naturgas, Generatorgas, Mondgas, Steinkohlen- und Braunkohlen-Schwelgase der Drehofenverkokung); Mengen von 1000 bis 200 000 m³/St.; Strecken von 10 bis 300 km.

werden muß, soweit es sich um Strecken von 10 km ab handelt; jedenfalls ist es praktisch unmöglich, Förderkosten aufzuwenden, deren Höhe die Erzeugungskosten der betreffenden Gase erreichen (Abb. 3).

Je m³ Lieferleistung (12° C, 760 mm) am Ende der Leitung kommen danach folgende runden Förderkosten in Pf./m³ (Gold) in Betracht:

Ansauge-leistung m³/h (0° C, 760 mm)	Leitungs-länge km	Gesamt-För-derkosten für alle Gase: Pf./m³ für d. Lieferleistg. am Ende (12° C, 760 mm)	Gesamt-Förderkosten in Pf. (Gold) für die Lieferleistung am Ende bezogen auf 12° C u. 760 mm je 1000 WE Gasheizwert (u., 0° C, 760 mm)				
			Koksofen-gas (Mischgas) 4000 WE	Generator-gas 1300 WE	Mondgas 1200 WE	Stein-kohlen-Schwelgas 6300 WE	Braun-kohlen-Schwelgas 5700 WE
1000	10	0,8	0,2	0,62	0,67	0,127	0,14
5000	10	0,4	0,1	0,31	0,333	0,064	0,07
	50	0,8	0,2			0,127	0,14
	100	1,25	0,313			0,2	0,22
10000	10	0,3	0,075	0,231	0,25	0,048	0,053
	50	0,7	0,175			0,111	0,123
	100	1,00	0,25			0,159	0,175
	150	1,20	0,3			0,2	0,211
25000	10	0,3	0,075	0,231	0,25	0,048	0,053
	50	0,5	0,125			0,08	0,088
	100	0,7	0,175			0,111	0,123
	150	0,9	0,225			0,143	0,158
50000 bis 200000	10	0,3	0,075	0,231	0,25	0,048	0,053
	50	0,4	0,1			0,064	0,07
	100	0,6	0,15			0,1	0,105
	150	0,7	0,175			0,111	0,123
	200	0,8	0,2			0,127	0,14
	300	1,0	0,25			0,159	0,175

2. Gasförderkosten bei halber Belastung der Leitungen.

In den ganzen voraufgegangenen Rechnungen ist für die Feststellung der Förderkosten der Fernversorgungsbetrieb mit 8760 Benutzungsstunden gerechnet worden; es handelt sich also um eine Anlage, die Tag für Tag das ganze Jahr hindurch gleichmäßig Gas liefert. Wie bereits früher erwähnt, ist diese Arbeitsweise in Fernversorgungsbetrieben in ganz kurzer Zeit durch Belieferung der Industrie zu erreichen, was eine gleichmäßige Grundbelastung schafft. Auf dieser Grundlage wurden die Förderkosten des am Ende der 300 km langen Leitung, bei 12° C, 760 mm, abgeliefertem Koksofenmischgases mit 1 Pf./m³ festgestellt. Rechnet man nur mit halber Belastung der Leitung, so bleiben die Gesamtkosten für Leitung und Verlust in voller Höhe bestehen, verdoppeln sich daher je m³, während für die Kompression die Kosten, entsprechend den halb so hohen Leitungsdrücken, geringer werden. Man erhält so folgende Verhältnisse für die 300-km-Strecke.

Zusammenfassung der Förderkosten.

Förderkosten je m³ für die Ansaugeleistung: 0° C, 760 mm.

Dmr. mm	Voll-Last (Endleistung)					Halbe Lieferung (Anfangsleistung)				
	An- sauge- leistung m³/h	An- fangs- druck at abs.	Leitung + Ver- lust	Kom- pression	Zus.	An- sauge- leistung m³/h	An- fangs- druck at abs.	Leitung + Ver- lust	Kom- pression	Zus.
525	100000	20	0,5696	0,4040	0,9736	50000	10	1,1392	0,3233	1,4625
725	150000	20	0,4127	0,4035	0,8162	75000	10	0,8254	0,3189	1,1443
900	200000	20	0,3790	0,4033	0,7823	100000	10	0,7580	0,3168	1,0748

Förderkosten je m³ für die Ansaugeleistung: 20° C, 760 mm.

525	100000	$\frac{0,5696}{1,07}=0,5323$	0,4040	0,9363	50000	$\frac{1,1392}{1,07}=1,0647$	0,3233	1,3880
725	150000	$\frac{0,4127}{1,07}=0,3857$	0,4033	0,7892	75000	$\frac{0,8254}{1,07}=0,7714$	0,3189	1,0903
900	200000	$\frac{0,3790}{1,07}=0,3542$	0,4035	0,7575	100000	$\frac{0,7580}{1,07}=0,7084$	0,3168	1,0252

Förderkosten je m³ für die Lieferleistung: 12° C, 760 mm.

525	100000	$\frac{0,9363}{0,909}=$	1,0300	50000	$\frac{1,3880}{0,909}=$	1,5270
725	150000	$\frac{0,7892}{0,911}=$	0,8663	75000	$\frac{1,0903}{0,911}=$	1,1968
900	200000	$\frac{0,7575}{0,913}=$	0,8297	100000	$\frac{1,0252}{0,913}=$	1,1229
		im Mittel 0,9087			im Mittel 1,2823	
		rd. Pf./m³ 1,0			rd. Pf./m³ 1,3	

Nachdem die vorliegenden Rechnungen für die 300-km-Strecke bei 8760 Benutzungsstunden = $^1/_{365}$ für den Maximaltag und voller Belastung nach oben abgerundet, 1 Pf./m³ am Ende geliefert, bei 12° C, 760 mm, zugrunde legten, zeigen obenstehende Zahlenaufstellungen, daß sich die entsprechenden Förderkosten bei **halber** Belastung der Leitung auf rd. **1,30** Pf./m³ stellen. Der Unterschied ist so gering, daß auch diese Betriebsweise der Fernleitungen nicht unwirtschaftlich ist.

J. Die Wirtschaftlichkeit der Gasfernversorgung.

Nachdem für die Gruppe: Koksofengas, Mischgas (Destillations- + Wassergas), Naturgas, ebenso für Generatorgas, Mondgas und Drehofen-Schwelgase die Transportkosten ermittelt worden sind, kann nun die Frage der Wirtschaftlichkeit der Gasfernversorgung geprüft werden. Diese hängt ab von den Gaserzeugungskosten zentraler, hauptsächlich in den Kohlenrevieren zu errichtender Großgaserzeugungsanlagen und Gaserzeugungskosten der etwa zum Anschluß an die Gasfernversorgung kommenden Werke. Es sollen also die Gaserzeugungskosten festgestellt werden, wie sie für Gaszentralen Gültigkeit haben, um so mit den Gasförderkosten die Lieferpreise frei Verbraucher feststellen zu können.

1. Volkswirtschaftliche Bedeutung der Gasversorgung durch Fernleitung.

Hier handelt es sich um den Ersatz der eigenen Erzeugung bestehender Gaswerke durch Ferngaslieferung. Berücksichtigt werden nur Koksofengas, Mischgas und Schwelgase.

Der Mischgasbetrieb (Destillations- + Wassergas) setzt sich im ganzen internationalen Gasfach unter dem Gesichtspunkt durch, daß die bestehenden Gaswerke zunächst Gas zu erzeugen haben, also die größtmögliche Gasmenge aus der Gewichtseinheit Kohle erzeugen sollen. Im amerikanischen Gasfach sind bereits seit langem Großanlagen, welche diesen Punkt berücksichtigen, im Betrieb, z. B. das Zentralgaswerk „Astoria" in New York, der „Astoria Light, Heat & Power Co." und die neue Kokerei der „Chicago Byproduct Coke Co." Diese Chicagoer Anlage[1]) liefert jetzt z. B. täglich 396 410 m^3 Koksofengas + 736 190 m^3 Wassergas = 1 132 600 m^3 Mischgas, wofür 100 Koksöfen der amerikanischen Koppers Gesellschaft und 9 Wassergasgeneratoren (3,5 m Dmr.) der Western Gas Construction Co. vorhanden sind und eine Verdopplung der Ofenanlage usw. schon vorgesehen ist. Der jetzige tägliche Kohlenverbrauch ist 2000 long tons = 2032 Tonnen, die Garungszeit 16 Stunden.

---

[1]) Gas Age Record, New York 1921, S. 545.

Die Wirtschaftlichkeit der Gasfernversorgung.

Einen Vergleich mit deutschen Verhältnissen bietet die Statistik des Gasfachmännervereins[1]). Danach haben die Gaswerke Groß-Berlins und Umgebung im Jahre 1919/20 am Tage der höchsten Abgabe geliefert:

Berlin (Stadt) . 1 141 100 m³; bei 391 m³/t Kohle; mit 4300 WE/ob. 0/760

Gasbetriebs-Gesellsch. (früher J. C. G. A.) .	575 850 „	„ 426 „	„	„	— „
Berlin, Gasges. Nieder-Barnim.	69 200 „	„ 391 „	„	„ 4336	„
Charlottenburg.	220 800 „	„ 372 „	„	„ 4380	„
Neukölln . . .	136 000 „	„ 409 „	„	„ 4125	„
B.-Lichtenberg.	120 930 „	„ 338 „	„	„ 4500	„
B.-Tegel . . .	10 484 „	„ 337 „	„	„ 5000	„
Potsdam . . .	27 200 „	„ 373 „	„	„ 3800	„
	2 298 564 m³				

rd. 2,3 Millionen m³, also rd. 100 000 m³/h.

Eine doppelt so große Gaserzeugungsanlage wie die Chicagoer könnte danach den Bedarf einer solchen Verbrauchergruppe decken. Für eine Kokerei ist betriebsmäßig keine größere Verwaltung nötig, wie sie eines der bestehenden Berliner Gaswerke erfordert. Welche Ersparnisse allein an Gehältern der Betriebsangestellten zu erzielen sind, ergibt sich sehr leicht aus den einschlägigen Verwaltungsberichten der Werke. Eine Zentralisierung der Erzeugung, entweder an Ort und Stelle — wie dies ja auch z. B. in NewYork schon vor ca. 15 Jahren geschehen ist — oder im Zechenbezirk in Verbindung mit einer Gasversorgungs-Fernleitung, würde schon allein an Werksgehältern sowie an Löhnen infolge strafferer Zusammenfassung von Arbeitsgruppen Ersparnisse bringen. Dabei kann den bestehenden Betriebsanlagen recht gut zugestanden werden, daß die Ausbringen an Gas und Nebenprodukten auch durch ein Zentralwerk nicht mehr einschneidend verbessert werden könnten. Daß eine Verwertung der bekanntlich sehr ausgedehnten Gaswerksgrundflächen für andere Zwecke sehr nutzbringend sein kann, soll nur noch nebenbei erwähnt werden. Bei Lieferung aus einer Gasversorgungs-Fernleitung kommen noch die Ersparnisse aus dem Fortfall des Kohlentransportes hinzu. Nachdem das Koksausbringen mit rund 70 vH anzusetzen ist, wovon 12 bis 15 vH zur Heizung der Gaserzeugungsöfen und rund 6,3 vH zur Wassergaserzeugung heute dienen, so sind im

---

[1]) 41. Statistische Zusammenstellung der Betriebsergebnisse für 1919 bzw. 1920, herausgegeben vom D. V. v. G. u. W.

Mittel nur rd. 50 vH Koks, also eine Kokserzeugung vom halben Gewicht der vergasten Kohle verkaufsfähig. Der aus Kreisen des allgemeinen Gasfaches bisher gebrachte Hinweis, daß diese Koksfracht in Höhe der Hälfte der Kohlen-Tonnen unter keinen Umständen bei Gasversorgungs-Fernleitungen entbehrt werden könne, also volkswirtschaftlich die Gasfernversorgung die Eisenbahn nicht entlaste, gibt eine ganz einseitige Perspektive. Die deutsche Braunkohlenindustrie hat sich schon ziemlich weitgehend mit dem Problem des Koksersatzes auch bei Heizungsanlagen beschäftigt, und solcher Ersatz ist jederzeit ausführbar. Dabei besteht die Möglichkeit des Koksersatzes für industrielle Feuerungen durch Gas, wie auch die Möglichkeit einer schon bisher stärker propagierten Einführung der Gasheizung (siehe die englisch-amerikanischen Verhältnisse). Es braucht also nicht damit gerechnet zu werden, daß Zechenkoks-Tonnen auf der Eisenbahn als Ersatz von Gaskoks herangeschleppt werden müssen. In der Kalkulation der Gaswerke spielt übrigens dieser Koksverkauf, der doch in seiner Grundlage durch den Markt des Zechenkoks beeinflußt wird, eine große Rolle bei der Errechnung der Gas-Selbstkosten. Was das erwähnte Beispiel der Möglichkeit einer Zusammenfassung der Berliner Gasversorgungsanlagen angeht, so wird wohl, im Falle eines Anschlusses an eine Gasversorgungs-Fernleitung, jetzt weniger eine Versorgung mit Kokereigas als eine Lieferung von Braunkohlenschwelgas aus dem mitteldeutschen Revier ins Auge zu fassen sein.

Es kann danach für die Gasversorgungs-Fernleitung geltend gemacht werden, daß an **Betriebsgehältern** und **Betriebslöhnen** gespart wird und die Kohlenfracht fortfällt. Für diese Ersparnis an Gehältern können 0,3 bis 0,4, im Mittel 0,35 Pf./m^3 (Gold) angesetzt werden; an Betriebslöhnen sind aufzuwenden: 0,8 bis 1,0, im Mittel 0,9 Pf./m^3 (Gold), wovon $^1/_3$ als erspart gelten können. Für die Höhe der Kohlenfracht nennt der Sondertarif III eine Abfertigungsgebühr von 6,9 und 12 M. je Doppellader, also 30, 45 und 60 Pf./t bei Entfernungen von 1 bis 50, 50 bis 100 und für über 100 km; die Sätze je Tonnen/km sind 2,6 Pf./km für die ersten 100 km und 2,2 Pf. für die anschließenden Entfernungen. Für die heutige Gaserzeugung soll 1 Tonne Steinkohle gleichgesetzt werden 426 m^3 Mischgas (Destillations- + Wassergas); daraus errechnet sich der Frachtanteil je m^3 erzeugtes Gas:

Die Wirtschaftlichkeit der Gasfernversorgung.

Frachtanteil je m³ erzeugtes Gas:

Strecke km	Abfertigungsgebühr Pf./t	Fracht Pf./t	Zusammen Pf./t	Frachtanteil je m³ Gas Pf. (Gold)
10	30	26	56	0,1315 rd. 0,132
50	30	130	160	0,3756 „ 0,38
100	45	260	305	0,7160 „ 0,72
150	60	370	430	1,0094 „ 1,01
200	60	480	540	1,2676 „ 1,27
300	60	700	760	1,7840 „ 1,784

Vergleicht man die im Abschnitt H festgestellten Gasförderkosten mit dem Frachtanteil für Kohle je m³ erzeugten Gases, so ergibt sich folgendes:

				Gasförderkosten	Kohlenfracht
für	1 000 m³/h und	10 km	...	0,8 Pf./m³	0,132 Pf./m³
„	5 000 „	„ 10 „	...	0,4 „	0,132 „
„	5 000 „	„ 50 „	...	0,8 „	0,38 „
„	5 000 „	„ 100 „	...	1,25 „	0,72 „
„	10 000 „	„ 10 „	...	0,3 „	0,132 „
„	10 000 „	„ 50 „	...	0,7 „	0,38 „
„	10 000 „	„ 100 „	...	1,0 „	0,72 „
„	10 000 „	„ 150 „	...	1,2 „	1,01 „
„	25 000 „	„ 10 „	...	0,3 „	0,132 „
„	25 000 „	„ 50 „	...	0,5 „	0,38 „
„	25 000 „	„ 100 „	...	0,7 „	0,72 „
„	25 000 „	„ 150 „	...	0,9 „	1,01 „
„	50 000 bis 2 00 000 m³/h	„ 10 „	...	0,3 „	0,132 „
		„ 50 „	...	0,4 „	0,38 „
		„ 100 „	...	0,6 „	0,72 „
		„ 150 „	...	0,7 „	1,01 „
		„ 200 „	...	0,8 „	1,27 „
		„ 300 „	...	1,0 „	1,784 „

Für die kürzeren Entfernungen und die kleineren Mengen liegt die Kohlenfracht unter der Gasfracht; rechnet man aber die Ersparnis an Werksgehältern und Löhnen hinzu, so sind von 5000 m³/h ab beide Frachten ungefähr gleich hoch; von 10 000 m³/h an ist die Gasfracht bei Einrechnung der Ersparnis an Gehältern und Löhnen geringer; über 25 000 m³/h und 100 km ist aber die Gasfracht, auch ohne Anrechnung der Ersparnis an Werksgehältern und Löhnen niedriger. Für die Mengen über 50 000 m³/h und Strecken über 100 km geben Gasfracht und Ersparnis an Gehältern und Löhnen nur rd. die halben Kosten der Eisenbahnfracht. — Damit ist die volkswirtschaftliche Bedeutung einer Groß-Gasfernversorgung genügend bewiesen.

Die Schiffsfracht gibt keine Verringerung der Frachtkosten, wie schon an anderer Stelle nachgewiesen wurde[1]); deshalb genügt es, wenn der Bahnversand der Kohle in Vergleich gestellt wird.

2. Privatwirtschaftliche Grundlagen einer Gasversorgung durch Fernleitung.

Hier ist zwischen den Interessen der Verbraucher und Erzeuger zu unterscheiden, also den Grundsätzen der städtischen Gaswerke, die das Gas aus einer Gasversorgungsfernleitung kaufen sollen, und den Verkaufsbedingungen der Unternehmungen, die sich der Gaserzeugung und dem Überlandtransport des Gases widmen. Beide Interessenrichtungen müssen naturgemäß ihre Rechnung bei diesem Geschäft finden. Deshalb wird nachstehend untersucht, welche Gaspreise städtische Gaswerke wirklich zahlen könnten und welche Gaspreise Großerzeuger fordern müssen.

a) **Welche Gaseinkaufspreise können städtische Gaswerke zahlen?**

Die bestehenden Gaswerke erzeugen aus Kohle: Gas, Koks und andere Nebenprodukte. Sie stellen gewöhnlich ihre Selbstkostenrechnungen so auf, daß sie die sämtlichen Einnahmen, aber ohne jene aus dem Gasverkauf, von den Ausgaben abziehen und aus dem Differenzbetrag und der erzeugten Gasmenge den Gaspreis errechnen. Dabei werden alle Konjunkturgewinne, wie sie die Sprünge am Nebenproduktenmarkt ergeben, dem Gaskonto gutgebracht; allerdings tritt auch die gegenteilige Entwicklung belastend auf. Durch diese Rechnungsweise und die Verquickung eines meist ausgedehnten Installationsgeschäftes mit dem Gaserzeugungsgeschäft, wie auch die Verbindung des Netzbetriebes des Gaswerks mit dem des Wasserwerks sind die Selbstkostenangaben aller Geschäftsberichte schwer zu prüfen. Es werden auch reine Selbstkosten genannt, die z. B. für große Werke bei kurzer Kohlenfracht heruntergehen von 2,48 bis 0,53 Pf./m^3, und für große Werke in größerer Entfernung vom Kohlerevier von 3,92 bis 1,47 Pf./m^3 betragen sollen[2]). So

---
[1]) Dr.-Ing. Sieben, „Großkraftverwertung", Düsseldorf 1921, S. 51 bis 53, u. Starke, „Gaswirtschaft", Berlin 1921, S. 162.
[2]) E. Körting, Technik u. Wirtschaft, Berlin 1910, S. 260—261.

Die Wirtschaftlichkeit der Gasfernversorgung. 231

nennen z. B. auch **Terháerst** und **Trautwein**[1]) auf Grund der Nürnberger Verhältnisse für 36,8 Mill. m³ Jahreserzeugung (NB. ohne die Materialkosten zur Wassergaserzeugung) bei einem Mischgasausbringen von 385 m³/t Kohle (je m³: 5400 WE), worin 300 m³ Destillationsgas enthalten sind, folgende Kostensummen der Gaserzeugung (NB. ab Ofen):

Vertikalofen (nasser Betrieb) . . . . M. 263 000,— pro Jahr,
Kammerofen (+ 22 vH Wassergas) . . . . „ 266 550,— „ „
Horizontalofen (+ 22 vH Wassergas) . . . „ 241 275,— „ „
Schrägretortenofen (+ 22 vH Wassergas) . . „ 281 050,— „ „

Da fällt nun zunächst das hohe Ausbringen an WE je t Kohle auf, mit $385 \cdot 5400 = 2\,079\,000$ WE. Berlin (Stadt), nennt dagegen für 1919/20 nur: $391 \cdot 4300 = 1\,681\,300$ WE; Charlottenburg: $372 \cdot 4380 = 1\,629\,360$ WE; Neukölln: $409 \cdot 4125 = 1\,687\,125$ WE; Berlin-Lichtenberg: $338 \cdot 4500 = 1\,512\,000$ WE (NB. alle Heizwerte: ob., 0° C, 760 mm Q.-S.). Die in Nürnberg verwendete Kohle würde danach, wenn für Wassergas 2482 WE $\cdot$ 85 m³ = 210 970 WE abgesetzt werden, ein Destillationsgas von $\dfrac{2\,079\,000 - 210\,970}{300} = 6226{,}7$ WE liefern. Das ist der Heizwert des Destillationsgases aus Saarkohle; es handelt sich also hier um ganz besondere Verhältnisse, so daß die Selbstkosten, welche die Verfasser bringen, einer Korrektur bedürfen, um für norddeutsche Verhältnisse (bzw. Ruhr- und schlesische Kohle) zu stimmen.

Es könnte deshalb, wenn ein Mischgas von 4000 WE (u., 0/760) zugrunde gelegt wird, wie folgt gerechnet werden: je **Tonne** Steinkohle:

4400 WE (ob., 0/760) $\cdot$ 426 m³ = 1 874 400 WE im Gesamtgas,
davon 2482 WE (ob., 0/760) $\cdot$ 126 m³ = 312 732 WE im Wassergas,
daher 1 561 668 WE im Destillationsgas
oder $\dfrac{1\,561\,668\text{ WE}}{300\text{ m}^3} = 5205{,}5$ rd. **5200** WE (ob., 0/760) je m³ Destillationsgas.

Da nun je 1 kg Koks (mit 10 vH Asche) an Wassergas 2 m³ erzeugt werden, so sind je t Kohle $\dfrac{126\text{ m}^3\text{ W.G.}}{2} = 63$ kg zu vergasen = 6,3 vH vom Koksausbringen, gegenüber den von **Terhaerst** und **Trautwein** angenommenen $\dfrac{85\text{ m}^3}{2}$

---

[1]) Terháerst u. Dr. Trautwein, „Mischgasbetrieb", München 1922, S. 36 ff.

= 42,5 kg Koks = 4,25 vH. Die Wassergasanlage wird also rd. 50 vH größer als diese Verfasser angenommen haben, und die von ihnen gebrachten bereits genannten Jahreskosten erhöhen sich um 12,5 vH von M. 80 000 = M. 10 000.

Rechnet man mit den von Geipert[1]) gegebenen Kosten der Wassergaserzeugung in Generatoren von M. 5,71 für 100 m³ W.G., die für M. 60/t Koks gelten, so sind für die Kohlenbasis M. 13/t (Gold) je m³ Wassergas $1/_4$ bis $1/_5$, also $\frac{5,71}{4} = 1,4275$ bis $\frac{5,71}{3} = 1,903$ rd. **1,43** bis **1,90** Pf./m³ im Mittel rd. **1,7** Pf/m³ für die Erzeugung aufzuwenden.

Führt man die vorstehend begonnene Rechnung weiter durch, so ist nach Terháerst und Trautwein für alle Ofensysteme heutiger Gaswerke die Summe aus Anlage- und Betriebskosten praktisch gleich hoch zu setzen. Man hätte so für die gewählten 160 000 m³/Tag Mischgaserzeugung, mit rd. M. 265 000 für Vertikalretorten- oder Kammeröfen im Jahr zu rechnen. Um den m³-Anteil festzustellen, muß die Jahreserzeugung festgelegt werden und wird zunächst die von Terháerst und Trautwein nach Nürnberger Verhältnissen gewählten 230 vollen Betriebstage in die Rechnung eingeführt, also mit 36,8 Mill. m³ Jahreserzeugung gerechnet. Man erhält:

für **Anlage- und Betriebskosten** (ohne Materialkosten des Wassergasbetriebes und im weiteren Sinne des Mischgasbetriebes überhaupt) . . . . M. 265 000,—
für **50 vH größere Wassergasanlage, Kapitaldienst** . . . . M. 10 000,—
für **Erzeugungskosten des Wassergases:**
35 000 m³ · 230 Tg. = 8 050 000 m³ · 1,7 Pf. = M. 136 850,—
ab Ofen zusammen M. 411 850,— im Jahr

$= \frac{\text{M. 411 850,—}}{36\,800\,000 \text{ m}^3} = 1,1192$ rd. **1,12 Pf./m³**

als Kosten der Gaserzeugung für die Lieferung ab Ofenanlage ohne jede Kosten für Kohlen, Fracht, Anfuhr und den ganzen Gasbetrieb zur Nebenproduktengewinnung.

Als wesentlicher Posten der Kosten der Gaserzeugung ist dann der Brennstoffposten als Differenzbetrag: Ausgaben für Kohlen abzüglich Einnahmen aus verkaufsfähigem Koks, zu buchen. Bei einem Koksausbringen von

---

[1]) Dr. Geipert, Gestehungskosten des Wassergases. Journ. f. Gasbel., München 1919, S. 270.

Die Wirtschaftlichkeit der Gasfernversorgung.

70 vH sind nur rd. 50 vH verkaufsfähig, der Rest geht für Rechnung der Unterfeuerung zur Heizung der Gaserzeugungsöfen und der Wassergaserzeugung. Setzt man z. B. für norddeutsche Verhältnisse und die Kohlenbasis M. 13/t (Gold) die Kohlen und Frachtkosten mit M. 20/t frei Gaswerk ein und den Kokspreis in gleicher Höhe, so erhält man

$$\frac{M.\ 20{,}00 - M.\ (20{,}00 \cdot 0{,}5)}{426\ m^3} = 2{,}3474$$

rd. **2,35** Pf. als Kohlenkosten, abzüglich Koksverkauf, also als Brennstoffkosten.

Die anfallenden Nebenprodukte fordern die großen Kondensationsanlagen, einschließlich der Schwefelreinigung, deren Anlage- und Betriebskosten durch sie gedeckt werden müssen; diese Gewinne betragen rd. 0,85 Pf./m^3 bis 1,0 Pf./m^3, besitzen also, mit Rücksicht auf die in Gaswerken übliche umbaute und auch sonst meist reicher ausgestattete Bauweise von Kondensationsanlagen, nicht den übermäßigen Einfluß der meist vermutet wird.

Es soll nun festgestellt werden, wie hoch die Gaskosten sein dürfen, bei denen ein Einkauf möglich ist. Da ist vorab zu bemerken, daß die stillgelegten Gaswerke nur die vorhandenen Messer-, Regler- und Gasbehälteranlagen weiter zu betreiben haben; die Hochdruckregleranlage nimmt so wenig Raum ein, daß sie im vorhandenen Messeraum Platz findet. Alle übrigen Werksflächen einschließlich der aufstehenden Gebäudeanlagen, werden für andere Verwendung, frei. Es kann eine Vermietung oder Verkauf der Anlagen erfolgen, die Werkseinrichtungen im ganzen oder als Schrott verkauft werden und die unbebauten Flächen der Bebauung freigegeben werden. Da nur Gasbehälter, Verwaltungsgebäude und Rohrnetz weiter zur Verfügung stehen, so verschwindet $1/3$ des Kapitaldienstes für die Werksanlagen; in Wirklichkeit werden die Einnahmen aus der Verwertung der Werksanlagen und Grundstücke außerordentliche Abschreibungen ermöglichen, was dem Kapitaldienstanteil noch weiter herunterdrücken wird. Es kann aber für diese Rechnung ungünstig angenommen werden, daß bei Fernversorgung für die verbleibenden Werksanlagen (Behälter, Messer und Regler) $1/3$ des bisherigen Kapitaldienstes bestehen bleibt. Da der Gesamtkapitaldienst 2 bis 3 Pf., im Mittel 2,5 Pf./m^3 beträgt, wovon je $1/3$ Werk, Behälter und Netz zu tragen haben, so hat man jetzt mit $\frac{2,5}{3}$ = rd. 0,8 Pf/m³ für die Behälter zu rechnen, so daß 0,8 Pf./m³ für das Werk dem Ferngasbezug gutzuschreiben sind.

In Fortfall kommen die Betriebslöhne mit 0,9 Pf./m³, die Ausbesserungsarbeiten an Werksanlagen mit 0,5 Pf./m³, die Betriebsgehälter mit 0,3 Pf./m³, zusammen **1,7** Pf./m³. Die Instandhaltung der Werksgebäude und Grundstücke ermäßigt sich auf 0,1 Pf./m³, die Versicherungen und Soziallasten auf 0,1 Pf./m³, zusammen **0,2** Pf./m³, gegenüber 0,2 + 0,1 = 0,3 Pf./m³ bei Eigenerzeugung, so daß 0,3 − 0,2 = **0,1** Pf./m³ dem Gasbezug gutgebracht werden müssen.

Auf der Grundlage M. 20/t (frei Werk) kann also ein Gaswerk für norddeutsche Verhältnisse gerechnet, für das bezogene Gas zahlen, wenn die bisherige eigene Erzeugung berücksichtigt wird (Maximaltag $^1/_{230}$ der Jahreserzeugung):

für Gaserzeugungskosten, ab Öfen . . . . 1,12 Pf./m³
„ Brennstoffkosten (Kohlenkosten abzügl. Kokseinnahme) . . . . 2,35 „
„ Betriebslöhne, Werkausbesserungen, Betriebsgehälter . . . . 1,70 „
„ Instandhaltung der Werksgebäude und Grundstücke, Versicherungen und Soziallasten . . . 0,10 „
„ Kapitaldienst für Werksanlagen und Grundstücke (ohne Behälter, Messer und Regler) . . . . . 0,80 „
                                                           6,07 Pf./m³

rd. **6 Pf./m³** frei Behälter.

Legt man an Stelle der Verhältniszahl $^1/_{230}$ für den Maximaltag, entsprechend besonders günstigen Verkaufsverhältnissen, die Jahresabgabe mit 270 · Tagesabgabe fest, so errechnet sich ein **möglicher Einkaufspreis** von

$$S_{eink} = \frac{(1,12 + 1,70 + 0,1 + 0,80) \cdot 230}{270} + 2,35$$

$$= 5{,}518 \text{ rd. } \mathbf{5{,}52} \text{ Pf./m}^3$$

frei Behälter für ein Gas von 4000 WE (u., 0/760). Zu diesen Kosten kommen 0,8 Pf./m³ für den Kapitaldienst des Rohrnetzes, **0,5 Pf./m³** für Instandhaltung des Rohrnetzes, **0,15 Pf./m³** für Steuern, Versicherungen und Soziallasten, **0,4 Pf./m³** für Gehälter, so daß zusammen S_{verk} = **1,85** Pf./m³ zu rechnen sind.

Legt man auch die Straßenbeleuchtung dem Gaswerk zur Last und rechnet den Gasverlust hinzu, so sind noch aufzuwenden: für die Straßenbeleuchtung einschließlich Gas, rd. 1 Pf./m³ für den Rohrnetzverlust werden 4 vH angesetzt, der $\frac{7{,}37 \cdot 4}{100} =$ rd. 0,3 Pf./m³ kostet.

Das Gaswerk hätte danach mit folgenden Selbstkosten frei Verbraucher zu rechnen:

S_{eink} = 5,52 Pf./m³ frei Behälter gekauftes Gas,
S_{verk} = 1,85 „ Aufwendungen des Gaswerks bis
7,37 Pf./m³ [zu den Verbrauchern.
für Straßenbeleuchtung . 1,00 „
„ Rohrnetzverlust . . . 0,30 „
8,67 Pf./m³
„ verschiedene Ausgaben 0,40 „
9,07 Pf./m³
+ 10 vH Gewinn . . . . 0,91 „
9,98 Pf./m³ rd. 10 Pf./m³.

Wenn also Gaswerke bei eigener Erzeugung gezwungen waren, auf gleicher Grundlage der Selbstkostenberechnung das Gas bisher mit 12 bis 13 Pf./m³ zu verkaufen, so wären sie in der Lage, den Verkaufspreis auf 10 Pf./m³ herabzusetzen, wenn sie einen Anschluß an eine Gasversorgungsfernleitung nehmen würden. Das bedeutet aber eine ganz erhebliche Begünstigung der Verbraucherschaft, die auch volkswirtschaftlich zu werten ist, denn letzten Endes werden durch die gegebene Möglichkeit der Einführung niederer Preise für Industriegas die Erzeugungskosten angeschlossener Industrien herabgesetzt, was sich wieder in außerordentliche Steigerung des Gasverbrauches umsetzt. In ähnlicher Weise haben sich ja auch die Stillegung der eigenen Erzeugung der Gaswerke und die Einführung der Gasfernversorgung im bergischen Land ausgewirkt, das vom Rheinisch-Westfälischen Elektrizitätswerk mit Koksofengas versorgt wird, wie auch die Entwicklung der Gasversorgung im Ruhrrevier.

b) **Welche Gasverkaufspreise müssen Großgaserzeuger für ein Koksofengas von 4000 WE (u., 0/760) je m³ fordern?**

Als durch die Einführung der Regenerativöfen in Zechen- und Hüttenkokereien große Koksofengasmengen frei wurden, die bisher ihre Verwertung in der Form der Abhitze zur

Dampferzeugung gefunden hatten, wandte sich das Interesse der Hüttenleute diesem neuen Brennstoff sofort zu. Die Hüttenleute traten also als Verbraucher auf und der Altmeister des Eisenhüttenwesens, Dr. ing. h. c. Fritz W. Lürmann, Berlin, errechnete in seinem Vortrage auf der Hauptversammlung des Vereins deutscher Eisenhüttenleute 1911 einen **Brennstoffwert des Koksofengases von 1,5 Pf./m³** und einen Verkaufspreis ab benachbart liegender Kokereien von 2,5 Pf./m³. Diese Grundlage wurde richtunggebend im Koksofengasverkauf des Ruhrreviers.

Hier interessiert der Brennstoffwert des Koksofengases. Nimmt man nach H. Bunte[1]) als Kokskohle eine Fettkohle mit 90 vH C, 4 vH H, 6 vH O und 80 vH Koks an (Gew.-vH), so ist der Heizwert der reinen Brennstoffmasse nach der ursprünglich von Dulong stammenden Formel:

$$81 \cdot 90 + 290\,(4 - \tfrac{6}{8}) = 8233 \text{ rd. } 8230 \text{ WE.}$$

Wird eine Rohkohle mit 6 vH Asche zugrunde gelegt, so ist der Heizwert der Rohkohle im Mittel 7571,6 rd. **7500 WE**.

Es kosten also bei M. 13/t Kohle und einem Feuerungswirkungsgrad von 0,4

$$\frac{1{,}3 \text{ Pf./kg} \cdot 1000}{7500 \cdot 0{,}4} = 0{,}433 \text{ Pf. je } 1000 \text{ WE}$$

der Kohle (nutzbar).

Für das Koksofengas mit 4000 WE (u., 0/760) und $\eta = 0{,}85$ ist deshalb

$$0{,}433 \cdot \frac{4000 \cdot 0{,}85}{1000} = 1{,}4722 \text{ rd. } \mathbf{1{,}5 \text{ Pf./m}^3}$$

an Brennstoffwert zu rechnen. Diesen Wert besitzt also das Gas als Brennstoff für den Kohlenlieferanten, denn es könnte ihm doch nicht zugemutet werden, die Gas-Wärmeeinheiten billiger wie die Kohlen-Wärmeeinheiten, beides als Brennstoff gerechnet, für Hüttenzwecke zu verkaufen.

Die vorstehend für Kohlen- und Gasfeuerung angenommenen Wirkungsgrade lassen sich theoretisch dahin nachprüfen, wie die Gasverwendung zur Kohlenfeuerung sich verhält. Das geschieht durch Aufstellung der Verbrennungsgrundlagen für Kohle und Gas, die Ermittelung der theoretischen Verbrennungstemperatur.

---

[1]) Dr. H. Bunte, „Zum Gaskursus", München 1921, S. 8.

Die Wirtschaftlichkeit der Gasfernversorgung.

Steinkohle		Sauerstoffbedarf	Abgase der Verbrennung		
			CO_2	H_2O	N_2
	Gew.-vH				
C	81	$\dfrac{81 \text{ kg} \cdot 22{,}4 \text{ m}^3}{12 \text{ kg}} \cdot 1 \text{ m}^3 = 1{,}512$	1,512	—	5,688
H	3,6	$\dfrac{0{,}036 \text{ kg} \cdot 22{,}4 \text{ m}^3}{2 \text{ kg}} \cdot 0{,}5 \text{ m}^3 = 0{,}2016$	—	0,2016	0,7584
O	5,4	—	—	—	—
Asche	10	—	—	—	—
	100,0				

Sauerstoff, erforderlich . . .	1,7136	1,512 Kohlensäure
„ vorhanden	0,0540	
Sauerstoff in der Luft . . .	1,6596	
Stickstoff 79/21	6,2433	6,2433 Stickst. d. Luft
Luft, theoretisch	7,9029	7,7553 Abgase theoret. (NB. ohne H_2O)
50 vH Überschuß	3,9515	3,9515 Luftüberschuß
Luft, praktisch	11,8544	11,7068 Abgase, prakt. (ohne H_2O)
	$= 11{,}854 \text{ m}^3$	$= 11{,}71 \text{ m}^3$

Wasserdampf aus der Verbrennung .   0,2016 m³
Wasserdampf in der Luft bei 20° C
    $(0{,}01284 \cdot 11{,}854) =$ 0,1522 „

Wasserdampf in den Abgasen . . . .   0,3538 m³
Kohlensäure in den Abgasen . . .   1,512 „
Permanente Gase in den Abgasen
  (N_2 + Luftüberschuß)
    $6{,}2433 + 3{,}9515 = 10{,}1948$ „

Wärmeinhalt der Rauchgase . . . .   7500 WE
durch die Rauchgase aufgenommen:

	$(c_p)_m$ für 1600°	oder	$(c_p)_m$ für 1700°
für CO_2 . .	$1{,}5120 \text{ m}^3 \cdot 0{,}541 = 0{,}8180,$		$1{,}5120 \cdot 0{,}546 = 0{,}8256$ WE
für perma- nenteGase	$10{,}1948 \text{ „ } \cdot 0{,}344 = 3{,}5070,$		$10{,}1948 \cdot 0{,}346 = 3{,}5274$ „
für H_2O-Dampf	$\underline{0{,}3538 \text{ „ } \cdot 0{,}430 = 0{,}1521,}$		$\underline{0{,}3538 \cdot 0{,}438 = 0{,}1550 \text{ „}}$
$12{,}0606 \text{ m}^3$	$4{,}4771$ WE		$4{,}5080$ WE

Theoretische Verbrennungstemperatur $\dfrac{7500 \text{ WE}}{4{,}4771 \text{ WE}} = 1675{,}1° \text{ C}$ oder

$$\dfrac{7500 \text{ WE}}{4{,}508 \text{ WE}} = 1663{,}7° \text{ C},$$

im Mittel: **1669° C.**

Koksofenmischgas	Sauerstoffbedarf	Abgase der Verbrennung		
		CO_2	H_2O	N_2
Vol.-vH				
CO_2 2,9	—	2,9	—	—
CO 7,3	3,65	7,3	—	13,7
H_2 45,0	22,5	—	45,0	84,6
CH_4 30,0	60,0	30,0	60,0	225,7
C_nH_m ... —	—	—	—	—
N_2 14,8	—	—	—	14,8
100,0 vH				

Sauerstoff erforderlich ...	86,15	40,2	Kohlensäure
Stickstoff 79/21	324,00	338,8	Stickstoff
Luft, theoretisch	410,15	379,0	Abgase, theoret. (ohne H_2O)
10 vH Überschuß	41,02	41,02	
Luft, praktisch	451,17	420,02	Abgase, praktisch (ohne H_2O)
	= 4,5117 m³	= 4,2002 m³	

Wasserdampf aus der Verbrennung . . . . 1,05 m³
„   im Gas bei 20° C . . . . 0,0214 „
„   in der Luft bei 20° C (0,01284 · 4,5117) = 0,0579 „

Wasserdampf in den Abgasen . . . . 1,1293 m³
Kohlensäure in den Abgasen . . . . 0,4020 „
Permanente Gase in den Abgasen (N_2+Luftüberschuß)
    3,388 + 0,4102 = ... 3,7982 „

Wärmeinhalt des Gases bei 20° C: 4000 · 0,9317 = 3726,8 WE durch die Rauchgase aufgenommen:

$(c_p)_m$ für 1800° C   oder $(c_p)_m$ für 1900° C
für CO_2 ... 0,4020 m³ · 0,550 = 0,2211,   0,4020 · 0,554 = 0,2227 WE
für permanente
    Gase .. 3,7982 „ · 0,348 = 1,3218,   3,7982 · 0,350 = 1,3294 „
für H_2O-Dampf 1,1293 „ · 0,446 = 0,5037,   1,1293 · 0,455 = 0,5883 „
Abgabe 5,3295 m³   2,0466 WE,   2,1404 WE

Theoretische Verbrennungstemperatur $\frac{3726,8 \text{ WE}}{2,0466 \text{ WE}} = 1821°$ C   oder

$$\frac{3726,8 \text{ WE}}{2,1404 \text{ WE}} = 1741° \text{ C}$$

im Mittel: **1781°** C.

Mengenmäßig liefert 1 kg Steinkohle: 7500 WE, 1 m³ Koksofenmischgas: 3726,8 WE (20° C, 760 mm); es verhält sich also Kohle zu Gas wie 1 zu 0,4969 rd. 0,5.

Als Maßstab des Wirkungsgrades der Verbrennung und Heizung wird das Verhältnis $\frac{t}{h_u}$ gewählt[1]), d. i. eine Bezugszahl, die sich aus dem Heizungswirkungsgrad $\frac{Q}{h_u}$ ableitet, wobei für gleiche Verhältnisse (α, F und Z) für die übergehende Wärme Q die theoretische Verbrennungstemperatur t und der untere Heizwert des Brennstoffes h_u eingeführt wird.

Es ist danach für 1 kg Steinkohle: $\frac{1669°}{7500 \text{ WE}} = 0{,}2223$, für 1 m³ Koksofenmischgas: $\frac{1781°}{3726{,}8 \text{ WE}} = 0{,}4778$. Die Wirkungsgarde für Kohle und Gas verhalten sich also wie 1 zu 2,1493, rd. **2,15**.

Zusammengefaßt ist die Wertzahl für 1 kg Steinkohle: $1 \cdot 1 = 1$, für 1 m³ Koksofenmischgas: $0{,}5 \cdot 2{,}15 = 1{,}075$ rd. 1,1; deshalb ist festzulegen, daß **1 m³ Koksofengas 10 vH mehr wert ist wie 1 kg Steinkohle**.

Der Wert von 1 kg Steinkohle (M. 13/t) ist aber 1,3 Pf., daher ist der **Wert von 1 m³ Koksofenmischgas** 1,3 + (10 vH = 0,13) = **1,43 Pf./m³**. — Der ist also nur wenig verschieden von dem zuerst ermittelten 1,5 Pf./m³.

Dem Feuerungsfall steht der Fall der Stromerzeugung zur Seite. Nach Sieben[2]) sind je 1 kWh an Brennstoffkosten im Steinkohlen-Großkraftwerk 1 Pf. anzusetzen. Für Gaskolbenmaschinen kann man $\frac{4000 \text{ WE}}{3700 \text{ WE}} = 1{,}0812$ kWh und für Gasturbodynamos $\frac{4000 \text{ WE}}{4000 \text{ WE}} = 1$ kWh rechnen. Man erhält so für ein Großkraftwerk, bei 2000 Benutzungsstunden, in Pf. je erzeugte kWh:

	Brennstoff	Schmiermaterial, Putzmaterial, Wasser u. Sonstiges	Bedienung	Kapitaldienst	Verwaltung	Zusammen
Dampf	1	0,04	0,16	1,100	0,19	2,49
Gaskolbenmaschine (ohne Abwärmeausnutzung) . .	0,925	0,08	0,16	1,157	0,19	2,512
Gasturbodynamos .	1	0,04	0,16	0,532	0,19	1,922

---
[1]) Starke, „Feuerungstechnik 1923", Nr. 16, S. 171.
[2]) Dr. Sieben, „Großkraftverwertung", Düsseldorf 1921, S. 33—35.

Für Gaskolbenmaschinen tritt durch eine Abhitzeverwertung eine Ermäßigung der Brennstoffkosten um rd. 10 bis 14 vH auf.

Legt man den Fall der Stromerzeugung mittels Gasturbodynamos dem Vergleich zugrunde, so gibt dieser gegenüber der Erzeugung im Dampfkraftwerk $2,49 - 1,922 = 0,568$ Pf./kWh niedrigere Erzeugungskosten bei Gasverwendung. Dieser Betrag kann also den **Brennstoffkosten** gutgebracht werden, die $1 + 0,568 = 1,568$ rd. **1,6 Pf./m³** betragen könnten.

Zusammengefaßt ist der **Brennstoffwert des Koksofenmischgases**, 4000 WE (u., 0/760),

bei Verwertung in Feuerungen . .	1,43 Pf./m³
„ „ „ Gasturbinen . .	1,57 „
im Mittel	**1,5 Pf./m³.**

Neben dem Brennstoffwert des Gases kommen die **Aufbereitungskosten** des von Teer und Ammoniak bereits befreiten Gases in Anrechnung. Es sind dies die Kosten der Reinigung des Gases von Schwefelwasserstoff, der Messung des Gases und der Gasbehälteranlage.

Man erhält so folgende **Selbstkosten**:

Brennstoffwert des Gases (4000 WE, u., 0/760)	1,500 Pf./m³	=	47,02 vH
Schwefelreinigung	0,025 „		
Betriebs- und Reparaturlöhne	0,025 „		
Betriebs- und Reparaturmaterial	0,060 „	=	6,59 „
Betriebsgehälter	0,020 „		
Sonder-Ofenreparaturen bei Leuchtgaslieferung	0,030 „		
Generalien	0,050 „		
	1,710 Pf./m³	=	53,61 vH
Verzinsung und Abschreibung			
der Apparate, 15 vH	0,050 „		
„ Gasbehälter, 9 vH	0,100 „	=	5,95 „
„ Gebäude, 9 vH	0,040 „		
Gaslieferung frei Kompressor-Saugseite	1,900 Pf./m³	=	59,56 vH
Förderkosten für die 300-km-Strecke . . .	1,000 „	=	31,35 „
	2,900 Pf./m³	=	90,91 vH
10 vH Gewinn	0,290 „	=	9,09 „
	3,190 Pf./m³	=	100,00 vH

Gaslieferung am Ende der 300-km-Strecke: rd. **3,2 Pf./m³**.

Dieser Gaspreis für eine Großlieferung, das ist also von 50 000 m³/h ab, könnte nicht unterschritten werden, er stellt das Minimum dar für ein Gas von 4000 WE (u., 0/760) **je m³**; davon entfallen $1 + (10\text{ vH} = 0,1) = 1,1$ Pf./m³ auf die Förderung des Gases.

c) Preisbildung für eine Gaslieferung an städtische Gasversorgungsanstalten.

Es ist bereits festgestellt worden, daß auf Grund der Einstellung der eigenen Mischgaserzeugung, wenn 270 × Tagesabgabe die Jahresabgabe darstellt, bei einer Erzeugung von 426 m³/t Steinkohle (300 m³ Destillationsgas + 126³ Wassergas) von 4000 WE (u., 0/760), das Gaswerk **5,52 Pf./m³** frei Gaswerksbehälter zahlen könnte.

Legt man für eine weitere Prüfung dieses Preises z. B. die Kosten des Gases der Berliner städtischen Gaswerke zugrunde, wie sie im Jahre 1908/09 waren, so gibt bereits E. Körting[1]) nachstehende Analyse:

Kohle weniger Nebenprodukte und Reinigungsmaterial	2,53 Pf./m³
Betriebslöhne	0,88 „
Ausbesserungsarbeiten an Öfen und Geräten	0,48 „
	3,89 Pf./m³,

die bei Gasbezug fortfallen. Dazu kommt aber noch der Posten Verzinsung und Abschreibung für das aufzulösende und sonst zu verwertende Werk (ohne Behälter), der mit rd. 0,8 Pf./m³ zu schätzen ist, so daß selbst nach dieser Rechnung das Gaswerk $3,89 + 0,8 = 4,69$ Pf./m³ zahlen könnte. Das erhöhte Mischgasausbringen, wie es jetzige Praxis geworden ist, kann diese Kosten etwas ermäßigen; **4,3 Pf./m³** werden aber auch dann kaum unterschritten werden können, denn legt man obige Steinkohlengaskosten mit 3,89 Pf/m³, die Wassergaskosten im Mittel mit 1,7 Pf./m³ und das Verhältnis Steinkohlengas zu Wassergas mit 3 : 1,26 zugrunde, so erhält man unter Berücksichtigung des 6,5 vH Koksverbrauches, die durch die Wassergaserzeugung dem Verkauf verloren gehen und mit $\dfrac{0{,}063 \cdot 20 \text{ M.}}{300 \text{ m}^3} = 0{,}42$ Pf./m³ zu bewerten sind:

für Steinkohlengas	$3,89 + 0,42 = 4,31 \cdot 3 =$	12,930
„ Wassergas	$1,70 \cdot 1,26 =$	2,142
		15,072 : 4,26 = 3,54 Pf./m³
	dazu für Behälter	0,80 „
		4,34 Pf./m³.

Zwischen 4,34 und 5,52 Pf./m³ sind die Gaskosten anzunehmen, im Mittel würde man rd. **5 Pf./m³ (Gold)** erhalten.

---

[1]) E. Körting, „Technik u. Wirtschaft", Berlin 1910, S. 265.

Die bisherigen Selbstkosten der deutschen Gaswerke lassen sich auch an Hand der von Greineder[1]) gebrachten Statistik für 1912/13 nachprüfen, wie nachstehende Zahlenaufstellung je m³ nutzbar abgegebenen Gases zeigt:

Gaswerke mit einer Gaserzeugung von Mill. m³	Netto-Selbstkosten Pf./m³	Zinsen u. Abschreibungen Pf./m³	Brutto-Selbstkosten Pf./m³	Netto-Gewinn Pf./m³	Durchschnitts-Einnahmen Pf./m³
über 10	5,93	2,99	8,92	4,89	13,81
5 bis 10	6,18	2,89	9,07	5,31	14,38
2 ,, 5	6,46	2,89	9,35	5,95	15,30
1 ,, 2	7,47	3,08	10,55	5,83	16,38
unter 1	8,34	4,83	13,17	4,82	17,99
Insgesamt rd.	6,47 6,5	3,21	9,68	5,13	14,81

Auch daraus geht hervor, daß die bisher gebrachten Feststellungen über die Kosten der eigenen Erzeugung begründet sind.

Da auch auf der Erzeugerseite eine gewisse Lizenz zu beanspruchen sein wird, so kann mit einem **Verkaufspreis frei Abnehmer von 3,5 Pf./m³ (Gold) gerechnet werden, was diesen Abnehmern 1,5 Pf./m³ oder 30 vH geringere Gestehungskosten des Gases geben würde.**

Eine derartige Preisspannung bietet aber eine gesunde Grundlage für einen Entschluß der Gaswerksverwaltungen zur Aufnahme des Gasbezuges aus einer Gasversorgungsfernleitung.

Es bleibt noch übrig die Schwelgasverkaufspreise festzulegen auf der Basis des Koksofenmischgases 4000 WE (u., 0/760): 3,5 Pf./m³ sind für Steinkohlenschwelgas 6300 WE (u., 0/760): 5,5125 rd. **5,5 Pf./m³**, und für Braunkohlenschwelgas 5700 WE (u., 0/760): 4,9875 rd. **5,0 Pf./m³** erforderlich.

Diese Verkaufspreise auf der Goldbasis müssen sich durch die jeweiligen Papierwerte ausdrücken lassen. Dazu ist aber das Umrechnungsverhältnis auf Grund des Dollarstandes ungeeignet, dafür aber auf Grund einer Teuerungszahl durchführbar. Als Maßstab wird meist der Kohlenpreis genommen, weil es sich ja um Gas als Brennstoff handelt, und im Faktor der Kohlenklausel die Teuerungszahl ausgedrückt ist. Würde man den Kohlenpreis M. 13/t (Gold) und den dazugehörigen Koksofengaspreis 3,5 Pf./m³ zur Feststellung des Faktors

---

[1]) Dr. ing. F. Greineder, „Die Wirtschaft der deutschen Gaswerke", München 1914, S. 24—25.

Die Wirtschaftlichkeit der Gasfernversorgung. 243

der Kohlenklausel benützen, so erhielte man dafür $\frac{3,5}{13} = 0,27$.
Dieser Errechnung würde die Annahme zugrunde liegen, daß alle Posten der Selbstkostenrechnung in genau gleicher Weise wie der Kohlenpreis gestiegen seien. Es bestehen aber hierin Unterschiede, so waren z. B. die Preisverhältnisse 1922 wie folgt:

	Januar M.	Dezember M.	Steigerungsverhältnis
Kohle(NußII/III)	525,9 M./t	29 663 M./t	1 : 56,3
Löhne	16,9 M./h	329 M./h	1 : 27,65
Gehälter[1]	2935,0 M./Mon.	107 090 M./Mon.	1 : 36,5
Roheisen (Hämatit)	3891,0 M./t	166 775 M./t	1 : 42,86
Grobbleche	5630,0 M./t	304 500 M./t	1 : 54,08
Blei	2013,0 M./100 kg	91 300 M./100 kg	1 : 45,4
Schmieröl (Zylinderöl)	2400,0 M./100 kg	75 300 M./100 kg	1 : 31,4
Schwefelsäure	140,0 M./100 kg	5 245 M./100 kg	1 : 37,5
Holz	1400,0 M./m³	109 940 M./m³	1 : 78,5
Mauersteine	645,0 M./1000 Stck.	30 000 M./1000 Stck.	1 : 46,5
Zement	580,0 M./100 kg	32 872 M./100 kg	1 : 56,7
Kalk	3050,0 M./t	173 250 M./t	1 : 56,8

Grobbleche, Gießereieisen und Baumaterialien (Holz, Mauersteine, Zement, Kalk) sind ziemlich im gleichen Verhältnis wie die Kohle im Preis gestiegen; Löhne, Gehälter und Betriebsmaterialien dagegen nur ungefähr halb so stark.

Was den Erzeugerteil der Gaskosten angeht, so sind wie die Kohle zu steigern:

$$\begin{aligned}
\text{der Brennstoffwert} &= 47,02 \text{ vH} \\
\text{der Kapitaldienst} &= \underline{5,95 \text{ „}} \\
&\; 52,97 \text{ vH} \\
10 \text{ vH Gewinn} &= \underline{5,30 \text{ „}} \\
&\; 58,27 \text{ vH der Gesamtkosten;}
\end{aligned}$$

und halb so stark wie die Kohle

$$\begin{aligned}
\text{die Materialkosten} &= 6,59 \text{ vH} \\
10 \text{ vH Gewinn} &= \underline{0,66 \text{ „}} \\
&\; 7,25 \text{ vH der Gesamtkosten.}
\end{aligned}$$

---

[1] Auf Grund des Tarifs der Nordwestlichen Gruppe der Eisen- und Stahl-Industrie, Gruppe IV, stiegen dis Gehälter vom Kohlenpreis M. 13 bis 1. 1. 22 um 40,4 vH, dagegen die Löhne vom Kohlenpreis M. 13 bis 1. 1. 22 auf das 34fache und die Gehälter vom Kohlenpreis M. 13 bis 1. 1. 22 auf das 9,8fache. Die Gehälter waren also unterdrückt, daher die stärkere Steigerung nach dem 1. 1. 22.

II. Teil: Die Wirtschaft der Gasfernleitung.

Die Gesamtsteigerung ist danach anzusetzen mit:
$(58{,}27 \text{ vH} \cdot 1) + (7{,}25 \text{ vH} \cdot 0{,}5) = 61{,}895$ rd. 61,9 vH;
die **Kohlenklausel für die Erzeugung** ist dann:
$$\frac{3{,}2}{13} \cdot \frac{61{,}9}{100} = 0{,}15236 \text{ rd. } \mathbf{0{,}152}.$$

Für die Förderung des Gases, d. i. Kompression, Leitung und Verlust, $= 1$ Pf./m³ (ohne Gewinn) für 300 km (20 at abs.), sind die Förderkosten zunächst zu analysieren, um die Einzelanteile bewerten zu können.

Es wurden für die Ansaugeleistung (0°, 760 mm) eingesetzt:

für die Kompression:
Strom	0,3619 Pf./m³	=	37,171 vH
Kapitaldienst der Kompressoren	0,0344 „	=	3,533 „
Bedienung der Kompressoren	0,0052 „	=	0,534 „
Wartung der Kompressoren	0,0025 „	=	0,257 „
zus.	0,4040 Pf./m³		

für die Leitung:
Kapitaldienst der Leitung	0,2592 Pf./m³	=	26,622 vH
Betrieb der Leitung: Löhne	0,1027 „	=	10,548 „
Telephon (Kap.-D.)	0,0240 „	=	2,465 „
zus.	0,3859 Pf./m³		

für Verlust:
Gas	0,1069 Pf./m³	=	10,980 vH
Kompression	0,0393 „	=	4,037 „
Leitung	0,0375 „	=	3,853 „
zus.	0,1837 Pf./m³		
zus.	0,9736 Pf./m³	=	100,000 vH

= je m³ abgeliefertes Gas am Ende der Leitung: (12°, 760 mm) = **1,0 Pf./m³**.

Der Verlustanteil ist nochmals aufzuspalten:

Gas . . . . = 0,1069 Pf./m³ = 10,980 vH
Kompression:
für Strom
$$\frac{0{,}3619 \cdot 100}{0{,}4040} = 89{,}57 \text{ vH v. } 0{,}0393 = 0{,}0352 \text{ „ } = 3{,}615 \text{ „}$$

für Kapitaldienst
$$\frac{0{,}0344 \cdot 100}{0{,}4040} = 8{,}51 \text{ vH v. } 0{,}0393 = 0{,}0033 \text{ „ } = 0{,}338 \text{ „}$$

für Bedienung
$$\frac{0{,}0052 \cdot 100}{0{,}4040} = 1{,}29 \text{ vH v. } 0{,}0393 = 0{,}0005 \text{ „ } = 0{,}051 \text{ „}$$

für Wartung
$$\frac{0{,}0025 \cdot 100}{0{,}4040} = 0{,}63 \text{ vH v. } 0{,}0393 = 0{,}0003 \text{ „ } = 0{,}033 \text{ „}$$

100,00 vH v. 0,4040;   0,0393 Pf./m³

Die Wirtschaftlichkeit der Gasfernversorgung.

Leitung:
für Kapitaldienst
$$\frac{0{,}2592 \cdot 100}{0{,}3859} = 67{,}17 \text{ vH v. } 0{,}0375 = 0{,}0252 \text{ Pf./m}^3 = 2{,}588 \text{ vH}$$
für Löhne
$$\frac{0{,}1027 \cdot 100}{0{,}3859} = 26{,}61 \text{ vH v. } 0{,}0375 = 0{,}0100 \quad „ \quad = 1{,}027 \text{ „}$$
für Telephon (Kap.-D.)
$$\frac{0{,}0240 \cdot 100}{0{,}3859} = 6{,}22 \text{ vH v. } 0{,}0375 = 0{,}0023 \quad „ \quad = 0{,}238 \text{ „}$$

100,00 vH v. 0,3859;   0,0375 Pf./m³.

Es sind danach folgende Teile der Förderkosten wie die Kohle zu steigern:

für Kompression:
Strom . . . . 37,171 vH
Kapitaldienst . . . . 3,533 „
für Leitung:
Kapitaldienst für Leitung . . . . . 26,622 „
„ für Telephon . . . . . 2,465 „
für Verlust:
Gas . . . . 10,980 „
Kompression: Strom . . . 3,615 vH
              Kap.-D. . . 0,338 „
Leitung: Kap.-D. . . . . . 2,588 „
      Telephon . . . . 0,238 „   6,770 „
                                    87,550 vH der Förderkosten;

und halb so stark wie die Kohle:

für Kompression:
Bedienung . . . . 0,534 vH
Wartung . . . . 0,257 „
für Leitung:
Löhne . . . . 10,548 „
für Verlust:
Kompression: Bedienung . 0,051 vH
                Wartung . . 0,033 „
Leitung: Löhne . . . . 1,027 „   1,111 „
                                    12,450 vH der Förderkosten;

Die Gesamtsteigerung ist danach anzusetzen mit:

(87,55 vH · 1) + (12,45 vH · 0,5) = 93,775 rd. 93,8 vH;

die Kohlenklausel für die Förderung des Gases ist dann:

$$\frac{1{,}1}{13} \cdot \frac{93{,}8}{100} = 0{,}07936 \text{ rd. } \mathbf{0{,}08};$$

für Erzeugung und Förderung ist die Kohlenklausel:

0,1524	für die Erzeugung, entsprechend	2,09
0,08	„ „ Förderung, „	1,10
zus. 0,2324		3,19 rd. 3,2 Pf./m³ Grund-
rd. 0,24		preis für M. 10/t Steinkohle (Fettnuß IV).

Für jede Mark Kohlenpreiserhöhung über M. 13 erhöht sich der Gaspreis je m³ um 0,2324 Pf. — Dieser Zuschlag kommt zum Grundpreis hinzu. Da sich die Klausel auf Koksofenmischgas von 4000 WE (u., 0/760) bezieht, so beträgt er je 1000 WE:

$$\frac{0{,}2324}{4} = 0{,}0581 \text{ Pf./m}^3.$$

Sinngemäß ist er dann für Schwelgase festzustellen auf der Basis

Kohlenklauselfaktor für **Koksofengas**
(4000 WE u., 0/760) . . . . **0,2324 Pf./m³** ⎫
desgl. für **Steinkohlen-Schwelgas**   ⎪ je 1 M. Kohlen-
(6300 WE u., 0/760) . . . . **0,3660** „   ⎬ preissteigerung
desgl. für **Braunkohlen-Schwelgas**   ⎪ über M. 13/t
(5700 WE u., 0/760) . . . . **0,3312** „   ⎪ Steinkohle
                                                    ⎭ (Fettnuß IV)

Es wird sich empfehlen, wie vorstehend geschehen, die Kohlenklausel auch für Braunkohlenschwelgas auf den Steinkohlenpreis zu beziehen, weil das Schwelgas die Steinkohle ersetzen soll. Der Kohlenpreis der Klausel muß der vom Reichskohlenrat festgesetzte Brennstoffverkaufspreis sein, also einschl. Kohlen- und Umsatzsteuer oder sonstiger staatlicher Abgaben. Die äußere Form der Klausel ist z. B. für Koksofengas und den Kohlenpreis für Fettnuß IV, wie er am 19. XII. 1923 war:

$(26{,}9 \text{ R. M./t} - 13) \cdot 0{,}24 = 3{,}336 \text{ rd. } 3{,}3 \text{ R. Pf./m}^3.$

Diese Kohlenklauselbeträge erscheinen als Zuschläge zum Grundpreis je m³.

d) Sind Industriegase im Leitungswege an die Großindustrie verkaufsfähig?

Als solche kommen neben Koksofengas und Schwelgasen, Generatorgas und Mondgas in Betracht. Zunächst sollen die Kosten von Generator- und Mondgas betrachtet werden. Schömburg[1]) nennt an Erzeugungskosten für M. 13/t, in

---

[1]) Schömburg, Feuerungstechnik, Leipzig 1923, S. 137.

einem Werk mittlerer Größe, einschl. Verzinsung und Abschreibung, Reinigung und Betriebsverlusten:

für normales Generatorgas 0,55 Pf./m³ (= 1300 WE, u., 0/760)
„ Mondgas 0,25 Pf./m³ (= 1200 WE, u., 0/760)
(NB. unter Berücksichtigung der Einnahmen aus Nebenprodukten).

Vergleicht man mit diesen Selbstkosten die Förderkosten, die selbst von 10000 m³/h ab für 10 km Leitung 0,3 Pf./m³ betragen, für längere Strecken entsprechend größer sind, so ist nicht zu sehen, wie ein Gasversorgungsunternehmen für den Verkauf dieser Gase gedeihen soll. Nach Schömburg sind die Erzeugungskosten je 1000 WE für Generatorgas 0,4023 Pf. und für Mondgas 0,2082 Pf., billiger kann aber auch eine Zentralgasanlage diese Gase nicht erzeugen. Zu den oben genannten Gaserzeugungskosten wären also die Förderkosten zu addieren, so daß

Generator-Ferngas (10 km 10 000 m³/h): 0,55 + 0,3 = **0,85 Pf./m³** und
Mond-Ferngas (10 km 10 000 m³/h): 0,25 + 0,3 = **0,55 Pf./m³**

kosten würde; dabei ist für das Versorgungsunternehmen noch kein Gewinn eingesetzt; rechnet man 10 vH Gewinn hinzu, so sind die Verkaufspreise

für Generatorgas: **0,94 Pf./m³** und für Mondgas: **0,61 Pf./m³**.

Das zeigt schon die Unwirtschaftlichkeit einer Fernleitung dieser beiden oder ähnlicher Schwachgase. Dabei soll nicht die Ansicht aufkommen, daß für Strecken unter 10 km wesentlich andere Verhältnisse eintreten können, denn unter 0,3 Pf./m³ sind die Förderkosten auch für ganz kurze Strecken und sehr große Fördermengen kaum zu bringen, und dann werden diese Förderkosten ebenso in den Kauf genommen werden müssen wie schon heute in der Gaswirtschaft irgendeines ausgedehnteren Fabrik- oder Werksbetriebes, in welchem die Gaserzeugung aus betriebswirtschaftlichen Gründen zentralisiert ist. Schwachgaszentralen und Fernleitung sind also unvereinbar.

Die Fernleitung hochwertiger Gase für Großbetriebe des Hüttenwesens ist auch nicht viel zukunftsreicher. Schömburg errechnet als zulässige Einkaufspreise solcher Werke frei Ofen:

für Martinofenbetrieb: 2,24 bis 2,38 Pf./m³,
„ Walzwerks-Stoßöfen: 1,8 Pf./m³,

für ein Koksofengas von 4500 WE. Dafür ist aber, wie schon aus den vorhergehenden Abschnitten hervorgeht, das Gas nicht über längere Strecken zu liefern, auch nicht bis 10 km. Rechnet die Kokerei nur den Brennstoffwert des Gases mit 1,5 Pf./m³ und sonst nichts, wie es bei derartigen Lieferungen an eigene Betriebe möglich wäre, wenn Schwefelreinigung und Gasbehälter fortfallen, und kommen dazu 0,3 Pf./m³ Förderkosten, so ist mit **1,8 Pf./m³** eine Lieferung bis 10 km von 10 000 m³/h ab möglich (5000 m³/h fordern 1,9 Pf./m³). Kleinere Mengen sind auch dann zu teuer.

Da für Schwelgase der Brennstoffwert auf der gleichen Grundlage festzustellen ist, so gilt für Schwelgase ähnliches.

K. Versendung der Energie.

1. Versendungskosten für Gas und Strom.

Interesse bietet der Vergleich der **Versendungskosten für Gas und Strom.** Dafür hat **Sieben**[1]) Angaben gegeben, die bezüglich des Gases nach den hier voraufgegangenen Rechnungen ergänzt werden. Er gibt die Fernleitungskosten für Strom von 2000 bis 8000 Benutzungsstunden mit 0,60 bis 0,20 Pf./100 kWh-km, auch in einer graphischen Darstellung. Für Gas sind die vorliegenden Berechnungen auf 8760 Jahresförderstunden bezogen, da, wie schon früher erwähnt, Gasversorgungsfernleitung sich in der Praxis dahin auswirkt, daß für den Maximaltag der Gaswerksbetriebe das traditionelle $1/_{200}$, das heute schon in $1/_{225}$ bis $1/_{275}$ sich geändert hat, sich dann in $1/_{300}$ bis $1/_{365}$, meist $1/_{350}$, wandelt.

Die Gesamtförderkosten in Pf./m³ am Ende der Leitung geliefert (12° C, 760 mm), betragen nach den voraufgegangene Berechnungen:

	Ansaugeleistung	Leitung					
für	1 000 m³	10 km	0,8	Pf./m³	= 0,08	Pf./m³-km
„	5 000 „	10 „	0,4	„	= 0,04	„
„	5 000 „	50 „	0,8	„	= 0,016	„
„	5 000 „	100 „	1,25	„	= 0,0125	„
„	10 000 „	10 „	0,3	„	= 0,03	„
„	10 000 „	50 „	0,7	„	= 0,014	„
„	10 000 „	100 „	1,0	„	= 0,01	„
„	10 000 „	150 „	1,2	„	= 0,008	„
„	25 000 „	10 „	0,3	„	= 0,03	„

---

[1]) Dr. Sieben, „Großkraftverwertung", Düsseldorf 1921, S. 45.

Versendung der Energie. 249

Ansaugeleistung	Leitung			
für 25 000 m³	50 km	0,5 Pf./m³	= 0,01	Pf./m³·km
„ 25 000 „	100 „	0,7 „	= 0,007	„
„ 25 000 „	150 „	0,9 „	= 0,006	„
„ 50 000 „	10 „	0,3 „	= 0,03	„
bis 200 000 „	50 „	0,4 „	= 0,008	„
	⎧ 100 „	0,6 „	= 0,006	„
für 50 000 „	⎨ 150 „	0,7 „	= 0,00467	„
bis 200 000 „	⎨ 200 „	0,8 „	= 0,004	„
	⎩ 300 „	1,0 „	= 0,0033	„

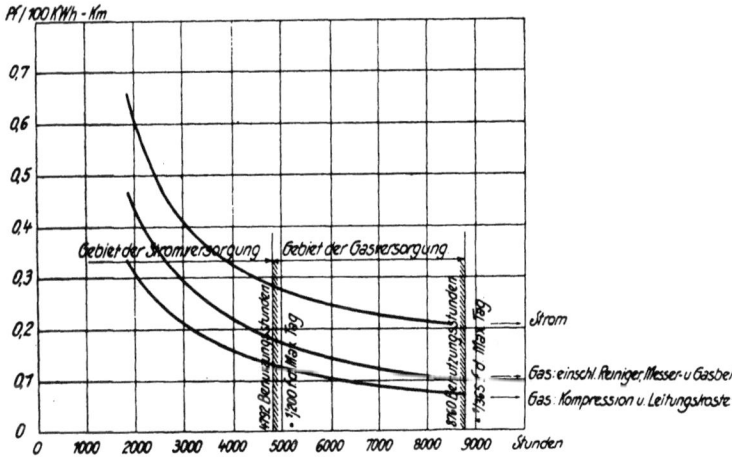

Abb. 4.

Strom: Versendungskosten je kWh-km bei verschiedener Zahl der Benutzungskosten (nach Sieben).
Gas: Förderkosten je kWh-km bei verschiedenen Verhältniszahlen für den Maximaltag. (Für die Umrechnung des Verhältnisses Strom zu Gas ist 1 m³ Gas = 4000 WE = $\frac{4000}{859}$ = 4,6566 WE eingesetzt.) Grundlage: 1 Pf./m³ für die Gaskompression und Leitung bis 300 km, 0,4 Pf./m³ für Reiniger-, Messer- und Gasbehälteranlage.

Es wird hier mit 1 Pf./m³ gerechnet für rd. 300 km Leitung deshalb entspricht 1 m³ Koksofengas $\frac{4000 \text{ WE}}{859 \text{ WE}}$ = 4,6566 kWh oder 4,6566 kWh · 300 km = 1 Pf. je kWh-km und 100 kWh-km = $\frac{1}{14}$ = **0,0714** Pf. für Koksofengas.

Berücksichtigt man auch jene Kosten, die für die Aufbereitung des Ferngases aufzuwenden sind, um es versandbereit zu machen, wie die Kosten des Baues und Betriebes der Reiniger-, Messer- und Gasbehälteranlagen, so erhöht sich der 1 Pf. Förderkosten um 40 vH auf 1,4 Pf./m³ und die Kosten für 100 kWh-km auf 0,09996 rd. **0,1 Pf** ; das ist also ungefähr die Hälfte der Stromkosten.

Für Schwelgas wird das Verhältnis noch günstiger. Diese Zahlen beziehen sich auf 8760 Benutzungsstunden = $^1/_{365}$ für den Maximaltag. Für den Vergleich mit den Versendungskosten des Stromes kommt aber als niederste Zahl nur $^1/_{200}$, was 4792 Benutzungsstunden beim Stromverbrauch entsprechen würde, in Betracht. Die Gaslieferverhältnisse liegen also wesentlich günstiger wie die Stromlieferbedingungen, was nicht gerade gegen eine Großgasfernversorgung sprechen könnte. Im allgemeinen gilt, daß die Gasversorgung im Gebiet der hohen Benutzungsstundenzahlen, d. i. über 4000, die Stromversorgung darunter liegt (Abb. 4).

Vergleicht man die vorstehend gebrachten Gasförderkosten je m³-km, so ist festzustellen, daß nur der Versorgungsradius diese Kosten beeinflußt.

2. Versendungskosten für Strom, Kohle und Gas.

Sieben[1]) hat auch einen Vergleich der **Versendungskosten von Strom, Kohle und Gas** in graphischer Darstellung gebracht, der bezüglich der Gasförderung nach den vorstehenden Ermittlungen ergänzt werden soll, wobei seiner Darstellung gefolgt, also alles in M./1000 kWh gegeben wird. Dazu dienen folgende Überlegungen: Für den Stromtransport ist 1 kWh = 0,88 kg Steinkohle in der Erzeugung zu werten; da mit rd. 12 vH Gesamtverlust auch bei Stromtransport zu rechnen ist, so gilt für den am Ende der Leitung gelieferten Strom: 0,88 kWh = 0,88 kg Steinkohle, oder **1 kWh = 1 kg Steinkohle**. Für 2000 Benutzungsstunden sind die Transportkosten je 100 kWh-km 0,6 Pf. oder 1 kWh 0,6 Pf. für die 100-km-Strecke. Das kg Steinkohle in Stromform zu transportieren kostet danach:

```
für  10 km:   0,06 Pf./kWh
 „   50  „    0,30   „
 „  100  „    0,60   „
 „  150  „    0,90   „
 „  200  „    1,20   „
 „  300  „    1,80   „
```

---

[1]) Dr. Sieben, „Großkraftverwertung", Düsseldorf 1921, S. 50.

Demgegenüber bestehen beim Gastransport folgende Verhältnisse:
1 t Steinkohle liefert in der Erzeugung 426 m³ Mischgas; rechnet man mit rd. 10 vH Gesamtverlust im Transport, so gehen 43 m³ ab, es werden also 383 m³ am Ende der Leitung geliefert und ist 1 m³ Gas $= \dfrac{1000 \text{ kg}}{383 \text{ m}^3} = 2{,}61$ kg Steinkohle gleichzusetzen. Es ist auch die Kompression des Gases zu berücksichtigen, so daß sich diese Kohlenmenge dementsprechend erhöht:

für 10 km: 0,05 kWh f. d. Kompr. = 0,05 kg Kohle,
            so daß zus. 2,61 + 0,05 = 2,66 kg Steinkohle,
„ 50 „ 0,111 kWh f. d. Kompr. = 0,111 kg Kohle,
            so daß zus. 2,61 + 0,111 = 2,721 kg „
„ 100 „ 0,111 kWh f. d. Kompr. = 0,111 kg Kohle,
            so daß zus. 2,61 + 0,111 = 2,721 kg „
„ 150 „ 0,111 kWh f. d. Kompr. = 0,111 kg Kohle,
            so daß zus. 2,61 + 0,111 = 2,721 kg „
„ 200 „ 0,131 kWh f. d. Kompr. = 0,131 kg Kohle,
            so daß zus. 2,61 + 0,131 = 2,741 kg „
„ 300 „ 0,145 kWh f. d. Kompr. = 0,145 kg Kohle,
            so daß zus. 2,61 + 0,145 = 2,755 kg „

einem m³ Gas gleichzusetzen sind. Auf Grund der Gasförderkosten sind die Kosten des Transportes von 1 kg Kohle in Gasform wie folgt:

für 10 km: 0,3 Pf./m³; $\dfrac{0{,}3 \text{ Pf.}}{2{,}66 \text{ kg}} = 0{,}1128$ Pf./kg Steinkohle,

„ 50 „ 0,4 „ $\dfrac{0{,}4 \text{ Pf.}}{2{,}721 \text{ kg}} = 0{,}1470$ „ „

„ 100 „ 0,6 „ $\dfrac{0{,}6 \text{ Pf.}}{2{,}721 \text{ kg}} = 0{,}2205$ „ „

„ 150 „ 0,7 „ $\dfrac{0{,}7 \text{ Pf.}}{2{,}721 \text{ kg}} = 0{,}2573$ „ „

„ 200 „ 0,8 „ $\dfrac{0{,}8 \text{ Pf.}}{2{,}741 \text{ kg}} = 0{,}2919$ „ „

„ 300 „ 1,0 „ $\dfrac{1{,}0 \text{ Pf.}}{2{,}755 \text{ kg}} = 0{,}3630$ „ „

Diese Zahlen beziehen sich auf Gasförderkosten, die für 8760 Benutzungsstunden = $^1/_{365}$ für den Maximaltag bestimmt worden sind. Rechnet man im Mittel nur mit $^1/_{275}$ für den Maximaltag = 6600 Benutzungsstunden, so ändern sich diese Kohlenwerte in das 1,33fache; rechnet man auch für die Anfangsleistung nur mit halber Belastung der Leitung; so ändern sie sich weiter in das 2,66fache; in Wirklichkeit sind nur die Kosten für Leitung und Verlust zu verdoppeln, die Kompressionskosten werden für den halb so großen Druck geringer; trotzdem soll mit dem Mittel zwischen den vorstehend genannten Kosten für die Anfangs- und Endleistung $= \dfrac{2{,}66 + 1{,}33}{2} = 1{,}995$ rd. dem Zweifachen gerechnet werden, weil es sich hier ja nicht um die Feststellung der Gasförderkosten, sondern um den Vergleich der Kohlenfrachten für Strom und Gas handelt, wobei das Gas nicht besonders bevorzugt werden soll.

Es stehen danach gegenüber:

	Steinkohle für Gas	Steinkohle für Strom
für 10 km:	0,1128 · 2 = 0,2256 Pf./kg	0,06 Pf./kg
„ 50 „	0,1470 · 2 = 0,2940 „	0,30 „
„ 100 „	0,2205 · 2 = 0,4410 „	0,60 „
„ 150 „	0,2573 · 2 = 0,5146 „	0,90 „
„ 200 „	0,2919 · 2 = 0,5838 „	1,20 „
„ 300 „	0,3630 · 2 = 0,7260 „	1,80 „

Das Verhältnis Gas zu Strom, bezogen auf die Kohlenmengen und unter Berücksichtigung der Gas- und Stromförderkosten, ist dann:

für 10 km:	1 m³ Gas	= 0,27 kWh
„ 50 „	1 „ „	= 1,00 „
„ 100 „	1 „ „	= 1,36 „
„ 150 „	1 „ „	= 1,75 „
„ 200 „	1 „ „	= 2,06 „
„ 300 „	1 „ „	= 2,48 „

Für die Selbstkosten der Kohlenfracht wird nach Sieben mit den Sätzen des Sondertarifes III vermindert um 20 vH gerechnet. Es kommen also eine Abfertigungsgebühr von 6, 9 und 12 M. je Doppelwagen bei Entfernungen von 1 bis 50, 50 bis 100 und über 100 km, sowie die Tonnen-Kilometer-Sätze von 2,6 Pf./km für die ersten 100 km und 2,2 Pf. für die anschließenden Entfernungen als Tarifsätze in Anrechnung. Nachdem die Schiffsfracht keine günstigeren Frachtverhältnisse bietet, wird nur mit Eisenbahnfracht gerechnet.

Als Ergebnis des Vergleiches der Versendungskosten der Energie als Strom, Gas und Kohle ist festzustellen, das über 50 km Gas von 4000 WE (u., 0/760) im Vorteil gegenüber dem Stromtransport ist; von ca. 175 km ab ist das 4000 WE-Gas auch gegenüber Braunkohlenbriketts im Vorteil. Für Schwelgase liegen die Verhältnisse noch günstiger: von rd. 250 km ab ist Braunkohlenschwelgas (5700 WE, u., 0/760) im Vorteil gegenüber der Steinkohlenfracht und von rd. 150 km ab das Steinkohlenschwelgas (6300 WE, u., 0,760) im Vergleich zur Steinkohlenfracht.

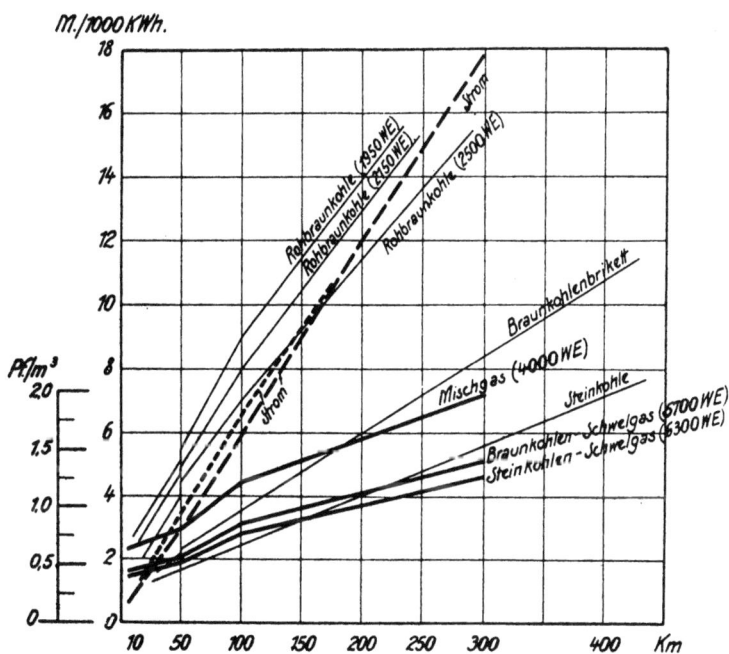

Abb. 5. Versendungskosten der Energie als Strom, Gas und Kohle in M./1000 kWh.
a) Kohle und Strom nach Sieben. b) Mischgas 4000 WE (u., 0/760), Braunkohlen-Schwelgas 5700 WE (u., 0/760), Steinkohlen-Schwelgas 6300 WE (u. 0/760); Förderkosten je m³ (12°, 760) am Ende der Leitung geliefert, für 1/275 als Maximal Tag und Mittel aus Anfangs- und Endleistung (Endleistung = zweimal Anfangsleistung). NB. Für die Schwelgase je 4000 WE.

3. Verminderung der Bahntransporte durch Gasfernleitung.

Der Vergleich der Kohlenfrachten für Strom, Gas und Kohle zeigt, daß der Transport des Koksofen-Mischgases von rd. 175 km ab mit Braunkohlenbriketts und der Schwelgase von rd. 150 km ab mit der Steinkohlenfracht wettbewerbsfähig ist. Deshalb war es in den Naturgasgebieten so einfach, eine Großgasversorgung aufzubauen und auch, wie das nordamerikanische Beispiel zeigt, selbst dann weiter wirtschaftlich zu betreiben, als vielfach an Stelle des versiegten Naturgases künstlich erzeugtes Gas treten mußte, um die investierten Werte der Rohrleitungen zu retten und die eingeführte Gasversorgung nicht zum Nachteil der Verbraucher zum Stillstand zu bringen.

Strom- und Gastransport können mit ungefähr gleichen Leitungsverlusten rd. 10 bis 12 vH rechnen; dabei ist bei wirtschaftlich geplanten Gasfernleitungen der Transport billiger wie beim Strom; obwohl nun diese Erkenntnis sich schon lange durchgesetzt hat und auch hier wieder bewiesen ist, hat eine wirklich großzügige Großgasversorgung, die es sich zur Aufgabe macht, den Transport der Steinkohle zu sparen, bis jetzt in Deutschland nicht durchgeführt werden können. Die Großstromversorgung ist weit voraus, obwohl da die Verhältnisse ungünstiger liegen. Nur Distriktsgasversorgungen kommen jetzt mehr und mehr auf, es fehlt ihnen aber die zentrale Speisung mit Gas von den Kohlenbezirken. Auch in Amerika beschäftigt man sich jetzt immer mehr mit diesem Gedanken und es ist vorauszusehen, daß dort die Ausführung rascher dem Gedanken folgen wird als bei uns, wo eine Reihe von Widerständen zu überwinden wären, die wohl nicht in technischer Einsicht begründet sind, obwohl bisher mit technischen Mitteln gearbeitet wurde, besonders bezüglich der Selbstkosten der eigenen Erzeugung des Gases und der Gasförderkosten in Fernleitungen, die allerdings für den speziellen Zweck dementsprechend zu bauen wären.

Seitdem die Möglichkeit besteht, hochwertige Schwelgase durch die Drehofenverkokung zu erzeugen, bietet sich aber eine neue Möglichkeit auch durch Umstellung der Gasversorgung auf Braunkohlenschwelgase, so daß eine gewisse Unabhängigkeit von den Steinkohlenbezirken möglich ist. Diese Betriebsart würde gleichzeitig, infolge des Zwanges, den bei der Drehofenverkokung anfallenden Halbkoks verwenden zu müssen, mit einer Großstromverwertung verbunden werden können, wie es auch schon zum Teil geplant ist. Damit ist für eine Großgasversorgung in Deutschland die Möglichkeit gegeben, mit keinen größeren Streckenradien wie 300 km rechnen zu müssen, so daß also ein Leitungsbetrieb in Frage kommt, der das Umpumpen des Gases vermeidet, also Kompressionskosten spart. Legt man den 300 km-Radius für die Gasfernleitung zugrunde, so kommt man zu einer Aufteilung der Interessenbezirke in Deutschland, wobei von den Steinkohlen- und Braunkohlenrevieren aus Gasfernleitungen das ganze Land mit Gas versorgen (Abb. 6).

Es bietet noch Interesse, festzustellen, um welche Gasmengen es sich bei der bisherigen eigenen Erzeugung der Gaswerke handelt und um welche Kohlenmengen. Nach Greineder[1]) war im Jahre 1912 die Gaserzeugung der rd. 1700 deutschen Gaswerke 2 732 955 000 m³, wovon 2 596 350 000 m³ verwertet wurden. Für die Nachkriegszeit gibt eine Statistik der Zentrale für Gasverwertung e. V., Berlin[2]), für das Jahr 1921 die Gaserzeugung mit 2 993 688 m³ an, wovon 281 961 000 m³ durch Zechengasbezug gedeckt wurden, so daß also 2 711 727 000 m³ als eigene Erzeugung der deutschen Gaswerke zu rechnen sind. Die Verhältnisse haben sich danach seit 1912 nicht wesentlich verschoben. Rechnet man mit einem Gasausbringen von 426 m³ Mischgas je t Steinkohle, so wären für die Basis 1912 rd. 6,42 Millionen t Steinkohle erforderlich gewesen; es wurden aber nach Greineder 8,5 Millionen t Steinkohle gebraucht. Nun war z. B. 1913 die gesamte Steinkohlenförderung in Deutschland, einschließlich Saar, Pfalz und Lothringen, nach Kayser[3]) 190,1 Millionen t und 1920, ohne Saar, Pfalz und Lothringen, 131,8 Millionen t, so daß es sich um rd. 6,5 vH der gesamten deutschen Steinkohlenförderung handelt, wenn die Basis des heutigen Gasverbrauches zugrunde gelegt wird.

Die zentrale Gaserzeugung spart also schon an und für sich Kohlen durch wirtschaftlichere Betriebsweise der Erzeugungsanlagen, wie es sonst nur den größten bestehenden Gaswerken möglich war, während die Summe der übrigen Gaswerke in dieser Hinsicht als Mittel- und Zwergbetriebe zu werten ist. Der einfache Vergleich der oben genannten Kohlenverbrauchszahlen zeigt, daß es sich hier um 1,44 Millionen t = 1,1 rd. **1,1 vH** der gesamten deutschen Steinkohlenförderung handelt, die durch wirtschaftlichere **Gaserzeugung und Gasfernleitung** gespart werden könnten. Dazu kommt aber die schon erwähnte Möglichkeit der Ver-

---

[1]) Dr.-Ing. F. Greineder, München 1914, S. 3, 13.
[2]) „Die Schwankungen der Gaserzeugung in den deutschen Gaswerken in der Nachkriegszeit." G. W. F. München 1923, S. 271 ff.
[3]) Obering. Kayser, Braunkohle 1922, S. 67, 68.

wendung der Braunkohle als Vergasungsmaterial für derartige Gasversorgungen, für die sie bisher nicht in Betracht kam, so daß auch dadurch eine ganz wesentliche Unabhängigkeit von den Steinkohlenrevieren möglich ist. Rechnet man weiter für die Steinkohlenzechen mit rd. 10 vH der Förderung als Selbstverbrauch der Zechen, so beträgt die Frachtersparnis für 8,5 Millionen t Steinkohle rd. 7,2 vH der gesamten zum Versand gekommenen Steinkohle. Es ist aber auch noch zu beachten, daß die bisherige deutsche Gaserzeugung noch nicht allen Verwendungsmöglichkeiten des Gases gerecht geworden ist. Wenn Greineder[1]) für 1912/13 die Gaserzeugung je Einwohner und Jahr mit 78,8 m^3 und die nutzbare Gasabgabe je Einwohner und Jahr mit 74,8 m^3 angibt, dabei aber gleichzeitig bemerkt, daß in den englischen Städten die Gasabgabe je Einwohner und Jahr zwischen 200 und 300 m^3 beträgt, so ist schon damit zur Genüge gezeigt, daß auch in Deutschland eine ganz außerordentliche Steigerung der Gasverwertung möglich wäre. Eine solche Verbrauchssteigerung aber zu erzielen, die letzten Endes auch wieder auf eine Ersparnis an Steinkohlenfracht und Steinkohlen hinausläuft, ist nur möglich durch die wirtschaftliche Erzeugung des Gases in Zentralwerken und die Fernleitung des Gases. In dieser Hinsicht bieten auch die Entwicklung der bereits ausgeführten Gasfernversorgungen in Verbindung mit Zechenkokereien im Westen Deutschlands den schlüssigen Beweis, daß es möglich ist, mittels Gasfernversorgungsfernleitungen den Gasverbrauch zu heben.

Der immer wieder vorgebrachte Einwand, daß 50 vH der Kohlenfracht für Koksfracht doch aufzuwenden ist, wenn eine Gasfernversorgung den Gastransport übernommen hat, ist nicht so einschneidend, wie er klingt, denn Gaskoks kann durch jedes andere Brennmaterial ersetzt werden, das näher zu den Versorgungsbezirken liegt wie die Kohlenbasis, z. B. Braunkohlenbriketts. Zudem kann auch Gas als Ersatz in weitgehendem Maße dafür eintreten und ist dieses nur eine Frage der Preispolitik, auch dahin zielend, daß eine gleichmäßigere Last für die Leitungen damit erreicht wird. Industriegas bietet dafür den besten Ausgleich. Der Hausbrandkoks ist dann leicht ersetzbar, der heute schon vielfach für die Gaswerke ein Ballast ist, den sie Mühe haben abzusetzen. Gaskokstransporte von Nord- nach Süddeutsch-

---

[1]) Dr.-Ing. F. Greineder, München 1914, S. 23.

land oder in anderer Richtung, wie sie vielfach vorkommen, sind doch keineswegs eine Stütze für die Theorie der Ersparnis an Gaskoks-Frachttonnen, sondern das gerade Gegenteil. Welche Mühe die Gaswerke haben, ihren Koks abzusetzen, geht auch daraus hervor, daß der höchsterzielbare Preis für Gaskoks immer noch 15 vH unter dem Zechenkokspreis liegt, der eben die Marktlage beherrscht. Es fällt aber den Gaswerken selbst bei dieser Preisbildung oft schwer, den Gaskoks abzusetzen, so daß auch mit niedrigeren Preisen, die 20, 30 und evtl. noch mehr Prozent unter dem Zechenkokspreis liegen, zu rechnen ist. Damit fällt aber die Hauptstütze der im allgemeinen Gasfach nicht geringen Zahl der Gegner einer Gasfernversorgung, die lieber die eigenen Gaswerke betreiben wollen, also wie der oft benützte Ausdruck lautet, „unabhängig" bleiben wollen, anstatt auch auf diesem Gebiete einen Zusammenschluß zu suchen, der ihnen jede Möglichkeit der Erhaltung der Selbständigkeit geben könnte.

L. Zusammenfassung der Untersuchungsergebnisse für die Gasfernversorgung.

In den vorhergehenden Abschnitten sind die Förderkosten des Gases für eine Reihe typischer Förderfälle im einzelnen behandelt und durchgerechnet worden. Nur auf diesem Wege läßt sich eine Beurteilung dieses Fragenkomplexes ermöglichen, denn eine allgemein gültige Formel gibt es dafür nicht. Die Berücksichtigung aller für den Einzelfall maßgebenden Verhältnisse gibt aber die Gewähr individueller Behandlung, die unerläßlich ist, weil jede Verallgemeinerung eine einseitige Färbung bringt. Diese Behandlungsweise des Themas bringt den Zwang, eine große Reihe Zahlenaufstellungen durchzuarbeiten; da es sich aber um eine große Reihe abgeschlossener Leitungsprojekte handelt, so wird es verständlich erscheinen, daß kein anderer Weg zur Beherrschung des Themas besteht, denn graphische Darstellungen können wohl einen allgemeinen Vergleich verschiedener Fälle erleichtern, nicht aber den Einzelfall genau behandeln; zudem würde an die Stelle der Zahlentabellen ein Atlas graphischer Darstellungen treten, was keineswegs die Übersicht erleichtert.

Die Rechnungen zeigen, daß eine Großgasfernversorgung wesentlich für den Ersatz der eigenen Erzeugung der Gaswerke in Frage kommt, also für die allgemeine Gasversorgung, aber nicht für die Belieferung der Großindustrie mit Gas als Ersatz ihrer eigenen Schwachgaserzeugung oder als Ersatz des bisherigen Verbrauches fester Brennstoffe, wenn diese Schwachgasanlagen bereits vorhanden sind. Für diese Betriebe ist nur möglich, auch über längere Strecken Gas zu beziehen, wenn es sich um Gaslieferung eigener Betriebe handelt, die sich mit dem Brennstoffwert von rd. **0,375 Pf. je 1000 WE (u., 0/760)** ab Gasanlage als Gaspreis begnügen, wenn es sich um sogenanntes ungereinigtes Gas handelt (d. i. mit vollem Schwefelwasserstoffgehalt), und wenn ausgedehnte Gasbehälteranlagen vermieden werden. Mit Rücksicht auf die Gasspeicherung in Zeiten der Arbeitsruhe der gasverbrauchenden Industrie, ist aber gerade die Behälterfrage eine wichtige und im Interesse des geordneten Betriebes der Gaserzeugungsanlage, wie auch aus allgemein wirtschaftlichen Gründen, sind Gasbehälter kaum zu entbehren.

Zusammengefaßt kann für die Goldbasis festgestellt werden:

1. Es bestände die Möglichkeit, den großen Gaswerken innerhalb des 300 km-Versorgungsradius das Gas (4000 WE, u., 0/760) zu **3,5 bis 4,0 Pf.**/m³ frei Gasbehälter zu liefern, wenn die Fernversorgungsanlagen zweckentsprechend bemessen und betrieben würden.

2. Die Braunkohlenreviere kämen ebenso wie die Steinkohlenreviere als Gaserzeugungsstellen in Betracht, wodurch mit dem 300 km-Radius — ohne Umpumpen des Gases, also mit Ersparnis an Kompressionskosten — ganz Deutschland mit Gas durch Gasversorgungsfernleitungen versorgt werden könnte.

3. Die Groß-Gasversorgungsfernleitung würde die Möglichkeit geben, rd. 1,44 Mill. Tonnen = 1,1 vH der gesamten deutschen Steinkohlenförderung an Steinkohlen als Vergasungsmaterial zu sparen, sowie auch an Fracht rd. 7,2 vH der gesamten Frachttonnen sparen.

4. Nach dem englischen Beispiel müßte es möglich sein, die drei- bis vierfachen Gasmengen der bisherigen im Verbrauch zur Aufnahme zu bringen, was durch eine Gasversorgungsfernleitung wesentlich erleichtert würde; auch dadurch würde Kohlen- und Frachtersparnis erzielt.

5. Allgemein ist der Gastransport von ca. 175 km ab für das 4000 WE-Gas im Vorteil gegenüber der Braunkohlenbrikettfracht; für Steinkohlenschwelgas (ca. 6300 WE) von ca. 150 km ab im Vergleich zur Steinkohlenfracht und für Braunkohlenschwelgas (ca. 5700 WE) von rd. 250 km gegenüber der Steinkohlenfracht; dem Stromtransport ist der Gastransport von ca. 50 km ab überlegen, darunter nicht, sondern unterlegen.

6. Nachdem die Überland-Stromversorgung über 50 km hinaus, trotz wirtschaftlicher Unterlegenheit gegenüber der Gasfernleitung, sich ganz allgemein eingeführt hat und behauptet, liegt kein Risiko darin, die Großgasversorgung in ganz ähnlicher Weise zu betreiben, die im Transport gleiche Verlustzahlen zeigt wie die Stromfernleitung, aber trotzdem wirtschaftlicher ist.

Literaturnachweis.

1. American Gas Light Journal, New York 1905, S. 364.
2. Bánki, Donát, V. d. I., Berlin 1916, S. 512.
3. Bunte, H., „Zum Gaskursus", München 1921, S. 8.
4. Diegel, C., Forschungsheft, V. d. I., Berlin 1922, und „Stahl u. Eisen", Düsseldorf 1923, Nr. 3, S. 80ff.
5. Feuerungstechnik, Leipzig 1917, Nr. 5, S. 54.
6. Gaskalender, München 1922, II, S. 192 u. 372.
7. Gas Age Record, New York 1921, S. 545.
8. Geipert, „Journal für Gasbeleuchtung", München 1919, S. 270.
9. Gluud, W., „Die Tieftemperaturverkokung der Steinkohle", Halle 1919, S. 34—37.
10. Greineder, F., „Die Wirtschaft der deutschen Gaswerke", München 1914, S. 3, 13, 23—25.
11. „Handbuch der Gastechnik", München 1917, Bd. VI, S. 75ff.
12. Hempelmann, „Gasfernleitungen", Berlin 1914 (Dissertation).
13. Hinz, A., „Thermodynamische Grundlagen", Berlin 1914, S. 44—46.
14. „Hütte", 22. Aufl., Berlin 1915, Bd. I, S. 410, 503, 605, u. Bd. II, S. 79.
15. Kayser, „Braunkohle", Halle 1922, S. 67 u. 68.
16. Körting, E., „Technik und Wirtschaft", Berlin 1910, S. 265.
17. Niese, H., „Das autogene Schweiß- und Schneidverfahren", Berlin 1920, S. 91, 95.
18. Pois, A., „Erdgas", „Petroleum", Berlin 1917.
19. Sautter, „Journal für Gasbeleuchtung", München 1913, S. 1150.
20. Schömburg, „Feuerungstechnik", Leipzig 1923, S. 133ff.
21. Sieben, „Die Wirtschaftlichkeit einer Großkraftverwertung der Kohlenenergie in Deutschland", Düsseldorf 1921, S. 33, 35, 45—50.
22. Starke, Rich. F., „Gaswirtschaft", Berlin 1921, S. 128 u. 162.
22a. Starke, Rich. F., „Feuerungstechnik", 1923, Nr. 16, S. 171.
23. Statistische Zusammenstellung der Betriebsergebnisse für 1919 bzw. 1920, D. V. von Gas- u. Wasserfachmännern (Vereinsdruck).
24. Terháerst, R., und Trautwein, H., „Der Mischgasbetrieb im Steinkohlengaswerk", München 1922, S. 37ff.
25. Thau, A., „Glückauf", Essen 1923, Nr. 3, S. 60, u. Nr. 5, S. 127.
26. Zentrale für Gasverwertung e. V., Berlin, „Die Schwankungen der Gaserzeugung in den deutschen Gaswerken in der Nachkriegszeit", G. W. F., München 1923, S. 271ff.

Anhang I.

Rhein.-Westf. Elektrizitätswerk A.-G., Essen (RWE).

Bedingungen für die Ausführung von Gasfernleitungen.

§ 1. Material.

Rohrleitungsmaterial. Dem Unternehmer wird für die Ausführung der Rohrleitungen das erforderliche Material: Rohre, Formstücke, Wassertöpfe, Schieber, Straßenkappen, Bezeichnungsschilder und Pfähle, vom R. W. E. geliefert. Der Unternehmer hat dem R. W. E. für jede Strecke den Materialbedarf 3 Tage nach Auftragserteilung mitzuteilen. Die Kosten, die dem R. W. E. für die Zurückgabe übriggebliebenen Materials an die Lieferanten erwachsen, zahlt das R. W. E., falls sie M. 15 pro Kilometer verlegter Rohrlänge nicht übersteigen. Andernfalls fallen sie in ganzer Höhe dem Unternehmer zur Last.

Anfuhr. Der Unternehmer hat für die Anfuhr aller Materialien zu sorgen. Das R. W. E. hat diese Materialien franko nächster Staats-Eisenbahnstation zu liefern. Der Unternehmer hat die Versandadressen bei Auftragserteilung mitzuteilen.

Abfuhr. Übriggebliebenes Material hat der Unternehmer nach Anweisung des R. W. E. zu behandeln.

§ 2. Allgemeine Verlegungsvorschriften.

Rohrtrace. Der Unternehmer hat die vom R.W. E. vorgeschriebenen Rohrtracen genau einzuhalten, ferner hat er vor Ausführung erforderliche Probelöcher kostenlos herzustellen.

Bauausführung. Der Unternehmer hat die Arbeiten selbst oder durch einen vorher namhaft zu machenden Bevollmächtigten zu überwachen und zu leiten. Eine Übertragung der Verlegungsarbeiten an Dritte bedarf der Genehmigung des R. W. E. Für die Vertragserfüllung ist der Unternehmer allein verantwortlich.

Bauleitung. Die Reihenfolge der vorzunehmenden Arbeiten bestimmt das R. W. E. Der Unternehmer hat den Anordnungen nachzukommen.

Durch eine Bauaufsicht des R. W. E. wird der Unternehmer in keiner Weise von seinen übernommenen Verpflichtungen entbunden.

Der zuständige und bevollmächtigte Vertreter des R. W. E. entscheidet endgültig über die Art und Weise der Verlegung. Der Unternehmer hat dessen Anordnungen unbedingt zu folgen.

Behördliche Vorschriften. Alle Anordnungen der in Frage kommenden Gemeindebau-, Polizei-, Eisenbahn- und Postbehörden in bezug auf die Verlegungsarbeiten sind zu befolgen. Kommt der Unternehmer diesen Verpflichtungen nicht nach, und sind deshalb innerhalb zweier Jahre Umlegungen oder Veränderungen der Rohrleitungen erforderlich, so hat der Unternehmer diese Arbeiten nach Vorschrift der betreffenden Behörde innerhalb der gestellten Frist kostenlos auszuführen. Dasselbe gilt von

Schutzmaßregeln, für die von der Leitung berührten Anlagen irgendwelcher Art, besonders der Straßenbahn und Elektrizitätswerke.

Weigert sich der Unternehmer, die erforderlichen Veränderungen nach einmaliger schriftlicher Aufforderung seitens der R. W. E. auszuführen, so ist das R.W. E. berechtigt, diese Arbeiten drei Tage nach dieser Aufforderung auf Kosten des Unternehmers ausführen zu lassen.

Arbeitseinstellung. Das R. W. E. ist berechtigt, jederzeit die Einstellung der Arbeiten zu verfügen, der Unternehmer hat in einem solchen Falle keinerlei Entschädigungsansprüche für nicht ausgeführte Arbeiten. Über die Gründe solcher Arbeitseinstellung entscheidet allein das R. W. E.

Haftpflicht. Der Unternehmer ist dem R.W. E. und auch Dritten gegenüber für jeden durch seine Arbeiten entstehenden Schaden persönlich haftpflichtig, und er trägt alle auf seinen Arbeiten haftenden Lasten, Abgaben, Unfall- und Berufsgenossenschaftsbeiträge usw. Er hat stets für die Aufrechterhaltung des Straßenbetriebs, den erforderlichen Schutz der Rohrgräben, nächtliche Beleuchtung, für Wachen, sowie jederzeit für die Möglichkeit des Zugangs zu den einzelnen Grundstücken zu sorgen, und alle behördlichen Anordnungen hat er sofort zu erfüllen. Kosten, welche ihm dadurch erwachsen, können dem R. W. E. nicht in Rechnung gestellt werden.

§ 3. Schachtarbeiten.

Rohrdeckung. Die Rohre sind mindestens mit 1,0 Meter Deckung zu verlegen. Bei besonderen Verhältnissen: Felsboden, Antreffen von nicht tragfähigem Boden, Kreuzung von Kanälen oder sonstigen Hindernissen sind besondere Bestimmungen zwischen den Vertragsschließenden zu vereinbaren. Ob und in welchem Umfang dies geschieht, bestimmt für jeden Fall das R. W. E. Sind bei Verlegungen in unbefestigten Feldwegen und in Privatgrundstücken Rohrdeckungen unter 600 Millimeter, im geschachteten Graben gemessen, nicht zu vermeiden, so hat der Unternehmer durch Aufbringen von Boden auf den zugefüllten Rohrgraben die Rohrdeckung bis auf mindestens 800 Millimeter zu erhöhen. Für diesen Fall wird eine besondere Vergütung nicht gewährt, es findet aber auch eine Kürzung des Einheitssatzes bei Verminderung der Schachttiefe nicht statt.

Befestigung der Grabensohle. Wird nicht tragfähiger Boden angetroffen, und ist es nicht zu umgehen, daß diese Erdschichten für das Verlegen der Rohre oder Setzen der Töpfe angeschnitten werden, so hat der Unternehmer durch Betonierung für eine tragfähige Grabensohle zu sorgen. Ob und in welchem Ausmaß dies geschieht, bestimmt das R. W. E.

Der Unternehmer erhält die nachweisbaren Auslagen ersetzt.

§ 4. Hindernisse.

Durchlässe. Bei Kreuzung von Durchlässen und etwa damit verbundener Verminderung der Rohrdecke unter 1,0 Meter hat der Unternehmer Schutzrohre über die Leitung zu schieben.

Für Deckungen von 300—700 Millimeter ist die Gasleitung auf jeden Fall, also auch in der Gußrohrstrecke, in Schmiederohr auszuführen. Bei den größeren Deckungen können bei Gußrohrstrecken Gußrohre verwandt werden.

In allen Fällen sind die Rohre der Durchlaßkreuzung mit Teerstricken zu umwickeln und gut zu asphaltieren; ebenso sind die Verbindungen der Schutzrohrenden mit den Gasleitungen gut mit Teerstricken zu verpacken und zu asphaltieren.

Bedingungen für die Ausführung von Gasfernleitungen. 263

Wie weit das Mauerwerk angeschnitten werden darf, entscheidet das R. W. E.

Der Unternehmer erhält in diesem Falle die nachweisbaren Auslagen ersetzt.

Eisenbahn-Kreuzungen. Hierfür gilt sinngemäß das für „Durchlässe" Gesagte. Vor der Kreuzung ist ein Wassertopf und ein Schieber und hinter der Kreuzung ein Schieber einzubauen.

Brücken. Für Kreuzung gemauerter Brücken gilt ebenso das für „Durchlässe" Gesagte.

Muß die Gasleitung freiliegend angeordnet werden, worüber das R. W. E. entscheidet, so sind bei kleineren Brücken schmiedeeiserne Flanschrohre mit Feder und Nut und Gummidichtung zu verwenden; für längere Brücken sind schmiedeeiserne Rohre mit Ausdehnungsmuffen mit Strick und Gummidichtung und Gegenflanschen zu benützen.

Um eine Übertragung der Schubwirkung der Brückenleitung auf die Erdleitungen zu verhindern, sind die Enden der Erdleitungen vor den Brücken durch schwere Betonklötze zu verankern. Sowohl vor wie hinter der Brücke ist je ein Wassertopf und je ein Schieber einzubauen.

Straßengräben. Werden Straßengräben gekreuzt, und ist es erforderlich, diese zu sperren, so sind Tonrohre einzulegen.

Auch diese Arbeiten sind nach Anweisung des R. W. E. auszuführen. Das R. W. E. trägt die Kosten für die Tonrohre.

Kabel-Kreuzungen. Werden Reichs-, Post- und Starkstromkabel gekreuzt, so hat der Unternehmer, nach Anweisung der für diese Kabelanlagen maßgebenden Dienststellen, für den erforderlichen Schutz derselben zu sorgen. Er erhält hierfür die nachweisbaren Auslagen ersetzt, jedoch hat er sich vorher mit dem R. W. E. in Verbindung zu setzen, damit dieses entscheiden kann, ob der Schutz auf Kosten des R. W. E. oder des Eigentümers der betreffenden Kabel verlangt werden kann.

Wasserbewältigung. Die Bewältigung von Grund- und Tageswasser hat der Unternehmer kostenlos zu übernehmen. Etwa damit verbundene Absteifung der Grabenwände ist Sache des Unternehmers, ein Hinweis auf Hinderung in der Rohrverlegung durch einfallende Grabenwände ist unzulässig.

Felsbewältigung. Sprengarbeiten sind auf Anweisung des R. W. E. auszuführen und zu den Preisen des Angebots besonders zu verrechnen; dagegen ist die Beseitigung von Fels, der mit der Hacke bewältigt werden kann, und sonstiger im Grabenprofil liegender Hindernisse, Mauerreste, Holz usw. zu den vereinbarten Einheitssätzen vom Unternehmer auszuführen.

§ 5. Rohrverlegung.

Rohrlagerung. Die Rohre müssen auf der gewachsenen oder nach § 3 befestigten Grabensohle auf der ganzen Länge aufliegen.

Im Felsboden, bei Kreuzung von Wiesen oder steiniger Auffüllung sind die Rohre gut in Lehm oder Sand einzubetten. Hierfür steht eine Vergütung dem Unternehmer nicht zu.

Defekte an Juteumhüllungen der Schmiederohre sind vor Einbringen in den Graben zu beseitigen und die Nacharbeit peinlichst zu asphaltieren.

Für jeden im Graben festgestellten Jutedefekt werden dem Unternehmer 50 Mark an seinem Guthaben gekürzt.

Rohrreinigung. Jedes Rohr ist vor dem Einbringen in den Rohrgraben peinlichst zu säubern.

Einbringen der Rohre. Zur Schonung der Asphaltierung sind die Rohre mit Seilen, nicht mit Ketten, in den Graben zu senken.

Muffendichtung. Es dürfen nur beste, langfasrige, trockene Teerstricke und Weißstricke zur Verwendung gelangen.

Bei den Dichtungen der Schmiederohre wird auf den Strick ein Ring Bleiwolle aufgesetzt und dann die Muffe gegossen. Als Bleiringhöhen für gestemmte Bleiwolle und Gußring gelten die Zahlen der Normaltabelle. Die Rohrleger haben die Bleiringhöhe während des Verlegens mit Leeren festzustellen, die vom R. W. E. anerkannt sind.

Gußrohrmuffen können ohne Einstemmen von Bleiwolle gegossen werden.

Bergbaumuffen. In Gelände, in dem Bergbau umgeht, sind die Ausdehnungsmuffen für Zug und Druck der verlegten Rohre nach Angabe des R. W. E. zu verlegen.

Formstücke. Unzulässig ist die Herstellung von Leitungskrümmungen ohne Verwendung von Formstücken durch Krümmungen in den Muffen der Rohre. Bei Zuwiderhandlungen zahlt der Unternehmer für jeden Fall 100 Mark. Das R. W. E. behält sich vor, eine derartig verlegte Leitungsstelle auf Kosten des Unternehmers zu ändern.

Wassertöpfe und Gefälle. Die Leitungen sind in der Horizontalen mit 4 Millimeter Gefälle pro Meter zu verlegen. Verringerungen des Gefälles sind nur mit Genehmigung des R. W. E. zulässig.

Wassertöpfe sind in Abständen von 400 Meter im Anfang der Hauptdruckstelle (bis 10 Kilometer hinter der Kompressorenstation), in mit dem Gasstrom fallenden Gelände in Abständen von 1 Kilometer, in steigendem Gelände in der Gasstromrichtung in Abständen von 600 Meter, an allen Tiefpunkten der Leitungen, vor Gleis- und Durchlaßkreuzungen, vor und hinter Brückenkreuzungen, von dem Unternehmer kostenlos zu setzen. Die Pumprohre der Wassertöpfe sind zu umjuten und zu asphaltieren.

Umjutung der Muffen. Schmiederohrmuffen sind nach der Druckprobe zu umjuten und sorgfältigst zu asphaltieren.

Schieber. Die Gasschieber sind in Abständen von 1000 Meter in der Hauptdruckstrecke (30 Kilometer hinter der Kompressorenstation), an allen Abzweigen, und sonst in Abständen von 2 Kilometer von dem Unternehmer kostenlos einzubauen. Die Schieber sind möglichst in der Nähe von Gebäuden anzuordnen.

Straßenkappen. Die Straßenkappen für Wassertöpfe und Schieber sind vom Unternehmer kostenlos zu setzen. Die Umpflasterung der Straßenkappen gehört zur Wiederherstellung der Straßendecke.

Zusatz-Gummidichtung. Es steht dem R. W. E. frei, eine Zusatzdichtung, bestehend aus Gummiring und Flanschenpaar, zu verwenden.

Die fertig befestigte Verbindung ist gut mit Teerstricken zu verpacken, zu asphaltieren und zu bandagieren.

§ 6. Einfüllen der Gräben.

Rohrverankerungen. Krümmer, Abzweige und Endstopfen sind mit schweren Betonklötzen derart zu hinterbauen, daß jede Schubwirkung der Rohrleitung aufgehoben wird.

Diese Arbeiten werden vom R. W. E. nicht besonders bezahlt, sie gehören zur vertraglichen Leistung des Unternehmers.

Einfüllen. Die Erde ist lagenweise einzubringen und zu stampfen, erforderlichenfalls einzuschlämmen. Für Einhaltung der Vorschriften und Anordnungen der betreffenden Wegebaubehörden haftet der Unternehmer.

Die Verfüllung der Muffenlöcher darf erst nach der jeweiligen Druckprobe vorgenommen werden.

Bodenabfuhr. Für rechtzeitige Abfuhr des verbleibenden Bodens hat der Unternehmer kostenlos zu sorgen.

§ 7. Telephonkabel.

Trace. Mit der Gasfernleitung werden Telephonkabel auf der Abstufung einer Seitenwand des Grabens verlegt. Die genaue Lage wird vom R.W. E. bestimmt.

Umfang der Arbeiten. Die Arbeiten umfassen im einzelnen folgendes:

1. **Aufmachen des Kabelgrabens** mit 80 Zentimeter Tiefe und Sohlenbreite nicht unter 25 Zentimeter.

   Die Breite ist so zu bemessen, daß zwischen den einzelnen Kabeln ein Abstand von mindestens 5 Zentimeter ist und die Ziegelsteine an den Seiten mindestens 6 Zentimeter überstehen. Bei Kreuzungen von Gas-, Wasserrohren, Kanälen, Kabeln und Baumwurzeln sind die Kabel unter denselben zu führen. Zwischen den Abdecksteinen und den zu kreuzenden Gegenständen muß noch so viel Raum verbleiben, daß evtl. Arbeiten an letzteren gut ausgeführt werden können. Die Mehrarbeit hierfür ist in die Arbeit eingeschlossen. Sorgfältiges Reinigen der Graben von Holzresten, Kalk, Zement und sonstigen den Kabeln schädlichen Stoffen ist ferner Bedingung.

2. **Einfüllen des Kabelgrabens**, wobei ein sorgfältiges Feststampfen des Bodens in horizontalen Schichten zu erfolgen hat.

3. **Lieferung frei Baustelle und Einbauen von Ziegelsteinen** zur Abdeckung nach Angabe.

   Die Steine müssen hartgebrannt sein und mit den anstoßenden Seiten dicht aneinander liegen.

4. **Lieferung frei Baustelle und Einfüllen von Sand oder Lehm** 10 Zentimeter unter und 10 Zentimeter über und außerdem zwischen den Kabeln, wo die Bodenbeschaffenheit dies erfordert.

5. **Lieferung frei Baustelle und Einbauen von Gußrohren** bei Kreuzungen mit Straßen, Geleisen, Wasserläufen, Brücken und Mauerwerk irgendwelcher Art, als auch bei Annäherung an die Masten der Reichsleitungen oder sonstiger fremder Leitungen, sowie von Zementrohren beim Kreuzen von Kabeln der Post- und Telegraphenverwaltung.

   Die zu liefernden Rohre müssen mindestens 4'' lichte Weite und mindestens $1/2''$ Wandstärke haben.

6. **Anfuhr der Kabel und des Kabelwagens mit Zubehör**, der Garniturteile, der Verlegungsgeräte und sonstiger Werkzeuge der Monteure ab Waggon nächster Bahnstation oder sonstiger Stelle innerhalb einer Entfernung von 5 Kilometer zur Verwendungsstelle.

7. **Aufstellen der Trommeln auf die Windeböcke.**

8. **Entfernen der Verpackung.**

9. **Weitertransport halbleerer Trommeln.**

10. **Aufrollen zuviel abgezogenen Kabels**, wenn dies durch die Umstände erforderlich werden sollte.

11. **Erweiterung der Muffenlöcher**, so daß der Kabelmonteur bequem darin arbeiten kann, einschließlich Herstellung der Erdoberfläche, auch dann, wenn die Montage der Muffen aus irgendeinem Grunde erst später erfolgt.

12. **Transport der Werkzeuge für den Kabelmonteur auf der Strecke.**

13. **Einziehung und Einlegung der Kabel in die Gräben**, wobei die Kabel nach Möglichkeit getragen werden müssen und für jede Fabrikationslänge mindestens 60 Mann nötig sind.
14. **Zurücklieferung der bei der Kabelmontage abgefallenen Kabelenden, Kupfer- und Bleistücke**, sowie der Schalbretter der Kabeltrommeln.
15. **Abfuhr der leeren Trommeln**, der Verpackung und der Werkzeuge sowie des Kabelwagens von der Baustelle zur nächstgelegenen Station und Verladung in den Waggon oder nach einer anderen Stelle innerhalb einer Entfernung von 5 Kilometern von der Arbeitsstelle.
16. **Das Setzen von Markiersteinen**, soweit erforderlich, sowie Transport derselben nach und auf der Stelle.
17. **Gestellung von Nachtwachen**, sofern Kabel freiliegen.
18. **Gestellung von Hilfsarbeitern** für die Kabelmonteure zur Montage der Muffen und Endverschlüsse, auch dann, wenn die Montage dieser Garniturteile erst später, d. h. nach Beendigung der eigentlichen Verlegungsarbeiten erfolgt.

§ 8. Straßendecke.

Wiederherstellung. Die Wiederherstellung der Straßendecke erfolgt, wenn nicht anders vereinbart, durch die betreffenden Wegebaubehörden.

Senkungen. Stellen sich während der Garantiezeit in der benutzten Wegefläche Senkungen ein, so können solche von dem Unterhaltungspflichtigen 8 Tage nach Aufforderung des Unternehmers auf Kosten desselben beseitigt werden. Hierfür haftet in voller Höhe die gestellte Kaution. Diese Verpflichtung des Unternehmers fällt fort, wenn die Senkungen nachweislich nicht durch seine Arbeiten hervorgerufen sind.

§ 9. Abnahme.

Einzelpressungen. Über sachgemäße und betriebsfähige Ausführung und Verlegung der Rohre und Formstücke, Einbau der Wassertöpfe und Schieber sowie sonstiger Apparate entscheidet das R. W. E.

Die Arbeiten sind so zu fördern, daß möglichst jeden Abend der Rohrgraben wieder ordnungsgemäß verfüllt ist.

Alle Dichtungsstellen sind offen zu halten bis nach erfolgter Besichtigung durch das R. W. E. Müssen die Muffenlöcher über Nacht offen bleiben, so hat der Unternehmer für genügende Beleuchtung und Abdeckung auf seine Kosten zu sorgen.

Jede Einzelstrecke muß vor dem Einfüllen der Gräben mit dem vollen Probedruck der Hauptdruckprobe gepreßt und Undichtigkeiten mit Seifenwasser peinlichst gesucht werden. Diese Einzelpressungen müssen als Manometerproben in genau derselben Weise vorgenommen werden wie die Hauptdruckprobe. Werden Zusatzgummidichtungen verwendet, so sind die Druckproben vor Einbau derselben vorzunehmen. Die Einzelpressungen sind vom Unternehmer vorzunehmen, für das R. W. E. ist indessen nur die Hauptdruckprobe entscheidend.

Zur Beseitigung vorgefundener Materialfehler ist der Unternehmer auf Anfordern des Materiallieferanten verpflichtet. Die Kosten gehen zu Lasten dessen, den es angeht.

Hauptdruckprobe. Der Probedruck ist $2^{1}/_{2}$ Atmosphären-Luftdruck. Zum Temperaturausgleich werden $1^{1}/_{2}$ Stunde im Maximum

Bedingungen für die Ausführung von Gasfernleitungen.

gegeben. Es steht dem Unternehmer frei, diese Zeit abzukürzen, doch darf es dann keinerlei Einsprüche wegen Differenzen zwischen Außen- und Rohrtemperatur erheben.

Bei dem Probedruck darf das Quecksilber-Manometer in 1 Stunde höchstens um 2 Millimeter sinken.

Die Verwendung von Quecksilber-Manometern ist vorgeschrieben, jede andere Konstruktion ist unzulässig.

Kosten der Druckproben. Die Kosten aller Pressungen und der Hauptdruckprobe trägt der Unternehmer, der auch für die nötige Druckluft und die Apparate kostenlos zu sorgen hat.

Abnahme. Die endgültige Abnahme der Leitungsanlagen und die Schlußabrechnung erfolgt nur nach Erfüllung dieser Bedingungen.

§ 10. Garantie.

Dauer. Der Unternehmer hat für die Ausführung und die Güte seiner Arbeiten 2 Jahre Garantie zu leisten.

Beginn. Die Garantiezeit beginnt mit dem Tage der Inbetriebnahme jeder Einzelstrecke.

Während der Garantiezeit ist jede Verjährung etwaiger Ansprüche des R. W. E. gegen den Unternehmer gehemmt.

Ende. Die Garantie gilt nur dann als erfüllt, wenn der Unternehmer nachweist, daß die Leitungsanlage pro Kilometer Leitungslänge bei 1 Meter W.-S. Gasdruck nur bis zu 200 Liter Verlust pro Stunde zeigt.

Ergibt sich ein höherer Verlust, so hat der Unternehmer für die sofortige Beseitigung der Fehler Sorge zu tragen, und die Garantiezeit wird ausgedehnt, bis die oben garantierte Höchstverlustzahl erreicht ist, was der Unternehmer nachzuweisen hat.

Rohrstrecken, welche während der Garantiezeit durch Bergbau- oder Tiefbauarbeiten beschädigt werden, gelten als vertragsmäßig geliefert, und gehen notwendige Reparaturenarbeit zu Lasten dessen, den es angeht. Die nächstgelegenen Gasschieber gelten als Anfangs- und Endpunkte solcher Teilstrecken.

§ 11. Kaution.

Höhe. Die Kaution soll 10% des vom R. W. E. aufgestellten voraussichtlichen Auftragswertes betragen.

Ablieferung. Sie ist nach Wahl des R. W. E. in Form einer Bürgschaft eines erstklassigen Bankinstituts oder in mündelsicheren Papieren an der Kasse des R. W. E. zu hinterlegen.

Schadloshaltung. Für den Fall, daß das R. W. E. solche in Veranlassung dieses Vertrages zu erheben genötigt ist, ist sie sofort wieder auf die volle Höhe zu bringen.

Rückgabe. Sie dient dem R. W. E. bis 2 Jahre nach Beendigung der letzten Arbeiten als Faustpfand zur Erfüllung dieser vertraglichen Bestimmungen.

§ 12. Ausführung und Fertigstellung.

Beginn. Der Unternehmer hat zwei Wochen nach schriftlicher Aufforderung mit der Verlegung zu beginnen.

Bei Übertragung mehrerer Rohrstrecken muß er auf Verlangen an sämtlichen zu gleicher Zeit arbeiten.

Fertigstellung. Bei der Auftragserteilung werden Termine der Fertigstellung vereinbart, welche unter allen Umständen einzuhalten sind.

Für genügende Arbeitskräfte und Geräte sowie rechtzeitiges Eintreffen der Materialien auf den Baustellen haftet der Unternehmer.

Bei notwendigen Unterbrechungen der Bauausführung durch das R. W. E. hat der Unternehmer keinerlei Schadensersatzanspruch für nicht ausgeführte Arbeiten. Ausbedungene Fertigstellungstermine werden um die Dauer der Unterbrechung verlängert.

Dagegen hat der Unternehmer für Ausräumung der den Fortgang der Bauarbeiten hindernden Umstände aufzukommen.

Für jeden Tag verspäteter Fertigstellung jeder Einzelstrecke hat der Unternehmer, ohne Nachweis eines Schadens des R. W. E., eine Verzugsstrafe von 100 Mark zu zahlen. Weitergehende Schadensersatzansprüche an den Unternehmer hat das R. W. E. nachzuweisen. Die Verzugsstrafe gilt selbst durch eine vorbehaltlose Abnahme seitens des R. W. E. nicht als aufgehoben.

§ 13. Arbeitsentziehung.

Verzug. Falls der Unternehmer mit der Ausführung seiner Arbeiten in Verzug kommt, so ist das R. W. E. berechtigt, auf Kosten des Vertragschließenden einen anderen Unternehmer mit der Fertigstellung zu betrauen; es hat aber in diesem Fall dem Unternehmer eine Nachfrist von 8 Tagen zu gewähren.

Mangelhafte Arbeit. Die Arbeiten müssen kunstgerecht und nach den besten Regeln der Technik sowie diesen Bedingungen ausgeführt werden. Etwaige Arbeitsleistungen, die diesen Vorschriften nicht entsprechen, sind auf Kosten des Unternehmers zu beseitigen und durch bedingungsgemäße zu ersetzen.

§ 14. Abrechnung.

Rechnungsbetrag. Die dem Unternehmer zustehende Bezahlung wird nach Aufmaß und Abnahme der verlegten Rohrleitungen berechnet. Die vereinbarten Einheitspreise umfassen zugleich die Vergütung für alle zur Erfüllung dieses Vertrages gehörenden Nebenleistungen mit Ausnahme von Felssprengarbeiten (siehe § 4).

Mehrleistung gegen den Vertrag. Ohne ausdrückliche schriftliche Anweisung des R. W. E. hat der Unternehmer keinerlei Arbeiten oder Lieferungen auszuführen, evtl. Leistungen gehen zu Lasten des Unternehmers.

Überwachung der Ausführung. Behufs Überwachung der Arbeiten ist das R. W. E. berechtigt, jederzeit die Arbeit zu kontrollieren und steht der Zutritt zu den Arbeitsplätzen den Vertretern des R. W. E. jederzeit frei.

Diese Bauaufsicht entbindet in keiner Weise den Unternehmer von den eingegangenen Verpflichtungen.

Anordnungen des R. W. E. hat der Unternehmer nachzukommen.

Über alle Arbeiten hat der Unternehmer Aufzeichnungen zu führen, die von dem Vertreter des R. W. E., während der Bauausführung gegengezeichnet werden und welche auf Verlangen dem R. W. E. vorzulegen sind. Bei Beendigung der Arbeiten hat der Unternehmer einen ausführlichen Plan 1 : 500 oder 1 : 1000 in 2 Exemplaren auf Leinwand aufgezogen vorzulegen. Dieser Plan muß jede Einzelrohrlänge, Lage der Leitung, Wassertöpfe, Schieber usw. enthalten.

Abnahme-Verhandlungen. Nach Vollendung der Arbeiten wird zwecks Abnahme derselben ein Termin vereinbart, zu welchem auch die betreffenden Wegebaubehörden geladen werden. Über die erfolgte Rege-

Bedingungen für die Ausführung von Gasfernleitungen. 269

lung oder Abnahme ist eine Niederschrift aufzunehmen, von der allen Beteiligten Abschrift gegeben wird. Dies gilt auch für evtl. Teilarbeit.

Tagelohn-Rechnungen. Mehrarbeiten sind besonders nachzuweisen und gesondert in Rechnung zu stellen. Die vom R. W. E. erfolgte Anweisung und die vom Vertreter des R. W. E. gegengezeichneten Rapportzettel sind diesen Rechnungen beizulegen.

Tagelohnrechnungen sind allwöchentlich einzureichen.

Zahlungen. Der Unternehmer hat für jeden Teil der Arbeiten eine nach Vorschrift des R. W. E. aufzustellende Kostenrechnung in doppelter Ausfertigung einzureichen. Die Bezahlung erfolgt nach Anerkennung und Abnahme der geleisteten Arbeiten.

Abschlagszahlungen stehen dem Unternehmer in Höhe von 75% zu, wenn die Einzelpressungen bedingungsgemäß aufgefallen sind.

§ 15. Vertragsabschluß.

Übertragung des Vertrages. Verfällt der Unternehmer vor Erfüllung seines Vertrages in Konkurs, so ist das R. W. E. berechtigt, den Vertrag aufzuheben.

Bezüglich der in diesem Falle zu gewährenden Vergütung sowie der Gewährung von Abschlußzahlungen finden die Bestimmungen des § 14 sinngemäße Anwendung.

Als Erfüllungsort dieses Vertrages gilt das Amts- oder Landgericht zu Essen.

Stempel. Den Vertragsstempel trägt jede Partei zur Hälfte.

§ 16. Vollzug.

Durch Vollziehung dieser Bedingungen erkennt der Unternehmer diese als für sich bindend und als zum Vertrage vom .... gehörig an. Besondere Bedingungen des Unternehmers sind ausgeschlossen.

.................................., den.........................192......

Anhang II.

Rhein.-Westf. Elektrizitätswerk A.-G., Essen (RWE.).

Besondere Bedingungen für Felsbewältigung.

§ 1. Sprengarbeiten.

Die in „§ 4. Hindernisse, Felsbewältigung" erwähnten Felssprengarbeiten werden besonders nachgewiesen und verrechnet.

Felssprengungen sind mit allen Vorsichtsmaßregeln auszuführen. Der Unternehmer ist für alle dabei entstehenden Beschädigungen von Personen und Sachen verantwortlich. Die Genehmigungseinholung für Sprengarbeiten bei den zuständigen Behörden ist Sache des Unternehmers, der auch alle gesetzlichen Vorschriften zu beachten hat und für alle Übertretungen derselben allein haftbar ist.

Felssprengungen werden nach dem wirklichen körperlichen Inhalt der fortzusprengenden Massen in Anrechnung gebracht. Für jede Rohrweite ist das Grabenprofil und für die Kopflöcher der Aushub ein für allemal festzustellen. Ausgeführter Mehraushub wird nicht vergütet. Zu wenig gesprengter Fels wird nicht in Abzug gebracht. Zu diesem Zwecke ist vor Beginn eine Aufmessung durch das R. W. E. unter Zuziehung des Unternehmers oder seines Vertreters zu veranlassen. Die Aufmessung ist durch Namensunterschrift anzuerkennen. Jede unnütze Erbreiterung des Grabens ist zu vermeiden.

§ 2. Hackfels.

Nach „§ 4. Hindernisse, Felsbewältigung" der Bedingungen für die Rohrverlegung ist die Beseitigung von Fels, der mit der Hacke gelöst werden kann, und sonstiger im Graben liegender Hindernisse, Mauerreste, Holz usw. zu den vereinbarten Einheitssätzen vom Unternehmer auszuführen. Hierzu gehört auch Felslösen durch Keile bei lagerhaftem Fels.

Wird auf Anweisung des R. W. E., um nicht durch Sprengungen neben der Rohrtrace liegende Gebäude und Leitungen zu beschädigen, als Sprengfels erkannter Fels durch Keile gelöst, so soll dieser Fels als Sprengfels berechnet werden.

§ 3. Rohrlagerung im Fels.

Nach „§ 5. Rohrverlegung, Rohrlagerung" hat der Unternehmer im Felsboden die Rohre gut im Lehm oder Sand einzubetten, ohne daß ihm hierfür eine besondere Vergütung zusteht. Wenn in der Grabensohle Hindernisse, Steine, Mauerteile usw. vorgefunden werden, sowie bei geschlossenem Fels ist die Grabensohle 0,2 m tiefer wie Rohr-Unterkante auszuheben und in dieser Höhe mit Kies oder festgestampftem Sand auszufüllen. Die Kopflöcher sind so groß auszubrechen, daß man die Muffe und die Dichtung von allen Seiten genau besichtigen kann. Die Rohrgräben

Anhang II. Besondere Bedingungen für Felsbewältigung. 271

sind im Fels in angemessener Breite auszuheben, so daß die Grabenwände auf jeder Seite mindestens 15 cm von dem Rohr abbleiben.

Auf alle Fälle muß das Rohr mindestens 30 cm über Oberkante mit gutem, weichem Boden zugefüllt werden, ehe jedwede Steinschüttung vorgenommen wird. Ist auf der Strecke nicht genügend Füllmaterial vorhanden, so muß der Unternehmer auf seine Kosten das fehlende herbeischaffen.

§ 4. Behandlung von Streitigkeiten.

Falls der Unternehmer sich mit dem R. W. E. vor Beginn der Rohrverlegung nicht darüber verständigen kann, ob in der Rohrtrace Sprengfels vorhanden ist, der besonders vergütet wird, so soll der Landesbauinspektor der betreffenden Provinzialverwaltung gebeten werden, die Entscheidung zu treffen, lehnt dieser eine Entscheidung ab, so soll der zuständige bzw. seinem Amtssitze nach nächst benachbarte Landrat einen geeigneten Sachverständigen ernennen. Dies gilt auch für Stadtbezirke, deren Straßen der Provinzialverwaltung nicht unterstehen. Die Kosten, die dadurch entstehen, trägt der unterliegende Teil. Der Unternehmer kann durch die Herbeiführung einer Entscheidung durch den Landesbauinspektor auf keinen Fall den Einwand einer Verzögerung der Bauausführung erheben oder deshalb eine Fristverlängerung für die Bauausführung beanspruchen. Etwa vor Eintreffen des Landesbauinspektors vorgenommene Sprengarbeiten werden vom R. W. E. nur dann bezahlt, wenn der Landesbauinspektor Sprengfels anerkennt.

Die Entscheidung des Landesbauinspektors soll eine endgültige sein. Die Anrufung der ordentlichen Gerichte ist für diesen Fall unzulässig.

Vorstehende „Besondere Bedingungen für Felsbewältigung" werden hiermit als zum Vertrag vom .... gehörig anerkannt.

..............., den........................192

Sachregister.

Ableitung der Hochdruckförderformel, Bánkis 16.
Amerikanische Hochdruckförderformeln 15.
Angesaugtes Gas, Stromkosten je m³ 80.
Ansaugeleistung, Gasförderkosten je m³ (20°, 760 mm) 210.
Anwendung der amerikanischen Hochdruckformeln 26.

Bahntransporte durch Gasfernleitung, Verminderung der 253.
Baukosten der Fernleitungen 104.
— der Fernleitungen für die Förderbeispiele 116.
— der Kompressorenstationen 81.
Bedeutung der Gasversorgung durch Gasfernleitung, Volkswirtschaftliche 226.
Bánkis Ableitung der Hochdruckförderformel 16.
Berechnung der Rohrwandstärken 96.
Betriebskosten der Fernleitungen 132.
— der Kompressorenstationen 87.
Brennstoffwert des Koksofengases 236.

Coxsche Förderformel 18.

d'Aubuissons Förderformel für Luft 14.
Deutscher Gaswerke, Selbstkosten 242.
Drucke der Förderbeispiele, Leistungsbedarf für die 68.

Effektiver Leistungsbedarf 72.
Energie, Versendung der 248.

Felsbewältigung, Verlegungsbedingungen des R.W.E.-Essen für 270.
Fernleitungen 91.

Fernleitungen, Baukosten der 104.
—, Betriebskosten der 132.
— für die Förderbeispiele, Baukosten der 116.
Fester Verlust 141.
Förderbeispiele 31.
—, Baukosten der Fernleitungen für die 116.
—, Leistungsbedarf für die Drucke der 68.
Förderformel, Coxsche 18.
— für Luft, d'Aubuissons 14.
— für Niederdruck, Polesche 13.
—, Ledouxsche 16.
— I, Oliphants 18.
— II, Oliphants 19.
—, Pittsburgh 18.
—, Richards 19.
—, Robinsons 18.
—, Towls 18.
—, Weymouthsche 19.
Förderformeln für kontantes λ 18.
— mit veränderlichem λ 18.
Förderleistung, Gasförderkosten je m³ (0°, 760 mm) 175.
Förderverhältnisse im Netz des R. W. E. 22.
Formel für λ, Weymouthsche 19.
Formelkonstante c für $d = 50$ bis 600 mm $\varnothing$ 25.
— c für $d = 700$ bis 2000 mm $\varnothing$ 26.

Gas, Gesamtkompressionskosten je m³ angesaugtes 90.
—, Gesamtleitungskosten je m³ angesaugtes 139.
—, Stromkosten je m³ angesaugtes 80.
— und Strom, Versendungskosten für 248.
—, Versendungskosten für Strom, Kohle und — 250.
Gaseinkaufspreise, welche können städt. Gaswerke zahlen 230.

Sachregister.

Gasfernleitung, Privatwirtschaftliche Grundlagen einer Gasversorgung durch 230.
—, Technik der 9.
—, Verminderung der Bahntransporte durch 253.
—, Volkswirtschaftliche Bedeutung der Gasversorgung durch 226.
—, Wirtschaft der 221.
Gasfernversorgung, Zusammenfassung der Untersuchungsergebnisse für die 257.
Gasförderkosten bei halber Belastung der Leitungen 224.
— bei voller Belastung der Leitungen 223.
— je m³ (20°, 760 mm) Ansaugeleistung 210.
— je m³ (0°, 760 mm) Förderleistung 175.
— je m³ (12°, 760 mm) Lieferleistung 210.
Gaskompression 66.
Gaslieferung an städt. Gasversorgungsanstalten, Preisbildung für eine 241.
Gasverkaufspreise, welche müssen Großgaserzeuger fordern 235.
Gasverlustes, Kosten des 158.
Gasversorgung durch Gasfernleitung, Privatwirtschaftliche Grundlagen einer 230.
— durch Gasfernleitung, Volkswirtschaftliche Bedeutung der 226.
Gasversorgungsanstalten, Preisbildung für eine Gaslieferung an städt. 241.
Gaswerke, Selbstkosten deutscher 242.
Generatorgas, Transport von 213.
Gesamtkompressionskosten je m³ angesaugtes Gas 90.
Gesamtleitungskosten je m³ angesaugtes Gas 139.
Gesamtverlust 147.
Grundlagen einer Gasversorgung durch Gasfernleitung, Privatwirtschaftliche 230.

Hochdruckförderformel, Bánkis Ableitung der 16.
Hochdruckformeln, Amerikanische 15.

Hochdruckformeln, Anwendung der amerikanischen 26.

Industriegasversorgungen 246.

Kohlenklauseln 246.
Kohle und Gas, Versendungskosten für 250.
Koksofengases, Brennstoffwert des 236.
Kompressionsarbeit, Theoretische 66.
Kompressoren, Leistungsbedarf elektrisch angetriebener 76.
—, Umdrehungszahlen der 73.
—, Wirkungsgrade der 73.
Kompressorenstationen, Baukosten der 81.
—, Betriebskosten der 87.
Kosten des Gasverlustes 158.

Ledouxsche Förderformel 16.
Leistungsbedarf, effektiver 72.
— elektrisch angetriebener Kompressoren 76.
— für die Drucke der Förderbeispiele 68.
—, theoretischer 68.
Leitungsverlust 141.
Lieferleistung, Gasförderkosten je m³ (12°, 760 mm) 210.
Literaturnachweis 260.
Luft, d Aubuissons Förderformel für 14.

Mondgas, Transport von 215.

Niederdruck, Polesche Förderformel für 13.

Oliphants Förderformel I 18.
— Förderformel II 19.

Pittsburgh Förderformel 18.
Polesche Förderformel für Niederdruck 13.
Preisbildung für eine Gaslieferung an städt. Gasversorgungsanstalten 241.
Privatwirtschaftliche Grundlagen einer Gasversorgung durch Gasfernleitung 230.

Starke, Großgasversorgung. 18

Sachregister.

Richards Förderformel 19.
Robinsons Förderformel 18.
Rohrmaterial 92.
Rohrverlegung 94.
Rohrwandstärken, Berechnung der 96.

Schwelgas, Transport von 216.
Selbstkosten deutscher Gaswerke 242.
Strom, Kohle und Gas, Versendungskosten für 250.
—, Versendungskosten für Gas und Strom 248.
Stromkosten in kWh im Jahr 78.
— im Jahr in Goldmark 79.
— je m^3 angesaugtes Gas 80.
—, Stromverbrauch und 77.
Stromverbrauch und Stromkosten 77.

Technik der Gasfernleitung 9.
Theoretische Kompressionsarbeit 66.
Theoretischer Leistungsbedarf 68.
Towls Förderformel 18.
— Versuch 20.
Transport von Generatorgas 213.
— von Mondgas 215.
— von Schwelgas 216.

Umdrehungszahlen der Kompressoren 73.
Untersuchungsergebnisse für die Gasfernversorgung, Zusammenfassung der 257.

Verlegungsbedingungen des R.W.E.-Essen 261.
— für Felsbewältigung 270.
Verlust, Fester 141.
—, Wirklicher 143.
Verminderung der Bahntransporte durch Gasfernleitung 253.
Versendung der Energie 248.
Versendungskosten für Gas und Strom 248.
— Strom, Kohle und Gas 250.
Versuch, Towls 20.
Volkswirtschaftliche Bedeutung der Gasversorgung durch Gasfernleitung 226.

Welche Gaseinkaufspreise können städt. Gaswerke zahlen 230.
— Gasverkaufspreise müssen Großgaserzeuger fordern 235.
Weymouthsche Förderformel 19.
— Formel für λ 19.
Widerstandszahl λ 19.
— λ für $d = 50$ bis 600 mm $\varnothing$ 25.
— λ für $d = 700$ bis 2000 mm $\varnothing$ 26.
Wirklicher Verlust 143.
Wirkungsgrade der Kompressoren 73.
Wirtschaft der Gasfernleitung 221.

Zusammenfassung der Untersuchungsergebnisse für die Gasfernversorgung 257.

VERLAG VON OTTO SPAMER IN LEIPZIG-REUDNITZ

MONOGRAPHIEN ZUR FEUERUNGSTECHNIK

Bisher erschienene Hefte:

Heft 1: **Die Chemie der Brennstoffe vom Standpunkt der Feuerungstechnik.** Von **Hugo Richard Trenkler.** 2. Auflage. Mit 2 Figuren im Text und 2 Tafeln. Geh. 1 Goldmark.

Der Weltmarkt: Zur Einführung in die Materie der Kohlenvergasung und der Nebenproduktengewinnung ist das Werkchen so recht geeignet und kann deshalb allen Brennstoffverbrauchern bestens empfohlen werden.
Glasers Annalen: Die vorliegende Arbeit gehört zu den besten Veröffentlichungen der Jetztzeit.

Heft 2: **Beiträge zur graph. Feuerungstechnik.** Von **Wa. Ostwald.** Mit 39 Abb. im Text und 3 Tafeln. Geh. 3.50, geb. 4 Goldmark.

Mitteilungen d. Inst. f. Kohlenvergasung: Eine recht zahlreiche Verbreitung des Buches (dessen Wert noch durch die Beigabe dreier Rechentafeln größeren Formats erhöht wird) möchte Referent aus zwei Gründen wünschen: einmal, weil dadurch jedem gebildeten Betriebsleiter, auch wenn er nicht über besondere Kenntnisse aus der Feuerungstechnik verfügt, die Möglichkeit geboten ist, die Arbeitsweise seiner Feuerung bzw. seiner Verbrennungskraftmaschine wirksam zu kontrollieren, und zweitens, weil bei tieferem Eindringen der von Ostwald entwickelten Ideen in die Kreise der Praktiker zweifellos zahlreiche neue Probleme auftauchen werden, die sich vermittels graphischer Methoden ebenso leicht und elegant lösen lassen, wie dies Ostwald in der vorliegenden Schrift an einzelnen Beispielen dargetan hat.
Glückauf: Die Sammlung der in Zeitschriften verstreuten Aufsätze wird freudig begrüßt werden und wertvolle Anregungen zur Anwendung schaubildlicher Verfahren auch in solchen Fällen geben, in denen bisher ausschließlich rechnungsmäßig gearbeitet worden ist.

Heft 3: **Vereinfachte Schornsteinberechnung.** Von **O. Hoffmann.** Geh. —.75 Goldmark.

Zentralblatt f. d. d. Baugewerbe: Der Zweck der hier vorliegenden Arbeit ist, auf der Basis theoretischer Grundlage eine einheitliche Berechnungsweise für Fabrikschornsteine zu schaffen, die es dem in der Praxis stehenden Ingenieur ermöglicht, unter Benutzung weniger Merkziffern Schornsteindurchmesser und Schornsteinhöhe für alle vorkommenden Fälle rasch und sicher zu bestimmen. Die hierzu nötigen Merkziffern sind überaus einfach und dem Gedächtnis leicht einzuprägen, so daß sie bald Allgemeingut werden dürften. Das kleine Werkchen ist allen Interessenten zu empfehlen.

Heft 4: **Trockene Kokskühlung mit Verwertung der Koksglut.** Von **L. Litinsky.** Mit 18 Abb. und 7 Tabellen im Text. 1 Goldmark.

Chaleur et Industrie: M. Litinsky expose très complètement l'état actuel de la question. Après avoir évalué la quantité d'énergie disponible sous forme de chaleur sensible dans le coke il passe en revue tous les procédés qui ont été employés pour refroidir le coke sans perdre cette chaleur. Il décrit avec détails ceux qui ont été effectivement utilisés avec succès.

Heft 5: **Wärmewirtschaftsfragen.** Von **L. Litinsky.** Mit 40 Abb. und 17 Tabellen. Geheftet 4.70, gebunden 5.50 Goldmark.

Inhalt: Wärmetechnische Berechnung eines Gaskammerofens zum Brennen von Schamottewaren — Wärmebilanz eines Glasschmelzofens — Erfahrungen mit Holzgeneratoren — Regenerator oder Rekuperator — Einzelgenerator oder Zentralgenerator in Gaswerken — Ermittelung des Wärmeverbrauchs für die Kohlendestillation — Zur Beurteilung der Wärmeverluste im Schornstein nach dem CO_2-Gehalt der Abgase — Trockne oder nasse Löschweise des Kokses.

VERLAG VON OTTO SPAMER IN LEIPZIG-REUDNITZ

KRAFTGAS
THEORIE UND PRAXIS DER VERGASUNG FESTER BRENNSTOFFE
Von
PROFESSOR DR. FERD. FISCHER
Zweite Auflage, neu bearbeitet und ergänzt von
DR.-ING. J. GWOSDZ, REGIERUNGSRAT
Mit 245 Figuren.
Geheftet 12 Goldmark, gebunden 15 Goldmark

Glückauf: Nach Ferdinand Fischers Tode konnte für die Neubearbeitung nur ein Fachmann von der Bedeutung des Regierungsrates Gwosdz in Betracht kommen. Gwosdz hat seine Aufgabe glänzend gelöst; er hat ganz im Sinne Fischers die Neuheiten der Theorie und Praxis der Vergasung fester Brennstoffe neu bearbeitet und ergänzt.
Chemiker-Zeitung: Was an brauchbaren Verfahren und Vorrichtungen betr. Kraftgas bekannt ist, findet sich in dem Buch unter einheitlichen Gesichtspunkten in übersichtlicher Weise zusammengestellt und durch einen Text verbunden, dem man überall die Sachverständigkeit seines Verfassers anmerkt.

MESSUNG GROSSER GASMENGEN
Anleitung zur praktischen Ermittlung großer Mengen von Gas- und Luftströmen in technischen Betrieben
Von
ING. L. LITINSKY
Mit 138 Abbildungen, 37 Rechenbeispielen, 8 Tabellen im Text
und auf einer Tafel, sowie 13 Schaubildern und Rechentafeln im Anhang
Geheftet 16 Goldmark, gebunden 18 Goldmark

Glückauf: Eine zusammenfassende Darstellung des Standes auf diesem Sondergebiete des Meßwesens und der gewonnenen Erfahrungen wird vielen Betriebsleitern sehr willkommen sein. Der Verfasser des vorliegenden Buches versucht mit großer Gründlichkeit diese Übersicht zu geben. Seine Arbeit erstreckt sich auf das Gesamtgebiet der Gasmessungen und auf eine vergleichende Abschätzung der Meßarten. Theoretische Erörterungen finden nur insoweit Platz, als sie zum Verständnis der Meßverfahren nötig sind. Überall sind die praktischen Dinge in den Vordergrund gerückt. Ein genaueres Unterrichten über Einzelheiten ist durch entsprechende Hinweise auf Arbeiten in dem Schrifttum erleichtert. Durchgerechnete Zahlenbeispiele fördern die Beurteilung der Meßgeräte und die richtige Auswertung der Meßergebnisse.
Das Buch ist ein wertvoller Berater des Wärmetechnikers und Betriebsleiters in allen Fragen der Gas- und Luftmessungen. Einwände gegen den sachlichen Inhalt sind nicht zu erheben.

CHEMISCHE TECHNOLOGIE DES STEINKOHLENTEERS
Mit Berücksichtigung der Koksbereitung
Von
DR. R. WEISSGERBER
Direktor der Gesellschaft für Teerverwertung m. b. H.
Duisburg-Meiderich
Mit 23 Figuren im Text
Geheftet 5,20 Goldmark, gebunden 7,30 Goldmark

Chemiker-Zeitung: Eine klare und von Sachverständnis wie Gründlichkeit getragene Darstellung dieses ungemein wichtigen Gebietes. ... Das Buch ist besonders wertvoll durch die eignen Anschauungen, welche der seit langen Jahren auf diesem Arbeitsgebiete mit Erfolg tätige Verfasser eingeflochten hat, es verdient volles Lob und uneingeschränkte Anerkennung.

Starke, Großgasversorgung.

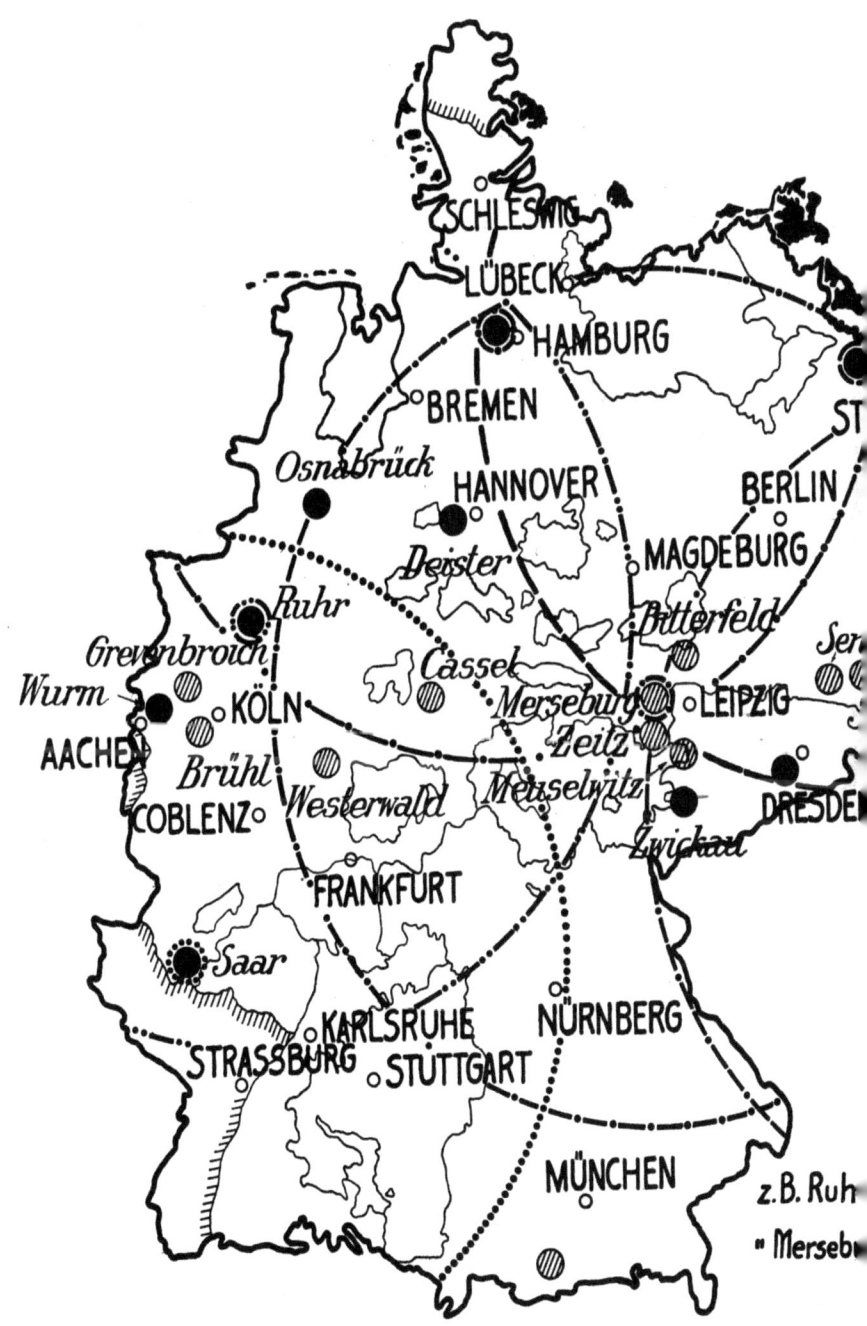

Abb. 6. Steinkohlen- und Brau...

Verlag von Otto Spamer, Leipzig.

Tafel I.

NB. Die Rhein-Frage ermöglicht die Verwendung der Ruhrkohle auch am Ober-Rhein.

● Steinkohlenbezirk
◐ Braunkohlenbezirk   ◉ Einfuhrkohle (z.B. Hamburg)
◉ für eine Gaserzeugung als Mittelpunkt eines 300 Km
◉ großen Versorgungskreises gewählt.

Maßstab 1:5800000.

...hlenbezirke im Deutschen Reich.

MIX
Papier aus verantwortungsvollen Quellen
Paper from responsible sources
FSC® C105338

If you have any concerns about our products,
you can contact us on
ProductSafety@springernature.com

In case Publisher is established outside the EU,
the EU authorized representative is:
**Springer Nature Customer Service Center GmbH
Europaplatz 3, 69115 Heidelberg, Germany**

Printed by Libri Plureos GmbH
in Hamburg, Germany